覆盖体系的连续-非连续变形分析方法研究

徐栋栋　著

黄河水利出版社
·郑州·

内 容 提 要

美籍华人石根华先生将拓扑几何、力学和工程实践深度融合,发展了基于覆盖体系的连续-非连续变形分析方法,包括数值流形方法和非连续变形分析方法。覆盖是一种携带特殊属性的媒介,它既可以定义权函数,还可以定义局部空间,还可将二者揉和到一起。

数值流形方法是基于数学覆盖和物理覆盖双重覆盖而建立,非常适合于岩土工程问题中由连续到非连续的渐进破坏演化过程的模拟。本书基于单位分解理论系统地阐明了数值流形方法的基本原理及裂纹扩展问题的求解方法。非连续变形分析方法是独立覆盖的数值流形方法,可以真实地反映岩土工程问题中不连续面的主控作用。本书针对块体系统切割方法、理论改进及其应用等进行了系统的介绍。

本书可作为土木、水电、桥梁、隧道、岩土力学与工程等工科专业高年级本科生和研究生的教学参考书,亦可供有关科研和工程设计人员参考。

图书在版编目(CIP)数据

覆盖体系的连续-非连续变形分析方法研究/徐栋栋著.—郑州:黄河水利出版社,2022.10
ISBN 978-7-5509-3413-9

Ⅰ.①覆… Ⅱ.①徐… Ⅲ.①数值方法-应用-岩石破裂-分析 Ⅳ.①TU452

中国版本图书馆 CIP 数据核字(2022)第 189634 号

策划编辑:郑佩佩　电话:0371-66025355　E-mail:1542207250@qq.com

出 版 社:黄河水利出版社　网址:www.yrcp.com
地址:河南省郑州市顺河路黄委会综合楼 14 层　邮政编码:450003
发行单位:黄河水利出版社
发行部电话:0371-66026940、66020550、66028024、66022620(传真)
E-mail:hhslcbs@126.com
承印单位:河南匠心印刷有限公司
开本:787 mm×1 092 mm　1/16
印张:14.75
字数:341 千字
版次:2022 年 10 月第 1 版　印次:2022 年 10 月第 1 次印刷

定价:99.00 元

前　言

岩体的力学性质由岩块本身的强度以及天然弱不连续面力学特性共同决定。岩体工程的失稳破坏往往以其内部节理裂隙的扩展为突破口,进而产生大的变形、位移,从而导致灾难事故的发生,危及人类生命及工程的安全运营。因此,研究岩体中裂纹的萌生、扩展和贯通过程对于揭示其变形规律、破坏机制及评价岩土工程的安全可靠性具有十分重要的现实意义。对于这类问题很难通过解析的形式求解,只能通过数值分析方法进行模拟。近年来,针对连续和不连续问题发展了多种数值方法,如基于连续介质假定的有限元法和基于非连续介质假定的离散元法等。基于这两类方法对裂纹萌生和扩展的模拟或多或少地存在一些问题。为了克服这些不足,进而衍生了一些改进的数值方法,如对有限元改进发展的扩展有限元法和广义有限元法。

针对岩体渐进破坏演化机制的分析,石根华先生先后提出了块体理论(key block theory)、非连续变形分析方法(discontinuous deformation analysis, DDA)、数值流形方法(numerical manifold method, NMM)以及接触理论(contact theory),这是一个完整的学术链条。作者自2008年硕士研究生读书至今已在石根华系列方法领域耕耘了14年,惊奇地发现覆盖的概念始终贯穿于这些方法中,如块体理论更倾向于单个覆盖的解析分析、DDA是多个独立覆盖构成的系统、NMM为有限覆盖或区域系统以及接触理论中的接触关系延伸为接触覆盖。得此精髓以后,作者将DDA和NMM统一地归纳为覆盖体系的连续-非连续变形分析方法。对于NMM,它的出发点侧重于模拟连续到非连续的破坏过程;而DDA更侧重于非连续块体系统的模拟;DDA是NMM的一个特例,可视为独立覆盖流形法的先驱者。

全书共分为两篇。

第1篇,介绍数值流形方法的基本知识及其在多裂纹扩展模拟实现过程中所克服的理论障碍以及应用案例,由第1章~第6章组成。

第1章,回顾了数值流形方法(NMM)的发展历程。第2章,从数学覆盖与物理覆盖、单位分解和NMM空间3个方面重新阐释了NMM。针对高阶NMM的线性相关问题提出了3种处理方案。第3章,将Munjiza在FEM-DEM中所提出的高效的接触检测算法和基于接触势的接触力算法,作为一种平行的接触处理方式成功地引入NMM中。第4章,针对应用数值方法求解线弹性断裂力学问题时经常遇到的两个问题,包括$1/r$奇异性的数值积分和扭结裂纹的处理方法,NMM给出了新的解答。第5章,针对强奇异性问题,对NMM的网格依赖性进行了研究。第6章,将改进的NMM应用到了材料体由连续到非连续的破坏过程分析中,并应用到Koyna重力坝裂纹扩展分析。

第2篇,介绍非连续变形分析方法在理论改进及工程应用方面的研究,由第7章~第14章组成。

第7章,较为全面地介绍了非连续变形分析方法的研究现状。第8章,提出了一种基于CAE辅助技术的三维块体系统切割方法，并成功地应用于吉林长春引松工程不衬砌项目的关键块体识别及稳定性分析中。第9章，发展了一种基于接触势的二维非连续变形分析方法。它继承了DDA单片上位移描述的先进思想，融合了势接触力算法的简单快捷，且更易开发并行版本的计算程序。第10章，发展了连续-非连续全过程模拟的改进非连续变形分析方法。引入了一种应变软化黏结单元，可补充应变软化阶段的强度损失，加强了DDA对于岩体连续特性的模拟。第11章，发展了基于接触势的三维非连续变形分析方法(3D-CPDDA)，它采用三维分布式的势接触力算法处理块体间的接触，能够更准确地反映接触面上的应力状态。通过引入三维应变软化黏结单元，实现了基于3D-CPDDA的连续-非连续破坏演化过程模拟。第12章，发展了一种DDA全自动精细化建模方法，并应用于高陡岩质顺层边坡的破坏机制模拟分析中。第13章，发展了基于显式时间积分的非连续变形分析方法，无须集成总体刚度矩阵，求解过程简单高效。第14章，归纳总结了两种方法所取得的研究进展，并展望了其未来的发展。

本书的出版得到了国家自然科学基金面上项目(12072047,41877280,51879014)、国家重点研发计划项目(2018YFC0407002)、长江科学院创新团队项目(CKSF2022161/YT)的资助，作者在此深表感谢！基金委为每个有科研梦想的科研人员提供了坚实、可信的后盾！

由于作者水平所限，书中难免会有错漏和不当之处，恳请专家和读者批评指正！

作 者

2022年6月

目　录

第2篇 非连续变形分析方法

第 1 篇　数值流形方法

第1章　绪　论

1.1 引　言

岩体稳定性分析方法及其工程应用一直是岩石力学领域中的一个基本课题。岩体的基本特征就是非均质性和不连续性,其稳定性受到岩石的强度特性以及岩体结构的控制。岩体强度特性、结构条件等因素不同,开挖时的变形、破坏行为及控制其稳定性的主要因素也各不相同。根据变形、破坏的行为特点,岩体的破坏一般分为应力控制型破坏、结构控制型破坏以及复合型破坏三种型式。

(1)应力控制型破坏。比如在深部采矿工程中,发生于相当完整岩体中的岩爆、软弱底板鼓起等都属于这种破坏类型,以及构成地下巷道的顶板中可能发生的拱形塌落等也都属于应力控制型破坏。这种类型的破坏带要通过应力分析加以确定。

(2)结构控制型破坏。即岩体沿不连续面发生破坏。大部分岩石材料比较坚固,而发育于岩体中的宏观不连续面的存在构成了岩体的弱面,该面削弱了岩体的强度并使其具有强烈的各向异性。受荷岩体中的应力,往往向着这些不连续面集中而形成断裂面和滑移面。宏观不连续面的延展程度以及自身的强度,尤其是它们与临空面之间的几何关系对岩体的破坏起着至关重要的作用。当这种关系有利于破坏,且破坏全部或绝大部分依附宏观不连续面而发生时,则所发生的破坏称为岩体结构控制型破坏。岩体在结构面控制下形成自己独特的不连续结构,它控制着岩体变形、破坏及其力学性质,岩体结构对岩体力学的控制作用远远大于岩石材料的控制作用。因此,这种受结构面切割而形成的脱离母岩的失稳破坏将是本书研究的重点方向。

(3)复合型破坏。在这种类型的破坏中,不连续面和岩石本身都将发挥作用。例如层状岩层的离层和弯曲破坏中,离层因有层理而发生,折断则因应力超过强度而出现。分离面可通过追寻层面来确定。整个分析可通过应力分析来完成,但需考虑材料强度的各向异性。

无论是哪一种破坏模式,都伴随着节理尖端裂纹萌生、扩展和节理间的相互贯通的过程,是导致岩体工程失稳而造成的财产损失和人员伤亡的重要原因。因此,开展岩体渐进破坏演化机制的研究将对岩体工程灾害防治具有重要的意义。数值分析方法是研究岩体破裂的一个有效的手段,它可以建立复杂的模型、不受空间和时间的限制、能够自由地设定边界条件和自由地设定不同工况进行讨论分析等诸多优点。接下来主要回顾一下数值分析方法在处理裂纹问题方面的进展,如裂纹萌生、扩展、相互作用及交汇等。进而,重点介绍数值流形方法的研究现状及其特点。

1.2 裂纹问题的数值方法概述

1.2.1 有限差分法

Thom 和 Apelt 在 20 世纪 20 年代为了解决非线性流体动力学方程首次提出了有限差分法(finite difference method, FDM),当时命名该方法为“四边形法”(the method of square)。FDM 是数值方法中最经典的方法,它其实是一种把求解偏微分方程的问题转换成求解代数方程问题的近似数值解法。首先区域离散化,它将求解域划分为差分网格,连续的求解域用有限个网格节点来表征。然后近似替代,以差商的形式来代替偏微分方程的导数,进而可以推导出离散节点上含有限个未知数的代数方程组。最后是逼近求解,代数方程组的解就是定解问题的数值近似解。FDM 无须像有限元法(finite element method, FEM)和边界元法(boundary element method,BEM)通过引入试函数或位移逼近函数来描述节点附近的位移场,可认为是求解偏微分方程的最直接的方法。然而,传统 FDM 是基于规则网格的,因此在处理复杂边界、材料非均质和不连续问题时存在困难。这限制了传统 FDM 的发展。为了克服上述 FDM 基于规则网格所带来的缺陷,Perrone 和 Kao 等、Brighi 等、Liszka 和 Orkisz、吴旭光、尹定等发展了基于二维不规则网格的 FDM。另外,孙卫涛等还发展了基于三维不规则网格的 FDM。

1.2.2 有限体积法

有限体积法(finite volume method, FVM)又称控制体积法,是 20 世纪六七十年代在 FDM 的基础上发展起来的一种主要用于计算流体力学方面数值的方法。它首先将计算区域离散为一系列互不重复的控制体积,保证每个网格点周围均有一控制体积(积分区域);然后将待解微分方程对每一个控制体积进行积分,这样便得出一组离散方程。积分方程具有明确的物理意义,表示控制容积的通量平衡。

FVM 以控制容积中的积分方程为出发点推导其离散方程,而 FDM 直接从微分方程推导。与传统 FDM 相比,FVM 能够处理非连续和复杂边界条件问题,而且网格单元可以自由地选择材料属性。对于 FVM 来说,非线性本构方程的积分并不需要类似 FEM 和 BEM 的迭代过程,很容易实现。

FDM 和 FVM 在裂纹萌生和扩展问题中的应用相对较少。Chen 等基于拉格朗日形式的 FDM 计算了含中间裂纹矩形杆的动态应力强度因子,与其他方法结果吻合较好。Virieux 和 Madariaga 发展了专门用于动态剪裂纹的 FDM。Day 利用三维 FDM 对动力作用下的裂纹行为进行了模拟。Coates 和 Schoenberg 也利用 FDM 模拟了裂纹破坏。Benjemaa 等利用 FVM 对非平面裂纹的动态破坏进行了研究。

1.2.3 有限元法

有限元法的基本思想最早可以追溯到 Courant 在 1943 年的工作,他第一次应用定义在三角形区域上的分片连续函数和最小位能原理来求解了 St. Venant 扭转问题。进而

Turner 和 Clough 等在分析飞机结构时,将钢架位移法推广应用到弹性力学平面问题中,给出了基于三角形单元的平面应力问题的正确解答。1960 年 Clough 首次提出了“有限单元法”这一名称。1965 年冯康发表论文《基于变分原理的差分格式》,是中国独立于西方,系统地创始有限元法的标志。

FEM 的基础为变分原理和加权余量法。它将求解区域离散为有限个互不重叠的单元,利用在每个单元上假定的近似函数来分片地表示全求解域上待求的未知场函数。FEM 被提出后就得到迅速发展并应用到很多领域。FEM 解题能力比较强,网格的划分比较方便,可以比较精确地模拟各种复杂的曲线或曲面边界,而且可统一地处理多种边界条件。离散方程的形式较为规范,便于编制通用的计算程序。

1.2.3.1 传统有限元法

传统 FEM 在处理不连续问题时主要有两种模型:①等效连续介质模型;②节理单元或界面单元模型,如 Goodman 和 John 的无厚度节理单元、Desai 和 Zaman 的薄层单元、Katona 的界面单元等。

传统 FEM 在模拟裂纹问题时依然存在不足之处,如有限元网格必须要与裂纹保持一致,裂纹附近的网格尺寸要迁就裂纹长度。裂纹扩展后要不断地进行网格重新划分。而且需要将位移、应力和应变等映射到新的节点和积分点上。这使得传统 FEM 在模拟裂纹问题时很耗时且效率降低。

为了弥补这些缺陷,基于单位分解方法(partition of unit method, PUM)对传统 FEM 进行了改进,进而发展了 XFEM 和 GFEM。

1.2.3.2 扩展有限元法

美国西北大学的 Belytschko 研究组于 1999 年提出了一种不连续问题(材料弱不连续问题和几何强不连续问题)的改进的有限元方法,称为扩展有限元法。XFEM 通过在有限元的位移近似函数中引入广义 Heaviside 函数对裂纹两侧的不连续进行描述。为了能够更为精确地捕捉裂纹尖端附近的应力奇异性,在位移近似函数中又进一步增加了扩充位移函数(enrichment functions)。同时 XFEM 使用水平集方法或快速推进法来追踪裂纹,使得对于不连续的描述独立于有限元网格,避免了裂纹扩展过程中的网格重构。目前,XFEM 已成功地应用于二维和三维裂纹扩展问题中。XFEM 仍有一些不足之处,比如随着裂纹数目的增多,扩充函数的数目也会一直跟着增加,使得问题复杂化;若两个裂纹尖端距离较近,奇异扩充函数的影响区域相互重叠等问题;网格依赖性问题。

1.2.3.3 广义有限元法

Babuska 研究组在 2000 年结合常规 FEM 和 PUM 首次对广义有限元法进行了系统的研究。GFEM 的特征可归纳为:对于给定问题,可以选择一些解析解或数值产生的解来增加它的有限元空间,也能很容易包含反映局部特征的特定函数;可采用与计算区域无关的网格;可同常规 FEM 精确地处理本质边界条件;同时可引进特定的局部逼近函数构造单元的形函数。GFEM 与数值流形方法本质上是相同的,但在处理裂纹问题和离散块体运动方面有所不同。

Duarte 等利用 GFEM 进行了三维动态裂纹扩展模拟,无须对网格做任何重构,同时也研究了分支裂纹问题。但 GFEM 对于诸如块体结构等具有较大变形的复杂问题解决得不好,可借鉴 NMM 接触处理思想,发挥它们各自的优势。

1.2.4 无网格法

前面讲到 FEM 在处理动态裂纹扩展问题时,不可避免地遇到网格重构问题,而且当 FEM 网格发生严重扭曲时,严重影响计算精度,表现出很大的网格依赖性。鉴于此,20 世纪 90 年代起兴起了无网格法(element-free method, EFM)的研究热潮。首先,无网格法将求解区域用一组节点来离散,不需要像 FEM 记录节点间的连接信息,这样使得前处理非常简单,即便对于复杂三维结构网格的生成也是轻而易举的;然后直接借助于离散节点来构造近似函数,使得对于网格的依赖性很弱,在处理裂纹扩展问题时,不会出现网格畸变的情况,更无须网格重构,降低了问题的复杂度;无网格法中可以相对容易地增减节点和自由度,当需要对裂纹尖端区域进行精确描述时,可以方便地进行 h 型或 p 型自适应分析;无网格法中也可对特定问题加入描述该问题特征的解析函数,如对裂纹问题中通常加入 Williams 级数的前两项作为基函数,以提高精度。综上,无网格法非常适合于求解移动边界问题和强不连续问题。

然而,无网格法的近似函数一般都很复杂,导致计算量较大;而且大多数无网格法的近似函数不具有插值特性,这导致它在本质边界条件的施加上比 FEM 烦琐。

Belytschko 等基于最小二乘插值的伽辽金无网格法(element-free galerkin method, EFGM)精确地预测单裂纹扩展路径。Rabczuk 和 Belytschko,Rabczuk 和 Zi 利用伽辽金无网格粒子法(element-free galerkin particle, EFG-P)模拟了更为复杂的裂纹扩展路径。Belytschko 和 Tabbara 首次用 EFGM 对动态断裂问题进行了研究。Krysl 和 Belytschko、Sukumar 等将 EFGM 扩展应用到三维线弹性断裂问题中。Rao 和 Rahman 也用 EFGM 和 EFGM-FEM 耦合方法对线弹性断裂问题进行了研究。

1.2.5 边界元法

边界元法是 20 世纪 70 年代后期发展起来的一种求解偏微分方程的数值方法,近年来已应用于求解各种类型的工程问题。在 BEM 中,求解域内任一点的待求未知变量通过边界积分方程与求解域的边界条件联系起来,然后对边界积分方程进行求解即可。与 FEM 相比,BEM 有很多优点:①它可将问题的维数降低一维,如原为三维问题可降为二维问题处理;②它仅离散边界,而 FEM 需离散整个求解区域,很明显 BEM 所划分单元数目要小得多,进而所需求解的方程个数必定减少,这样不仅减少了准备工作,而且节约了计算时间;③BEM 中引入基本解,将解析和离散相结合,具有较高的精度。BEM 最初要寻找一个求解问题的基本解或格林函数,对于材料非均质和非线性问题,往往难以获得,此时 BEM 将会难以使用。因此,BEM 更适用于求解线弹性各向同性体的裂纹问题。

由于 BEM 的半解析性质,传统 BEM 对于求解断裂力学参数(如应力强度因子等)非常有效。因此,Ingraffea 于 1983 年将其应用于裂纹扩展问题的增量分析中。然而,将传统 BEM 直接应用于裂纹问题时,若裂纹面重合将会导致刚度矩阵奇异。

为了弥补这一缺陷,发展了格林函数法、多重区域法,双重边界元法、位移不连续法等。

虽然上述改进的BEM在裂纹分析中取得了大的进展,但由于BEM在处理材料非均质性和非线性方面的固有缺陷,对于复杂裂纹问题的模拟仍然是一个极具挑战的任务。

1.2.6 非连续介质方法

这里仅讲述两种具有代表性的基于非连续介质的方法:DEM和DDA。

Cundall为了研究岩石等非连续介质的力学行为,于1971年首次提出了DEM。经典的DEM是一种显式求解算法,它的基本原理为牛顿第二定律。DEM将岩体视为由不连续面切割而成的一系列刚性或可变形块体,基于"力-位移"关系建立接触力计算模型,接触力大小通过接触对之间的微小嵌入来表征。在某一时刻,对于给定块体受到外界干扰后会受到力和力矩的作用,可由牛顿第二定律求出它的加速度,进而通过积分可依次求出它的速度、位移,最后得到其变形量。块体调整到新的位置后,又会受到新的力和力矩作用,如此循环往复,直到所有块体均达到一种平衡状态。目前,DEM在岩土工程领域已经取得广泛的应用,并发展了通用的求解二维和三维问题的商业程序UDEC和3DEC。

另外一种为石根华博士发展的隐式的DDA,它基于最小势能原理,将块体本身变形和块体间的接触问题统一到矩阵求解中,块体间严格遵守无嵌入和无拉伸条件,理论严密,精度较高。与DEM相比,DDA允许相对较大的时步,同时采用了解析式的单纯形积分求解刚度矩阵。

基于非连续介质的分析方法,允许大变形和断裂发生,可模拟岩体不连续结构面的滑移和开裂。在刚性块体间设置不同种类弹簧和阻尼来反映材料的应力-位移关系,避开了复杂的本构关系推导,因此比较适合应用于岩体的破裂模拟,比如,Yang和Lee、Jiang等使用UDEC研究了岩体的破坏机制。Camones等利用DEM模拟了岩体裂纹扩展和聚合。Ghazvinian等利用PFC2D研究了平面断续张开节理的破坏机制。Potyondy和Cundall使用PFC2D模拟了花岗岩的巴西圆盘试验,表明该方法非常适合于再现岩石裂纹扩展行为。焦玉勇等、Ning等也将DDA成功应用于预测裂纹破坏过程。

仍有一些问题需要解决:如单元尺度对最终宏观破坏的影响;如何建立局部和宏观本构间的关系等。

1.2.7 耦合方法

为了克服数值方法在某一方面的缺陷,而引入其他方法的优点来弥补,发展了许多耦合方法。其中使用最为广泛的有FEM/BEM、DEM/BEM和DEM/FEM。

Zienkiewicz等首先提出FEM和BEM的耦合方法,FEM/BEM继承了FEM在处理非线性问题方面的优势以及BEM在处理小边界大区域方面的优势。Keat和Annigeri等、Aour和Rahmani等利用FEM/BEM准确地计算了二维和三维线弹性断裂问题的应力强度因子。FEM/BEM能够同时模拟包含离散裂纹,非均质材料或塑性变形的问题。

Lorig等结合DEM和BEM各自的优点,提出了耦合的DEM/BEM方法,裂纹附近的力学行为由DEM来模拟,而BEM提供边界条件模拟远场岩体,并成功应用到节理岩体开挖问题中。Mirzayee和Khaji等使用DEM/BEM模拟了含贯穿裂纹的混凝土重力坝的非线性抗震性能,由DEM来模拟破坏的坝体,而BEM来反映水库的动态响应。

颗粒离散元法在对大结构体进行破坏分析时,需要大量的粒子用来离散,这限制了它的发展。为了克服这一缺陷,Bazant 等于 1990 年发展了耦合的 DEM/FEM 方法,破坏区域用 DEM 离散,而周围区域用 FEM 离散。此后它被进一步发展用于破坏分析。另外一种 FEM 和 DEM 耦合的方法由 Munjiza 提出,命名为 FEM-DEM。它用 FEM 模拟块体变形,而 DEM 用来模拟块体间的相互作用。在用于破裂分析时,裂纹沿着单元边界破坏,有一定的网格依赖性。

1.3 数值流形方法研究综述

为了能够统一地处理岩土工程问题中的连续和非连续变形问题,石根华博士在 1991 年提出了数值流形方法。自 1995 年至今已召开了 11 届关于 NMM 的国际会议,名为“非连续变形分析方法国际会议”,缩写为“ICADD-n”,n 表示届数。2013 年 8 月 27—29 日,在日本福冈,刚刚召开了第 11 届会议。数值流形方法在处理连续和非连续变形分析方面已经得到了很多成功的应用,近年来国内外学者已对其进行了改进和推广应用,尤其是国内学者在这方面开展了大量的研究工作。

1.3.1 前处理

曹文贵、张大林、张湘伟等详尽地介绍了 NMM 的物理覆盖生成技术,后两者还将面向对象的程序设计方法引入其中。凌道盛等将有限元法的 h 型网格自适应技术和后验误差估计理论推广应用到 NMM 中,并将其应用于边坡稳定分析中,证实该方法有着很强的适用性。李海枫、姜冬茹等系统详细地介绍了三维 NMM 中流形单元的生成算法,为该方法后续研究奠定了良好的基础。

1.3.2 多边形流形单元

合适地选择物理片上的局部位移函数和其所对应权函数对 NMM 的应用起着至关重要的作用。构造权函数最简单直接的方法就是采用有限元网格作为 NMM 的数学覆盖,此时有限元形函数就是权函数。石根华所发布的程序中最先使用了等边三角形网格。Shyu 和Salami 将四边形等参单元引入 NMM 中。一般来说四边形网格的精度要高于三角形,而四边形等参单元的网格精度更高。王水林、蔡永昌和魏高峰等都推广了四节点高精度的 NMM。张慧华等建立了基于正六边形数学网格的 NMM 求解格式,并应用于求解一般弹性问题,达到了很高的精度。温伟斌和骆少明采用任意几何区域的 Delaunay 三角网格构造出新的凸多边形网格,基于改进的 Wachspress 插值函数,建立多边形 NMM 的求解格式,并成功应用于薄板弯曲的计算中。

1.3.3 改变局部位移函数阶次

传统 NMM 的局部位移函数选用一阶线性多项式表达式。为了进一步提高精度,Chen 等进一步提高阶次,发展了二阶 NMM,并通过中心加载的梁弯曲问题证实了它的精度。为了避免高阶 NMM 中,繁重的公式推导过程,苏海东等提出应用 Mathematica 软件自动推导公式和生成程序代码的简便方法，并应用此项技术开发了高阶流形法的二维和三维静力分析程序,同时给出多个典型算例。彭自强等在有限元三维 20 结点单元构成的空间网格上构建流形覆盖和权函数,在单元角结点上采用一阶覆盖基函数,其他结点采用零阶覆盖基函数,并分析了两套覆盖基函数的收敛率。邓安福等在 NMM 中混合使用高、低阶覆盖函数可以使求解精度和求解效率之间得到协调。Kourepinis 发展了一种新的方法,可以对指定的结点提高其位移函数的阶次。基于这项技术,Kourepinis 等在局部采用高阶逼近的形式下成功地模拟了混凝土破坏。

1.3.4 对边界约束方面的改进

朱爱军等基于流形单元上位移函数的组成提出了流形方法固定边界约束处理的新方法。在组成流形单元的物理片上，通过取消相应的覆盖函数在流形单元位移函数中的组成来实现双向固定的约束条件。该方法严格满足固定约束的物理意义，简化了固定边界的处理，并经算例证明是有效和准确的。王芝银等也对固定点矩阵、分布力矩阵以及单纯形积分进行了改进。对于传统罚函数法,当罚值过大时,容易导致刚度矩阵病态。为了弥补这一缺陷,Terada 等采用了拉格朗日乘子法,但当对含多种材料的问题进行分析时,对拉格朗日乘子的精度要求较高。Ma 等讨论了基于 Uzawa 更新的改进的拉格朗日乘子法。这种方法可以认为是罚函数法和拉格朗日乘子法的结合。

1.3.5 大变形分析

当结构发生大变形时,基于拉格朗日形式的 NMM,其物理网格将有可能发生严重扭曲,将直接影响计算精度。而基于欧拉形式的 NMM 在这方面的优势将会凸显出来,因为欧拉网格固定于空间中,绝不可能发生扭曲。

在拉格朗日框架下,王芝银等引入格林应变矩阵,包含了应变分量的线性和非线性部分,基于最小势能原理建立了 NMM 的大变形分析平衡方程。朱以文等基于总体拉格朗日列式,建立了适用于岩石大变形分析的增量流形方法,并着重介绍了覆盖接触分析以及增量平衡方程的修正迭代求解方法。最后将其应用于模拟含初始裂纹的受剪试件的大变形贯通破坏,结果与试验结果保持一致,证实了方法的有效性。位伟等针对传统 NMM 的大变形分析中存在的问题,如仅考虑几何方程的非线性项,或仅保证计算过程的“质量守恒”,系统地给出了求解结构大变形的 NMM 计算体系。指出传统 NMM 计算大变形问题时的误差主要来源于 4 个方面：

(1)改进前的 NMM 仅包括材料矩阵,且并未考虑切线模量随着物体变形的变化;改进后考虑了材料变形对材料刚度矩阵、切线模量、几何刚度矩阵以及外载荷刚度矩阵的影响。

(2)改进前质量矩阵积分域是基于当前构形的,而密度却取初始构形的密度值,无疑当结构发生较大变形时,质量矩阵将产生较大的误差,从而影响最终计算精度。

(3)改进前刚度矩阵在每一时步中为常数,一步求解得到增量位移,求解精度将会取决于步长的大小,若采用较大的时步,计算得到的增量位移将会不准确;改进后考虑了刚度矩阵与位移的函数关系。

(4)大变形问题通常伴随着大转动,对应力计算而言,结构局部区域的转动会使得应力主轴发生旋转,使得应力在整体坐标系上的分量发生了一定的偏差,改进前并未对这种应力旋转进行修改,而是直接累加到下一时步,这样后续计算中累积误差会一直增大,并以数值算例证实了书中观点及方法的正确性。

在欧拉形式框架下,苏海东等基于平面三角形数学网格和多项式覆盖函数,提出了NMM的大变形计算格式,并给出了两种等价的初始应力处理方法,包括应力系数反推法和改进的应变系数累加法,其中后者也充分考虑了结构构形在计算过程中的变化。进而针对单纯的几何非线性的材料大变形问题,又提出了固定数学网格的数值流形方法,同样对初始应力处理方法进行改进,发展了初应变块方法和初应变系数公式,并通过算例验证了这种新方法的可行性。但初应力问题并未从根本上解决。

(1)初应变块方法,计算稳定,但仍未完全摆脱拉格朗日的影子。

(2)初应变系数公式则需要解决计算的稳定性问题,也即材料进入新网格时的初应力传递的稳定性问题。同时指出了未来的研究方向,包括动力计算中的速度传递和速度修正,以及由大变形或大应变所引起的材料非线性问题。Terada 等同时使用拉格朗日形式和欧拉形式的数学网格对超弹性体进行大变形分析。当前构型由拉格朗日网格确定,而欧拉网格在相应时间步中提供参考构型。但是对于固体动力学来说,基于欧拉网格的方法,很难在空间固定的网格中施加外部边界和材料边界。为了弥补这一缺陷,Okazawa 等通过将有限覆盖法的逼近方式引入到现存的欧拉形式的显式有限元中,进一步发展了欧拉形式的有限覆盖方法,它适用于大变形的固体动力学分析。

1.3.6 求解动力问题的发展

在岩土工程中,动荷载条件下(如爆炸、冲击、地震等)岩土体破坏过程的准确模拟,对于指导工程实际具有非常重要的意义。刘红岩等对动力数值流形方法进行了一系列研究:

(1)在冲击荷载作用下,对岩体含预置裂纹与无预置裂纹两种情况下的破坏过程进行了模拟,并达到很好的效果。

(2)利用高阶 NMM 对典型的 Hopkinson 动态试验进行了模拟,再现了材料的破坏过程。

(3)采用 Newmark 法对传统 NMM 动力问题求解算法进行了改进,并能够很好地模拟岩石在冲击荷载作用下破坏的全过程。

(4)添加了由程序本身决定的程序运行终止条件,把恒定的荷载作用扩展为三角波荷载作用,将原有的单一线弹性本构关系改进为由冲击损伤本构关系和线弹性本构关系共同组成的复合本构关系。最后应用于冲击试验模拟,结果与试验符合较好。

(5)对无节理岩体、均布水平节理岩体、均布垂直节理岩体等在均布垂直于圆周方向上的冲击荷载作用下的破坏过程进行了模拟,认为节理的存在对岩体的破坏型式起到了关键性的控制作用。钱莹等对传统固定约束边界未考虑边界处应力波反射的影响进行了改进,基于 Lysmer 等提出的黏性边界理论,在边界上设置阻尼器,并推导相应黏性边界条件下的 NMM 计算格式,通过岩石长条中弹性波传播算例,验证了该黏性边界的有效性。周雷等构造了适用于饱和多孔介质动力耦合分析的三节点平面流形单元,并通过算例证实了 NMM 在处理该问题时具有十分良好的数值稳定性。

1.3.7　NMM 与无网格方法结合

为了避免极端大变形情况下网格极度扭曲的情况,李树忱、程玉民提出了无网格流形方法,该方法结合了无网格与流形元两者的优点,即可用无网格法中一系列节点的影响域来建立 NMM 中的数学覆盖及单位分解函数,使得数学片形状的选择具有多样性;可利用流形法中的有限覆盖技术将一个节点处的数学片切割成几个物理片来实现对不连续的模拟。进而将其应用于求解简单裂纹扩展问题,并模拟出复杂应力下的裂纹扩展路径,与试验结果相比,证实了方法的正确性和可行性。栾茂田、樊成等通过改变无网格的插值方法并与流形元的有限覆盖技术结合,分别发展了有限覆盖径向点插值方法及有限覆盖 Kriging 插值无网格法,并应用于裂纹扩展分析及地基附加应力计算分析中。骆少明等应用无网格法理论,提出了一种新的权函数构造方法,建立基于任意三角网格的一种多节点流形单元覆盖,并应用于薄板弯曲问题,提高了收敛性及精度。该方法的权函数基于任意覆盖内的离散点构造,对网格依赖性低,具备一定的插值精度。但是该方法对于最优的搜索半径的确定以及选择更好的基函数构造高阶连续与协调的权函数仍需进一步完善。

1.3.8　扩展到模拟不连续问题

在 NMM 中,数学片被切割后生成物理片,局部位移函数定义在物理片上,而权函数由数学片定义,这样可以很自然地模拟裂纹两侧的不连续性。王水林、葛修润等基于线弹性断裂力学理论,首次将 NMM 应用到模拟裂纹扩展中,不仅可以模拟单裂纹的受拉破坏,而且通过引入改进的拉格朗日乘子法处理材料界面的接触摩擦,也可模拟受压状态下的单裂纹扩展问题。Tsay 等利用 NMM 和裂纹张开位移法成功地预测了裂纹扩展。然而,裂纹张开位移法对混合型裂纹无效。Chiou 等结合 NMM 和虚裂纹扩展技术研究了混合型裂纹的扩展。李树忱和程玉民在传统流形法的位移函数中增加了用于捕捉裂纹尖端应力奇异性的附加函数,提出了考虑裂纹尖端场的 NMM。它提高了传统 NMM 求解不连续的能力,尤其是不连续裂纹尖端解的精度,进而可更为准确地模拟岩体结构由连续到非连续的演化过程。An 将 XFEM 中广为使用的基于面积积分的交互积分方法引入到 NMM 中研究了混合型裂纹扩展问题,证实交互积分法可以精确地预测裂纹尖端的应力强度因子。张慧华等建立了基于正六边形数学网格的 NMM,同样在裂纹尖端附近扩展了位移函数,并对诸如分支裂纹、星型裂纹等复杂的裂纹问题进行了分析,以应力强度因子作为衡量标准,与参考解对比发现计算结果达到了很高的精度。苏海东等基于 NMM,提出将裂纹尖端 Williams 解析解与其周边高阶多项式级数的数值解联合应用以求解应力强度因子的新方法。

传统 NMM 在模拟裂纹扩展问题时,裂纹尖端被强制地停留在单元边上,很显然这将会引起误差,尤其当网格比较粗糙时。为了克服这一缺点,Li 和 Cheng、Gao 和 Cheng、Zhu 等发展了扩展的无网格流形法,在局部位移函数中引入了用于模拟裂纹尖端的位移函数,并应用于二维裂纹模拟中,结果表明这种方法有着更高的精度。对于某一研究区域,由多个影响域来参与求解,若该区域被单条裂纹切割,则可以简单地通过将节点处的数学片一分为二来模拟不连续性;但对于复杂形状的裂纹扩展问题,每个影响域可能被多条裂纹切割,情况极其复杂,尤其在裂纹扩展过程中,若没有开发出严格的、通用的拓扑搜索技术来确定物理覆盖,该方法将会陷入困境;如果数学片的形状随意选择,那么问题的求解将会更加困难。此外,该方法中无流形单元的概念,这样将会使得类似流形法中开闭迭代的接触模拟变得更难实施。栾茂田、樊成等将流形法有限覆盖技术与无网格插值方式结合所提出的有限覆盖点插值方法应用于模拟简单的裂纹扩展问题中。张国新等将 NMM 与边界元结合到一起用于模拟裂纹扩展问题,并达到了很好的效果。Wu 和 Wong 等对摩擦型裂纹扩展、岩体含填充物时裂纹扩展行为、沉积岩动态破坏、弹塑性破坏分析等进行了极为深入的研究。

1.3.9　NMM 应用于非线性分析中

目前 NMM 主要采用线弹性模型,对于非线性模型的研究很少。骆少明等基于塑性流动理论推导了非线性 NMM 的变分原理。王书法等将参变量变分原理引入 NMM 中建立了弹塑性分析的 NMM,但该方法中流动参数作为参变量时始终是常量,并不参与变分,其刚度矩阵始终是弹性刚度矩阵。在非线性分析中,弹性常数弹性模量和泊松比将不再视为常量,而是随着应力状态而变。基于此,周小义等提出了适用于非线性分析的二维 NMM 的计算思路,通过利用增量法分步加载来改变弹性矩阵中的弹性模量从而反映非线性,其实质是用分段线性来取代非线性,并通过算例证实了将 NMM 应用于岩土体非线性分析中是有效的,进而又将其推导应用到三维 NMM 研究中。焦健等建立了一个能够反映完整岩块弹塑性变形特征的本构模型, 并借助 VC++ 开发了内置该本构模型的弹塑性数值流形程序,并应用于某含不连续面的岩石边坡稳定性分析中。

1.3.10　线性相关分析或改善矩阵性态

朱合华等指出线性相关性的根源在于覆盖函数具有单位分解特性,并与单元形状有关,并发现采用一次完全多项式局部近似函数的形函数虽然线性相关,但求解仍然收敛,且精度高于其所构造的线性无关单元。郭朝旭、郑宏指出了线性相关产生的原因,并提出了改进的 LDLT 算法,可快速稳定地求得一个特解。邓安福等提出将覆盖位移函数的基本级数函数中 x、y 由材料的绝对坐标改为以流形单元的形心坐标为原点的相对坐标, 从而改善了刚度矩阵的局部性态。葛修润和彭自强分析了非主对角线上出现大数的原因,建议采用局部化较好地覆盖函数,取代常用的关联于全局坐标的覆盖函数,可显著改善刚度矩阵性态。但是当单元尺寸远大于或远小于 1 时,仍无法有效地改善刚度矩阵的性态。NMM 采用全局高阶覆盖函数时,位于物体边界上的占据部分数学网格小的单元的存在也会严重地影响刚度矩阵的性态。因此,Lu 建议用一个相邻大单元的位移场来描述小单元的应力场,来改善矩阵性态,但这会导致小单元与其他相邻大单元之间的位移不协调,使得应力精度降低,理论上也并不严密。林绍忠等提出改进的局部覆盖函数能有效地改善刚度矩阵的性态。适当选择局部化点建立局部覆盖函数, 可显著改善边界处小单元的应力计算精度。因此,在高阶流形法分析中,改进的局部覆盖函数是一个合适的选择,也可供其他类似数值分析方法借鉴。

1.3.11　针对具体问题提出的流形元体系

李树忱等从加权参数法出发建立了基于拉普拉斯方程的 NMM，充实了 NMM 的基础，并应用到了简单的热传导、渗流和泊松方程，以及裂纹尖端应力强度因子的计算中。高洪芬等基于复变量理论，采用一维基函数建立二维问题的逼近函数，提出了复变量数值流形方法，并对双材料矩形板边界裂纹问题及含弹性夹杂物的复合材料板问题进行了模拟。凌道盛等提出了适用于 Biot 固结分析的三结点平面协调流形元。周小义等利用广义变分原理中罚函数理论，详细推导了梁板流形单元的覆盖位移函数、刚度矩阵和应变矩阵，并建立了可应用于梁板单元分析的 NMM。最后通过算例分析表明，该方法对梁板弯曲问题的分析是有效的。章争荣等将 NMM 应用于薄板弯曲变形分析中。魏高峰等在单元总体位移函数中附加内部无结点的位移项，使单元位移函数中的二次项或三次项趋于完全，建立了非协调数值流形方法，并将其应用到热传导问题中。进而又发展了三维非协调数值流形方法。

1.3.12　引入阻尼、收敛准则和考虑质量守恒

位伟等为了使系统能够较快收敛于静态解，在计算中引入了黏性阻尼和自适应阻尼，建立了考虑阻尼影响的总体平衡方程。计算分析表明，原有的数值流形方法准静态计算假定前一时步的动能突然消耗为零，相当于在每个物理片上施加了一个阻尼系数 $\mu=2\rho/\Delta t$ 的黏性阻尼。现行的流形元的程序采用输入指定的时步数来控制最终计算结果，具有较大的主观性，无法判断系统是否到达最终的平衡状态。为此，引入了位移及加速度收敛准则用以判断计算是否收敛，保证了流形元计算结果的准确性。林兴超等对 NMM 的"质量守恒"问题进行了探讨，通过改变计算过程中单元密度实现计算过程中的"质量守恒"，完善了现有 NMM 的理论基础。

1.3.13　从部分重叠覆盖到任意形状覆盖

苏海东等针对物理网格与数学网格不匹配导致的结构某些关键部位计算精度不高的问题，提出了部分重叠覆盖的 NMM，它是一种以独立覆盖为主的分析方式，独立覆盖之间仅用较小的部分重叠区域来保持连续性；进而又针对部分重叠的矩形覆盖提出了覆盖加密方法，可以在局部关注区域加密为较小的覆盖，便于某些问题（如裂纹问题）中特殊覆盖函数的施加，同时实现了由周边大覆盖到如裂纹尖端局部覆盖的协调过渡。在此研究基础上，又进一步提出了基于任意形状覆盖的 NMM：任意形状覆盖+条形重叠区域构成了它独特的覆盖形式，可适应任何复杂的边界，但要以形成覆盖之间的条形连接作为代价；在覆盖独立区域定义单位分解函数为 1，在条形重叠区域采用数值方式定义插值函数，但始终满足单位分解函数总和为 1 的要求，并且具有严格的插值性；同样是以独立覆盖为主的分析方式。它属于部分重叠覆盖方法，能够解决高阶 NMM 线性相关问题，且容易实现覆盖加密。

1.3.14 三维 NMM 的发展

实际岩土工程本质上来说为三维问题,因此发展三维 NMM 对于解决岩土工程中存在的问题有着重要的意义。尽管很多学者在这方面做了大量研究,但由于块体几何形态描述方面存在的困难以及缺乏可靠的三维接触模型,对于三维 NMM 的研究仍仅处于初级阶段。Terada 和 Kurumatani 在利用有限覆盖法进行三维结构分析时引入了一种三维积分方法,并使用 3D-CAD 来模拟结构的几何特性。骆少明等探讨了三维 NMM 的理论及积分体系。Cheng 和 Zhang 发展了基于四面体和六面体的三维 NMM,详述了其三维接触检测算法。He 和 Ma 等也发展了三维 NMM,并提出了一种适用于任意离散结构或离散块体的三维块体生成算法。姜清辉、周创兵等对三维 NMM 进行了系统的研究,主要包括:

(1)基于最小势能原理建立四面体有限单元覆盖的三维数值流形方法分析格式,并推导各种求解矩阵。

(2)在此基础上进一步建立了有限单元覆盖的高阶流形方法分析格式,并证实提高位移函数的阶次可有效地提高计算精度。

(3)进而转入非连续的研究,建立了三维 NMM 的点-面接触模型。给出了嵌入准则,并基于罚函数法推导了接触矩阵以及开—闭迭代的程序实现方法,算例结果证实了该模型的有效性。

(4)提出了三维 NMM 的锚杆计算模型,算例表明该模型能较好地反映加锚岩体的变形行为以及锚杆的加固效果。郑榕明和张勇慧介绍了基于六面体单元的三维 NMM 的基本理论,并在六面体单元中采用了有限元中 C8 型等参单元的形函数作为流形元中的覆盖函数。通过引入向量理论及迭代算法,解决了三维问题中接触面上方向难以确定的问题。同样魏高峰等将公共面法引入三维 NMM 的接触判断中,弥补了直接判断法计算量大的缺点。林绍忠等提出了比较实用的单纯形积分的递推公式,进而又采用 Kronecker 积、Hadamard 积和拉直等矩阵特殊运算进行高阶流形单元分析,使得单元矩阵的推导过程简单且被积函数易表示为多项式形式。在此基础上,开发了三维弹性连续体静力分析的高阶 NMM 程序。

1.3.15 NMM 各种应用

1.3.15.1 流体力学中的应用

章争荣、张湘伟将 NMM 应用于定常不可压缩黏性流动的 N-S 方程以及定常无源对流扩散方程的数值求解中,建立了基于 Galerkin 加权余量法的数值流形格,并通过数值算例证实了方法的高精度和稳定性。

1.3.15.2 应用于地学分析中

武艳强将三维 NMM 在地学领域进行了初步的应用。

1.3.15.3 渗流分析中

姜清辉等提出了求解有自由面渗流问题的三维 NMM。刘红岩等利用 NMM 对岩石边坡裂隙渗流进行了模拟。

1.3.15.4　工程应用

焦健等将 NMM 应用到开挖模拟中。曹文贵等将 NMM 应用于公路路基岩溶顶板稳定性的评价中。陈佺等给出了水压力及开挖作用的计算公式及在 NMM 中的实现方法,算例表明了方法的有效性。

锚固支护方面,董志宏、邬爱清等在 NMM 中加入锚固支护技术,并应用于实际地下洞室稳定性分析中,证实了锚固施加技术的正确性。曹文贵、王书法等也提出了锚杆加固的 NMM 模型。同样朱爱军等也提出了全长黏结杆件的 NMM 模型,可用于岩土锚杆和钢筋混凝土问题的模拟计算。

1.3.15.5　应用模拟倾倒破坏

张国新、赵妍、刘红岩等利用改进的 NMM 对岩体工程中的岩质边坡倾倒破坏问题进行了一系列的研究,证实了该方法在处理这类问题方面具有较大优势。

1.3.15.6　温度场及蠕变模拟

林绍忠等利用 NMM 对大体积混凝土结构的温度应力场进行了计算分析,进而在混凝土温度应力仿真计算中特别地考虑了徐变的影响,进一步推导了适用于 NMM 的徐变递推公式及等效荷载计算公式,然后以数值算例证实了公式的正确性。刘建等也发展了适用于岩体黏弹性蠕变计算的高阶 NMM。

1.4　NMM 的显著特性

1.4.1　NMM 与其他数值方法的关系

1.4.1.1　NMM 与 FEM 的关系

FEM 中网格必定与问题求解区域重合,而 NMM 中数学覆盖并不需要强制与问题求解区域保持一致,只需能将问题区域全部覆盖住。当令 NMM 的数学网格与物理网格重合且定义在所有星上的局部函数为零阶多项式(常数)时,NMM 就退化为 FEM。

1.4.1.2　NMM 与 DDA 的关系

DDA 主要用来求解工程岩体中被节理完全切割而成的块体系统的运动。DDA 方法中,包括岩石块体切割算法、接触检测算法和摩擦型的接触力模拟等。DDA 每个块体上只定义了 6 个自由度,流形元是基于 DDA 发展而来的。它继承了 DDA 方法中的接触处理方法。然而 NMM 在处理块体变形分析方面更为精确,因为它在求解块体变形时,有更多的物理片参与进来。DDA 中每个块体可以认为是 NMM 的一个物理片,而且该物理片对应的权函数是 1。

1.4.1.3　NMM 与 DEM 的关系

NMM 与 DEM 的关系:①NMM 属于隐式求解,而 DEM 是显式求解;②NMM 是基于最小势能原理,而 DEM 基于牛顿第二定律;③NMM 需要集成总体刚度矩阵和专门的求解器,而 DEM 均不需要;④NMM 方法中有解析形式的单纯形积分,而 DEM 没有;⑤FEM 程序可以很容易地应用到 NMM 中,因为二者均为单位分解方法范畴,而 DEM 不可以。

1.4.1.4　NMM 与 GFEM 和 XFEM 的关系

GFEM 也属于单位分解方法范畴,GFEM 和 NMM 中所定义的概念不同,但其本质是一样的。

XFEM 通过定义在裂纹上下侧引入阶跃函数来描述不连续,而 NMM 通过切割出来的物理片来描述不连续,无须引入附加函数。后者较之 XFEM 能够处理更为复杂的裂纹问题,而且允许裂纹尖端停留在单元内部,这是 GFEM 所不能做到的。

1.4.2　NMM 在处理裂纹问题方面的优势

(1)NMM 选用了两套网格:数学覆盖和物理覆盖。数学覆盖只需将材料体整体覆盖住,无须与材料边界保持一致,即便材料体边界非常复杂。为了达到更高的精度,数学覆盖最好选择规则的网格。这一特性使得 NMM 非常适合求解裂纹问题,因为不需要网格重新划分。

(2)不连续面与数学片切割后生成物理片,通过这种方式可以很直接、自然地描述裂纹两侧的不连续性,即便对于非常复杂的多裂纹问题。

(3)可以通过在物理片上引入特殊函数或高阶逼近函数来提高计算精度,而无须在单元内部额外增加节点。

(4)对 NMM 来说,不同的物理片其局部位移函数可以选用不同的阶次,而这对于 FEM 来说不可能实现。

(5)NMM 的单纯形积分是解析解而非数值解。当物理片上的位移函数取多项式形式,而且单元形状为任意多边形时,无须将单元三角化分别数值积分求和,可直接通过单纯形积分获得解析解。

(6)通过由 DDA 继承下来的接触处理技术,NMM 可进行大位移滑动,甚至离散块体系统运动的模拟。

1.4.3　NMM 的不足之处

与 FEM 相比,NMM 仅处于初级阶段,需要进一步发展完善。NMM 的单纯形积分虽然非常强大,能给出解析解,但仍有不足之处:

(1)单纯形积分只针对多项式形式,对于求解裂纹问题时,通常引入的奇异基函数并不能直接使用单纯形积分。

(2)由于单纯形积分需要提取不同阶次项,当物理片上的局部位移函数的多项式次数过高时,计算会变得烦琐和耗时。

(3)对于非线性问题单纯形积分也不容易推广使用,由于材料构型或材料非线性导致的应力或应变项通常没有解析积分。

第 2 章　数值流形方法及其线性相关问题研究

2.1　引　言

本章从 3 个方面详尽地讲述了 NMM 的基本概念和原理。为了提高计算精度,NMM 的应用和发展已经扩展到了二阶问题。Zheng 等建议了 NMM 的 Hermit 形式,并成功地将 NMM 应用于四阶问题的求解。通过对 Kirchhoff 薄板弯曲问题的应用,证实 NMM 可以挽救有限元历史上那些早期发展的单元,比如 Zienkiewicz 平板单元,使得它们获得新生。前面讲到基于单位分解理论的方法,高次多项式作为局部位移函数时,可能存在线性相关问题。高阶 NMM 也不可避免地出现这种问题。因此,书中提出了 3 种处理线性相关问题的方法。

2.2　NMM 简介

NMM 主要包括 3 个部分:①数学覆盖和物理覆盖;②单位分解;③NMM 空间。

2.2.1　覆盖系统

为了统一解决连续和非连续问题,NMM 引入了两套覆盖,包括数学覆盖(mathematical cover, MC)和物理覆盖(physical cover, PC)。

MC 由有限个单连通域 Ω_i^m 组成,$i=1,2,\cdots,n^m$。每个单连通域 Ω_i^m 被称为一个数学片(mathematical patch, MP),n^m 表示数学片的数目。$\bigcup_{i=1}^{n^m}\Omega_i^m$ 表示数学片的并集,覆盖整个求解区域,记为 Ω。MC 的构造(包括它的大小和形状)决定了求解的精度。

PC 包含了所有的物理片(physical patch, PP)。原则上,它是由数学片 Ω_i^m 逐个与求解区域 Ω(包括区域边界、材料边界及裂纹等)切割后得到的。一个数学片 Ω_i^m 可能会被切割成几个小的区域,记为 Ω_{j-i}^p,$j=1,2,\cdots,n_i^p$。其中,Ω_{j-i}^p 表示从数学片 Ω_i^m 上产生的第 j 个物理片,它可能不再是单连通域。这里 n_i^p 表示从数学片 Ω_i^m 上产生的所有物理片数。为了简单起见,对 Ω_{j-i}^p 用 1 个简单的下标重新编号,以 $\Omega_k^p(k=1,2,\cdots,n^p)$来表示所有物理片。其中,$n^p$ 表示所有的物理片数,记 $n^p=\sum_{i=1}^{n^m}n_i^p$。那么 Ω_k^p 的并集 $\bigcup_{k=1}^{n^p}\Omega_k^p$ 刚好完全覆盖整个求解区域。

如图 2-1 所示,求解区域 Ω 由粗线标识,包括一个分叉裂纹,它的两个裂纹尖端停留在 Ω 内。

首先,使用3个数学片(包括 Ω_1^m—大圆、Ω_2^m—小圆,以及 Ω_3^m—矩形)来覆盖 Ω,并得到 $MC\{\Omega_i^m\}_i^3$。然后用 Ω 去切割 Ω_1^m,得到2个物理片,Ω_{1-1}^p 和 Ω_{2-1}^p,如图2-2所示。对 Ω_2^m 和 Ω_3^m 进行同样的操作,并得到2个物理片 Ω_{1-2}^p 和 Ω_{2-2}^p,如图2-3所示;同时得到2个物理片 Ω_{1-3}^p 和 Ω_{2-3}^p,如图2-4所示。这6个物理片就组成了PC。

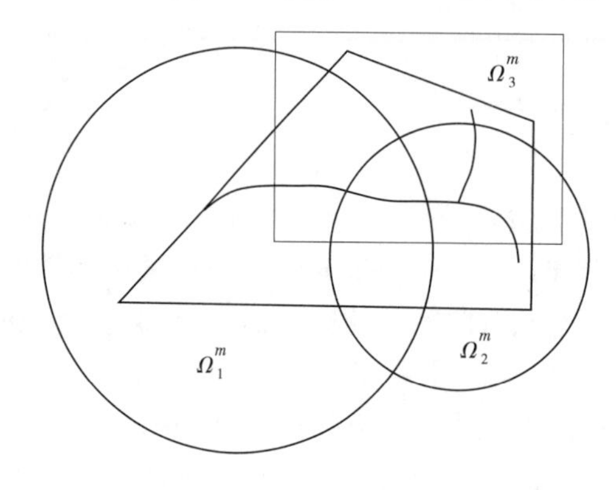

图2-1 问题区域及数学覆盖

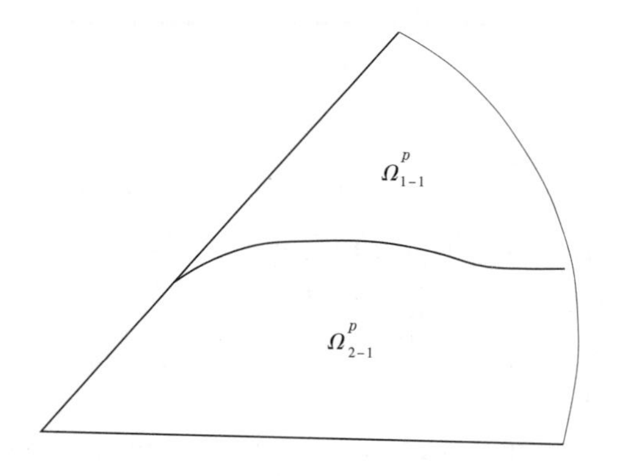

图2-2 由 Ω_1^m 产生的2个物理片

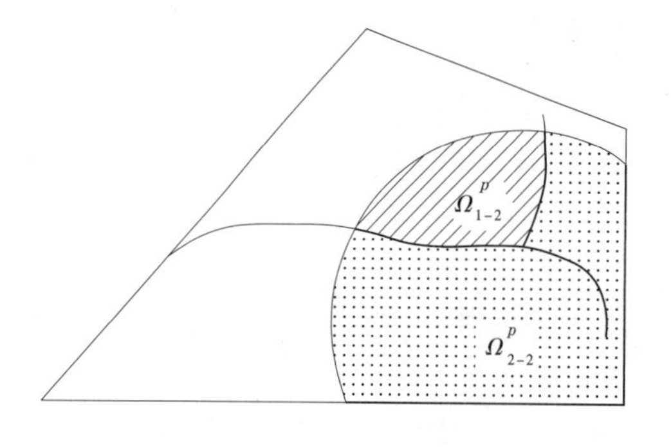

图2-3 由 Ω_2^m 产生的2个物理片

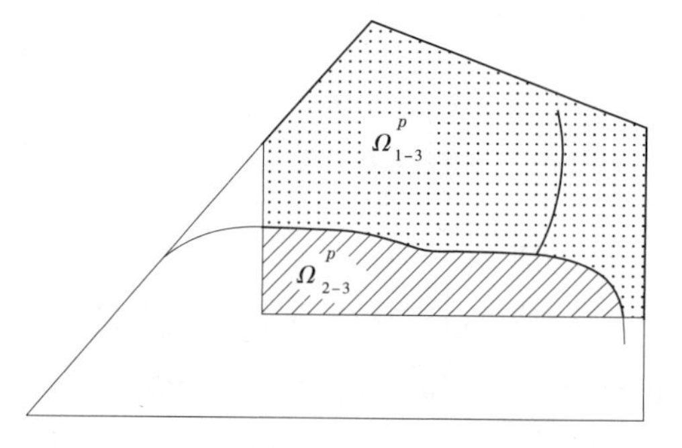

图2-4 由 Ω_3^m 产生的2个物理片

2.2.2 单位分解函数

确定 $MC\{\Omega_i^m\}$ 后,就可继续构造权函数 $w_i(r)$ $(i=1,2,\cdots,n^m)$,其中,r 表示位置矢量,满足

$$w_i(r)=0,\text{if } r\notin\Omega_i^m \tag{2-1}$$

$$0\leqslant w_i(r)\leqslant 1,\text{if } r\in\Omega_i^m \tag{2-2}$$

$$\sum_{i=1}^{n^m} w_i(r)=1,\text{if } r\in\Omega \tag{2-3}$$

$\{w_i(r)\}$ 称为对应于 Ω_i^m 的单位分解函数。

在单位分解法中,$w_i(r)\geqslant 0$ 不必一定满足,这与单位分解理论的标准阐述稍有不同。在作者看来,这是为了兼顾在有限元中所取得的经验,如二维8结点等参单元的形函数在单元内部的部分区域可能取负值。

通过将定义在 Ω_i^m 上的 $w_i(r)$ 限制在 Ω_{j-i}^m($j = 1,2,\cdots,n_i^p$) 上,就得到了从属于 PC{Ω_{j-i}^p}的单位分解函数{$w_{j-i}(r)$}。$w_{j-i}(r)$($j = 1,2,\cdots,n_i^p$),可能具有相同的表达式 $w_i(r)$,但它们有着完全不同的定义区域,分别对应着源于相同数学片 Ω_i^m 的物理片 Ω_{j-i}^p, ($j = 1,2,\cdots,n_i^p$)。另外,每个 Ω_{j-i}^p 上定义着不同的位移逼近形式,这使得 NMM 可以模拟两个 Ω_{j-i}^p 所共边两侧的不连续性。

为简单起见,同样如 Ω_{j-i}^p,将 $w_{j-i}(r)$ 简写为 $w_k(r)$($k = 1,2,\cdots,n^p$)。

下面引入流形单元(manifold element)的概念,流形单元为尽可能多的物理片的公共区域,记为 E_i。而且权函数在 E_i 上的取值不等于 0,即

$$E_i = \left\{ r \in \Omega \,\middle|\, \bigcap_k \Omega_k^p, w_k(r) \neq 0 \right\} \tag{2-4}$$

以流形单元所对应的物理片对其编号。图 2-5 表示由图 2-3 中的 MC 产生的 12 个流形单元。比如,E_1 仅为 2 个物理片 Ω_{1-1}^p 和 Ω_{1-3}^p 的交集,可编码为{1 - 1, 1 - 3},所对应的权函数为 w_{1-1} 和 w_{1-3}。同样地,E_2 编码为{2 - 1, 2 - 2}。

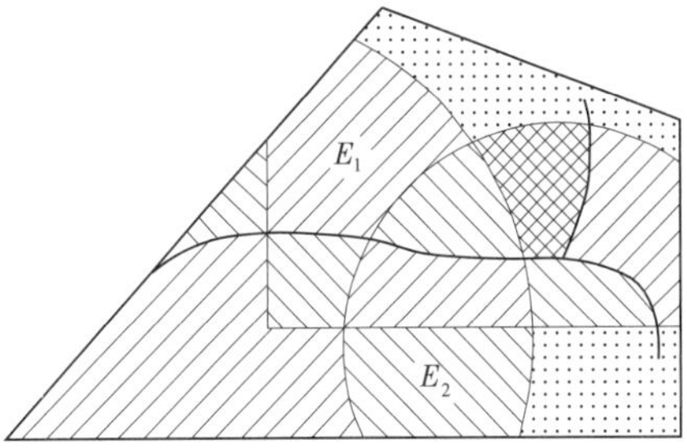

图 2-5 PC 切割而成的流形单元

2.2.3 NMM 空间

与有限元相比,NMM 更侧重物理片。在每个物理片 Ω_k^p 上定义一个函数空间,记为 V_k^p。将 V_k^p 与{$w_k(r)$}揉和到一起即可定义 Ω 上的 NMM 空间 $V(\Omega)$,表示为

$$V(\Omega) = \sum w_k V_k^p = \left\{ v \mid v = \sum_{k=1}^{n^p} v_k w_k, v_k \in V_k^p \right\} \tag{2-5}$$

这里所构造的实际上是 Lagrange 形式的 NMM 空间,适用于二阶问题的求解。

从图 2-2~图 2-4,可见存在两种类型的物理片。大多数物理片并不包含裂纹尖端,如 Ω_{2-1}^p(见图 2-2)等,称为非奇异物理片。Ω_{2-2}^p(见图 2-3)和 Ω_{1-3}^p(见图 2-4),均包含 1 个裂纹尖端,称为奇异物理片。针对不同类型的物理片将构造不同的局部函数空间。

2.2.3.1 非奇异物理片上的局部函数空间

在非奇异物理片 Ω_k^p 上,一般选择多项式作为局部函数空间 V_k^p。如果是一阶多项式,定义其上的位移函数 $u_k(x,y)$ 和 $v_k(x,y)$ 采用如下形式

$$\left.\begin{aligned} u_k &= a_k^0 + a_k^x x + a_k^y y \\ v_k &= b_k^0 + b_k^x x + b_k^y y \end{aligned}\right\} \tag{2-6}$$

但这将会引起总体刚度矩阵的亏秩和病态。

为了减小亏秩数,并改善刚度矩阵数值特性,$u_k(x,y)$ 和 $v_k(x,y)$ 采用如下形式

$$w_k = \boldsymbol{T}_k^0 \boldsymbol{d}_k \tag{2-7}$$

首先,用 $w_k^{\mathrm{T}} = (u_k, v_k)$ 来表示物理片上的局部位移函数。基函数$\boldsymbol{T}_k^0$定义为

$$\boldsymbol{T}_k^0 = \begin{bmatrix} 1 & 0 & \dfrac{x-x_k}{l_k} & 0 & \dfrac{y-y_k}{2l_k} & \dfrac{y-y_k}{2l_k} \\ 0 & 1 & 0 & \dfrac{y-y_k}{l_k} & \dfrac{x-x_k}{2l_k} & \dfrac{x_k-x}{2l_k} \end{bmatrix} \tag{2-8}$$

式中,x_k 和 y_k 为物理片所对应的插值点坐标;l_k 为数学片对应外接圆的最大直径。自由度矢量 $\boldsymbol{d}_k$ 表示为

$$\boldsymbol{d}_k^{\mathrm{T}} = (\bar{u}^k \quad \bar{v}^k \quad \bar{\varepsilon}_x^k \quad \bar{\varepsilon}_y^k \quad \bar{\gamma}_{xy}^k \quad \bar{\omega}^k) \tag{2-9}$$

这 6 个分量与位移同单位。$\bar{u}^k$ 和 $\bar{u}^k$为 Ω_k^p平动位移分量;$\boldsymbol{d}_k$ 的 3~5 个分量

$$\bar{\varepsilon}_x^k = l_k\varepsilon_x^k, \bar{\varepsilon}_y^k = l_k\varepsilon_y^k, \bar{\gamma}_{xy}^k = l_k\gamma_{xy}^k \tag{2-10}$$

表示 Ω_k^p的变形引起的位移分量,其中,ε_x^k、ε_y^k 和 γ_{xy}^k 为点(x_k, y_k)处的应变分量,即

$$\varepsilon_x^k = \frac{\partial u_k(x_k, y_k)}{\partial x}, \varepsilon_y^k = \frac{\partial v_k(x_k, y_k)}{\partial y}, \gamma_{xy}^k = \frac{\partial u_k(x_k, y_k)}{\partial y} + \frac{\partial v_k(x_k, y_k)}{\partial x} \tag{2-11}$$

$\boldsymbol{d}_k$ 的第 6 个分量

$$\bar{\omega}^k = l_k\omega^k \tag{2-12}$$

表示 Ω_k^p的刚体转动引起的位移分量,其中,ω^k 为刚体转角,即

$$\omega^k = \frac{\partial u_k(x_k, y_k)}{\partial y} - \frac{\partial v_k(x_k, y_k)}{\partial x} \tag{2-13}$$

2.2.3.2　奇异物理片上的局部函数空间

为简单起见,仅考虑在奇异物理片 Ω_k^p中含 1 个裂纹尖端,如图 2-6 所示。这种情况下,除式(2-6)中的多项式形式外,函数空间 V_k^p 应该包含另外一个附加局部位移函数来反应裂纹尖端附近位移的奇异性,即

$$\boldsymbol{w}_k = \boldsymbol{T}_k^0\boldsymbol{d}_k + \boldsymbol{T}_k^1 e_k \tag{2-14}$$

式中,$\boldsymbol{e}_k$ 为扩充的自由度,定义为

$$\boldsymbol{e}_k^{\mathrm{T}} = (e_1^k, e_2^k, \cdots, e_8^k) \tag{2-15}$$

式(2-14)中的 $\boldsymbol{T}_k^1$ 定义为

$$\boldsymbol{T}_k^1 = \begin{bmatrix} \Phi_1 & 0 & \Phi_2 & 0 & \Phi_3 & 0 & \Phi_4 & 0 \\ 0 & \Phi_1 & 0 & \Phi_2 & 0 & \Phi_3 & 0 & \Phi_4 \end{bmatrix} \tag{2-16}$$

其中

$$(\Phi_1 \quad \Phi_2 \quad \Phi_3 \quad \Phi_4) = \left(\sqrt{r}\cos\frac{\theta}{2} \quad \sqrt{r}\sin\frac{\theta}{2} \quad \sqrt{r}\cos\frac{3\theta}{2} \quad \sqrt{r}\sin\frac{3\theta}{2}\right) \tag{2-17}$$

为裂纹尖端附近 Williams 位移级数的前两项;(r, θ)为图 2-6 所示极坐标系。Φ_3和 Φ_4 与文献中所给的形式 $\Phi_3 = \sqrt{r}\sin\theta\sin\dfrac{\theta}{2}$和 $\Phi_4 = \sqrt{r}\sin\theta\cos\dfrac{\theta}{2}$

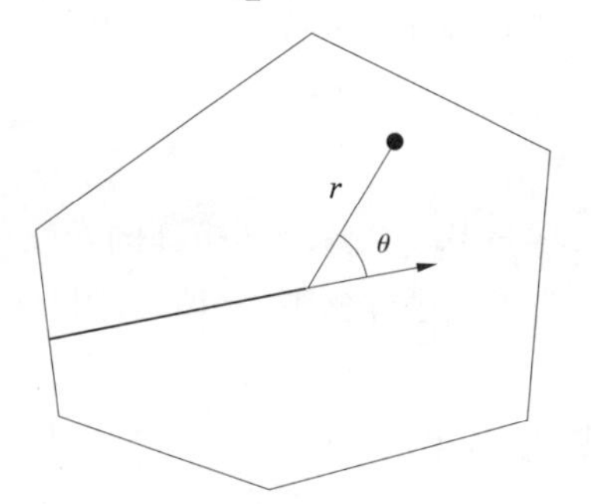

图 2-6　奇异物理片及极坐标系

有所不同。这样做的目的是:如果局部函数空间需要进一步扩充,那么可以同样地引入更多的基函数如$\sqrt{r}\cos\dfrac{5\theta}{2},\sqrt{r}\sin\dfrac{5\theta}{2},\cdots$。

另外,如果在Ω_k^p中有不止 1 个裂纹尖端,V_k^p 同样可以扩充更多项,如分别与第 2,3,…个裂纹尖端对应的扩充项可表示为 $\boldsymbol{T}_k^2\boldsymbol{e}_k^2,\boldsymbol{T}_k^3\boldsymbol{e}_k^3,\cdots$。

2.3　有限元网格形成的覆盖系统

根据单位分解理论,PC 所对应的单位分解函数总是存在的,而且所有的权函数可以任意光滑。然而,从 NMM 的发展和应用来看,大多选用有限元网格来构造 MC。

当选择有限元网格作为 MC 时,网格无须与求解区域 Ω 重合,如图 2-7 所示,结点可位于 Ω 外。数学片 Ω_i^m 由共享 i 结点的所有有限单元组成,称为一个拓扑星。如图 2-7(a)所示材料区域 Ω 以及数学覆盖,阴影部分表示几个数学片。可选择规则的有限元网格(如正三角形)来构造 MC,这样可以达到最优的插值精度。

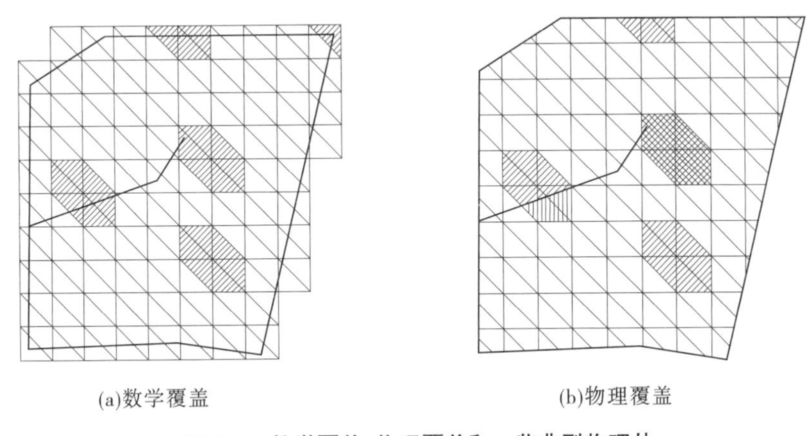

图 2-7　数学覆盖、物理覆盖和一些典型物理片

将所有的 Ω_i^m 与 Ω 进行切割,就得到所有的物理片,也可称 PC 为物理网格,如图 2-7(b)所示。图 2-7(a)中的数学片 Ω_i^m 由裂纹切穿后会产生两个独立的非奇异物理片,未被切穿的形成一个奇异物理片。3 个物理片相互切割,就形成一个流形单元,而且流形单元也有可能是部分切割。

当裂纹尖端落在流形单元顶点上,停留在单元内部或者刚好在单元边上时,与这些流形单元相关的所有物理片都视为是奇异物理片。

如图 2-8 所示,从属于 Ω_i^p 的权函数如同一个具有单位高度的帐篷,是由共享结点 i 的所有单元的形函数共同搭建而成的。

另外,近年来也发展了一些在有限覆盖这个层面上来看与 NMM 等价的数值方法,这些方法更容易被未经过严格数学训练的研究者们所接受。这里仅以影子结点法(phantom node method)为例。实际上,该方法中位于求解区域外的一个影子结点对应 NMM 中的一个部分切割的物理片;同时位于裂纹另一侧的一个影子结点相当于 NMM 中由同一个数

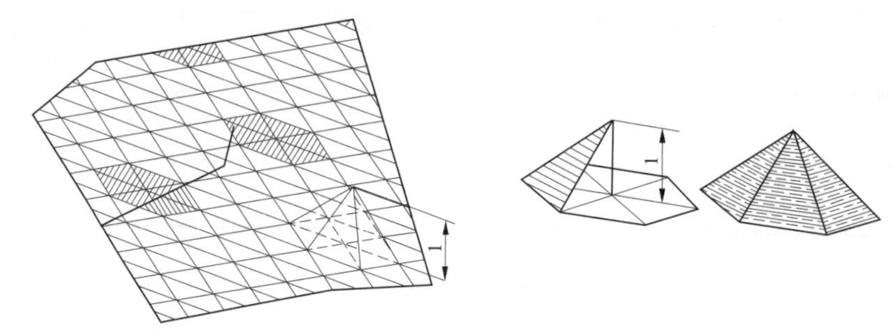

图 2-8　物理片所对应的权函数

学片被切割后所形成的两个物理片中的一个。

2.4　高阶 NMM 线性相关问题研究

基于单位分解的方法可自由地提高局部位移函数(多项式)的阶次,且将局部位移函数乘上单位分解函数来构造总体位移函数,提高了计算精度,但会令总体刚度矩阵奇异,也即线性相关。

Babuska 等首次发现了线性相关问题,进而其他基于 PU 的方法,如 XFEM 和 GFEM 等,也出现了这种问题。基于三角形网格的 NMM,以有限元形函数作为单位分解函数,将定义在 3 个物理片上的局部位移函数(采用高阶多项式形式)揉和到一起来构造每个流形单元上的位移函数,同样也将不可避免地产生线性相关问题。

针对线性相关问题,学者们提出了不同的解决方法。Tian 等指出禁止在 Dirichlet 边界条件上施加高阶自由度,可有效地解决线性相关问题,但实际操作中施加并不容易。同样,蔡永昌和张湘伟也指出在需要引入位移边界条件的物理片上直接采用 0 阶位移函数来消除刚度矩阵的线性相关现象,但这样可能会导致计算精度的降低。

另外,对单元性质的改进也可以来解决线性相关问题,比如发展了基于 PU 的 3 结点三角形单元、高性能的 3 结点三角形单元以及 4 结点四面体单元,混合复杂元胞,以及混合有限元 - 无网格四边形单元。但是不可避免地引入了附加自由度、复杂的前处理以及计算量的增加。另外,An 等分析了 NMM 中亏秩数与网格拓扑结构和局部位移逼近函数的阶次有关,并推导了亏秩数目的计算公式,可供参考。

2.4.1　处理线性相关的第 1 种方法

前面式(2-9)中定义的自由度具有明确的物理意义,基于此,尝试事先约束物理片上梯度相关的自由度,形成新的变分公式,进而处理刚度矩阵的线性相关问题。

由最小势能原理可知,真实的位移 $\boldsymbol{\nu}$ 使得势能最小

$$\pi(\nu) = \frac{1}{2}\int_{\Omega} \boldsymbol{\varepsilon}^{\mathrm{T}}\boldsymbol{\sigma}\mathrm{d}\Omega - \int_{S_{\sigma}} \boldsymbol{\nu}^{\mathrm{T}}\bar{\boldsymbol{p}}\mathrm{d}S \tag{2-18}$$

式中, $\boldsymbol{\nu}$ 可以是满足位移边界条件的任意位移矢量,且

$$\boldsymbol{\nu}_n = 0, \text{在 } S_u^n \text{ 上} \tag{2-19}$$

及
$$\boldsymbol{\nu}_t = 0, \text{在 } S_u^t \text{ 上} \tag{2-20}$$
这里，S_u^n 表示在法向方向上光滑约束的位移边界段；$\boldsymbol{\nu}_n = \boldsymbol{n} \cdot \boldsymbol{\nu}$；$\boldsymbol{n} = (\cos\alpha, \sin\alpha)$ 为 S_u^n 上单位外法向矢量；α 表示矢量 $\boldsymbol{n}$ 与 x 正轴的夹角。式（2-20）中，S_u^t 表示在切向方向上约束的位移边界段；$\boldsymbol{\nu}_t = \boldsymbol{t} \cdot \boldsymbol{\nu}$；$\boldsymbol{t} = (-\sin\alpha, \cos\alpha)$ 表示 S_u^t 的切向单位矢量。S_u^t 和 S_u^n有可能部分或者完全地重合。

式(2-18)中 $\boldsymbol{\varepsilon}$ 是与 $\boldsymbol{\nu}$ 相关的应变矢量
$$\boldsymbol{\varepsilon} = L_d \boldsymbol{\nu} \tag{2-21}$$
其中，$\boldsymbol{L_d}$ 表示微分算子
$$\boldsymbol{L}_d = \begin{bmatrix} \dfrac{\partial}{\partial x} & 0 \\ 0 & \dfrac{\partial}{\partial y} \\ \dfrac{\partial}{\partial y} & \dfrac{\partial}{\partial x} \end{bmatrix} \tag{2-22}$$
式(2-18)中的 $\boldsymbol{\sigma}$ 表示与 $\boldsymbol{\nu}$ 相关的应力矢量，由本构关系可知
$$\boldsymbol{\sigma} = \boldsymbol{D\varepsilon} \tag{2-23}$$
式中，$\boldsymbol{D}$ 为弹性矩阵。

式(2-18)中的 $\bar{\boldsymbol{p}}$ 表示作用在应力边界段 S_σ 上的张力矢量。S_u^n、S_u^t 及 S_σ 三部分组成了 Ω 的整个边界 S，即
$$S = S_u^n \cup S_u^t \cup S_\sigma \tag{2-24}$$
不得不指出，NMM 不能同 FEM 一样简单地施加位移边界条件。首先，NMM 允许数学覆盖与求解区域不重合，从而选用了一套规则的数学网格以便于达到更高的精度。其次，当 NMM 采用高次多项式作为局部位移函数时，即便数学覆盖与求解区域重合，像 FEM 那样施加位移边界条件也是不准确的。

如图 2-9 中所示，为一无重力平板右侧边界受水平拉力作用。若采用高次多项式作为局部位移函数，即便左侧边界所有结点的两个方向均被约束，位于固定结点之间的边界段仍然可以变形。

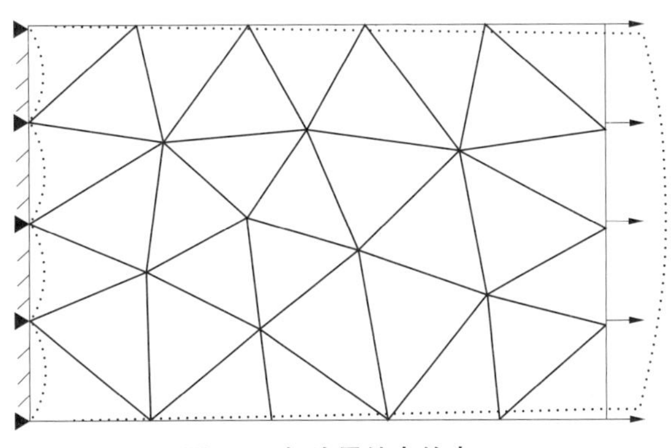

图 2-9　仅边界结点约束

因此,需要在势能函数中引入位移边界条件:

$$\pi^1(\nu) = \frac{1}{2}\int_{\Omega} \boldsymbol{\varepsilon}^{\mathrm{T}}\boldsymbol{\sigma}\mathrm{d}\Omega + \frac{1}{2}\int_{S_u^n} k_u \boldsymbol{\nu}_n^2 \mathrm{d}S + \frac{1}{2}\int_{S_u^t} k_u \boldsymbol{\nu}_t^2 \mathrm{d}S - \int_{S_\sigma} \boldsymbol{\nu}^{\mathrm{T}}\bar{\boldsymbol{p}}\mathrm{d}S \tag{2-25}$$

式中,k_u 是一个很大的数,表示罚值。当然,也可以采用拉格朗日乘子法施加位移边界条件,但矩阵性质不好,需要特殊的求解技术。改进的拉格朗日乘子法解决了这个问题,但仍需要一定的迭代次数来修正乘子。

π^1 适用于局部位移函数取常数的情况。然而当选用高次多项式时,就会引起刚度矩阵的亏秩。因为,局部位移函数中引入了与变形梯度相关的额外自由度,如 $\bar{\varepsilon}_x^k$、$\bar{\varepsilon}_y^k$、$\bar{\gamma}_{xy}^k$ 或 $\bar{\omega}^k$,这使得定义在三角形流形单元上的位移函数有 18 个参数,但实际上仅需 12 个系数就可以组成完整的二阶多项式。因此,可事先约束梯度相关的自由度。

可令与梯度相关的自由度部分地满足自然边界条件来引入约束。实际问题中,面力为 0 的边界可记为 S_σ^t。在 S_σ^t上局部剪切应变 $\gamma_{nt}=0$;法向被固定的边界记为 S_u^n,在其上的转角 $\omega=0$。因此,对自由度施加如下约束可减少亏秩

$$\gamma_{nt} = 0,\text{在 } S_\sigma^t \text{ 上} \tag{2-26}$$

$$\omega = 0,\text{在 } S_u^n \text{ 上} \tag{2-27}$$

通过如下关系

$$\gamma_{nt} = (\varepsilon_y - \varepsilon_x)\sin 2\alpha + \gamma_{xy}\cos 2\alpha \tag{2-28}$$

将式(2-26)的约束施加到梯度相关的自由度上。式(2-28)中,全局坐标系下的应变分量 $\varepsilon_x(x,y)$、$\varepsilon_y(x,y)$ 和 $\gamma_{xy}(x,y)$ 可由下面的自由度来确定

$$\varepsilon(x,y) = \sum_{i=1}^{3} \varepsilon_{k_i} L_{k_i}(x,y) = \sum_{i=1}^{3} \bar{\varepsilon}_{k_i} L_{k_i}(x,y)/l_{k_i} \tag{2-29}$$

同样通过如下关系

$$\omega(x,y) = \sum_{i=1}^{3} \omega_{k_i} L_{k_i}(x,y) = \sum_{i=1}^{3} \bar{\omega}_{k_i} L_{k_i}(x,y)/l_{k_i} \tag{2-30}$$

施加式(2-27)的约束。

式中,$k_i(i = 1, 2, 3)$ 为组成包含点(x, y)的流形单元的物理片 $\Omega_{k_i}^p$ 的编号;L_k 为面积坐标;$\varepsilon(x,y)$ 为点(x, y)处的应变矢量;$\varepsilon_{k_i}^{\mathrm{T}} = (\varepsilon_x^{k_i} \quad \varepsilon_y^{k_i} \quad \gamma_{xy}^{k_i})$ 为物理片 $\Omega_{k_i}^p$ 的应变矢量,见式(2-11);$\bar{\varepsilon}_{k_i}^{\mathrm{T}} = (\bar{\varepsilon}_x^{k_i} \quad \bar{\varepsilon}_y^{k_i} \quad \bar{\gamma}_{xy}^{k_i})$ 为物理片 $\Omega_{k_i}^p$ 的应变矢量乘上一个统一的系数,见式(2-10)。

在 NMM 框架下对式(2-26)和式(2-27)的约束并不能逐点满足,因此可考虑使用罚方法来施加,得到

$$\pi^2(\nu) = \frac{1}{2}\int_{\Omega} \varepsilon^{\mathrm{T}}\sigma \mathrm{d}\Omega + \frac{1}{2}\int_{S_u^n} k_u \nu_n^2 \mathrm{d}S + \frac{1}{2}\int_{S_u^t} k_u \nu_t^2 \mathrm{d}S + \frac{1}{2}\int_{S_\sigma^t} k_\gamma \gamma_{nt}^2 \mathrm{d}S - \int_{S_\sigma} \boldsymbol{\nu}^{\mathrm{T}}\bar{\boldsymbol{p}}\mathrm{d}S + \frac{1}{2}\int_{S_u^n} k_\omega \omega^2 \mathrm{d}S \tag{2-31}$$

这里,k_γ 和 k_ω 表示非常大的数,均为罚值。

由式(2-25)中的 π^1 或式(2-31)中的 π^2,NMM 的系统方程如下

$$\boldsymbol{Kd} = \boldsymbol{q} \tag{2-32}$$

式中,$\boldsymbol{K}$ 为总体刚度矩阵,它是对称的且至少是半正定的;$\boldsymbol{d}$ 为自由度;$\boldsymbol{q}$ 为广义荷载矢量。

例 2-1　Cook 斜梁

以 Cook 斜梁为例,来验证 π^2 对于刚度矩阵秩的影响。参数及尺寸和数学覆盖分别如图 2-10(a)和图 2-10(b)所示。

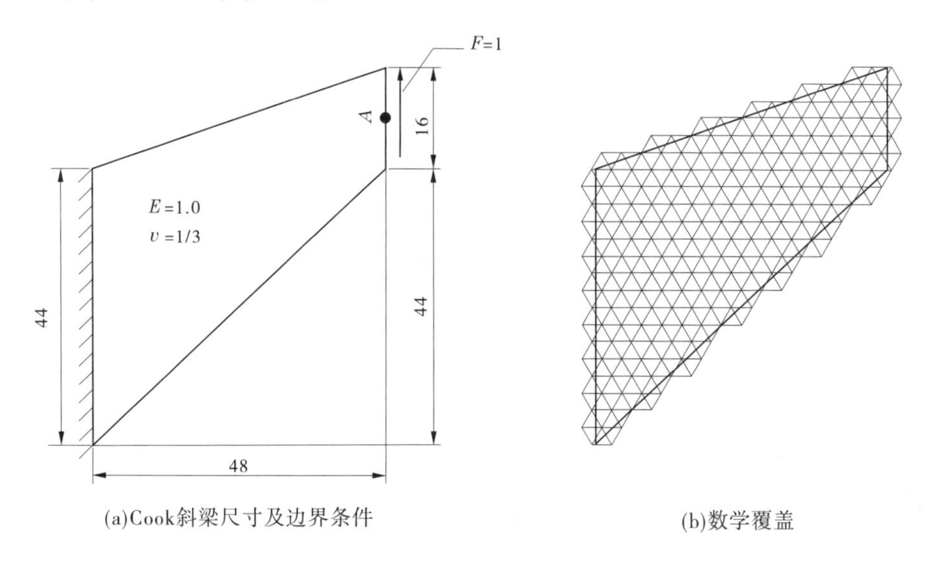

(a)Cook斜梁尺寸及边界条件　(b)数学覆盖

图 2-10　Cook 斜梁及数学覆盖

如表 2-1 所示,为不同的网格密度情况下 π^1 与 π^2 的结果对比。表明 π^2 显著地减小了亏秩数且保持了几乎相同的计算精度。

表 2-1　两种变分表达式的结果对比

单元层数①	DOF	RD②		A③点的挠度	
		π^1	π^2	π^1	π^2
8	222	6	1	23.592 3	23.194 1
12	390	6	1	23.866 7	23.707 8
16	726	6	1	23.906 4	23.796 2
20	990	6	1	23.949 2	23.909 5
24	1 308	6	1	23.913 3	23.865 2
28	1 722	6	1	23.943 9	23.913 2
32	2 298	6	1	23.949 0	23.925 9

注:①左侧边界的单元层数;②RD = 亏秩数(Rank Deficiency);③ 参考解 = 23.96。

需要指出的是,$k_u(=k_\gamma)=10^nE$,当 n 在 3 ~ 7 变化时,对结果几乎没有影响。

综上,通过在变分公式中事先约束梯度相关的自由度,显著地减小了高阶 NMM 刚度矩阵的亏秩数。

2.4.2　处理线性相关的第 2 种方法

NMM 在选用三角形有限单元网格作为其数学覆盖时比较常见的情况有两种:第 1 种为石氏程序中的正三角形网格所构造的数学覆盖,它可能与求解区域不完全重合;第 2 种采用自动剖分而成的有限单元网格来构造数学覆盖,刚好覆盖求解域。此处基于后者,尝试在物理片上进一步引入应力自由度,来解决 NMM 刚度矩阵的亏秩问题。

2.4.2.1 **定义具有物理意义的物理片**

基于三角形有限单元网格的 NMM,每个流形单元为 3 个物理片的交集。

在物理片定义具有物理意义的自由度在 2.4.1 节中已经讲述,但为了本节内容上的完整性,将再次给出详细的推导过程。物理片上的局部位移函数的水平分量为 $u_i(x,y)$,它对该物理片所对应插值节点(x_i,y_i)的一阶泰勒展开形式可以表示为

$$u_i(x,y) = u^i + u_x^i(x - x_i) + u_y^i(y - y_i) \tag{2-33}$$

式中,$u^i = u(x_i,y_i)$;$u_x^i = \frac{\partial u(x,y)}{\partial x}\Big|_{(x_i,y_i)}$;$u_y^i = \frac{\partial u(x,y)}{\partial y}\Big|_{(x_i,y_i)}$。

同样,竖向位移分量也可以表示为

$$\nu_i(x,y) = \nu^i + \nu_x^i(x - x_i) + \nu_y^i(y - y_i) \tag{2-34}$$

式中,$\nu^i = \nu(x_i,y_i)$;$\nu_x^i = \frac{\partial \nu(x,y)}{\partial x}\Big|_{(x_i,y_i)}$;$\nu_y^i = \frac{\partial \nu(x,y)}{\partial y}\Big|_{(x_i,y_i)}$。

弹性小变形假定:

$$\left.\begin{aligned}\frac{\partial u}{\partial x} &= \varepsilon_x \\ \frac{\partial \nu}{\partial y} &= \varepsilon_y\end{aligned}\right\} \tag{2-35}$$

且

$$\left.\begin{aligned}\frac{\partial u}{\partial y} + \frac{\partial \nu}{\partial x} &= \gamma_{xy} \\ \frac{\partial u}{\partial y} - \frac{\partial \nu}{\partial x} &= \omega\end{aligned}\right\} \tag{2-36}$$

得到

$$\left.\begin{aligned}\frac{\partial u}{\partial y} &= \frac{1}{2}(\gamma_{xy} + \omega) \\ \frac{\partial \nu}{\partial x} &= \frac{1}{2}(\gamma_{xy} - \omega)\end{aligned}\right\} \tag{2-37}$$

式中,ω 为穿过点(x,y)的任意微量绕着 z 轴的转动角度。

进而,流形单元上的位移矢量可以表示为

$$\boldsymbol{w}_i = \boldsymbol{T}^i \boldsymbol{d}_i \tag{2-38}$$

式中,$\boldsymbol{T}^i = \begin{bmatrix} 1 & 0 & \frac{x-x_i}{l_i} & 0 & \frac{y-y_i}{2l_i} & \frac{y-y_i}{2l_i} \\ 0 & 1 & 0 & \frac{y-y_i}{l_i} & \frac{x-x_i}{2l_i} & \frac{x_i-x}{2l_i} \end{bmatrix}$,$\boldsymbol{d}_i^{\mathrm{T}} = (u_i \quad \nu_i \quad \bar{\varepsilon}_x^i \quad \bar{\varepsilon}_y^i \quad \bar{\gamma}_{xy}^i \quad \bar{\omega}^i)$;$l_i$ 为数学片对应外接圆的最大直径;且 $\bar{\varepsilon}_x^i = l_i\varepsilon_x^i$,$\bar{\varepsilon}_y^i = l_i\varepsilon_y^i$,$\bar{\gamma}_{xy}^i = l_i\gamma_{xy}^i$,$\bar{\omega}^i = l_i\omega^i$。

若第 i 个物理片上的自由度定义为 $\boldsymbol{d}_i$(单位与位移相同),定义它为 PP-u-ε 型。引入 l_i 是为了让所有自由度的单位均为位移单位,较之郭朝旭的提法,改善了整体刚度矩

阵的数值特性。

局部位移函数取常数的物理片，定义为 PP-u 型。

如果光滑边界处的物理片上的面力给定，那么可将 ε_x^i、ε_y^i 及 γ_{xy}^i 替换为 σ_n^i、σ_t^i 及 τ_{nt}^i。后3者为第 i 个物理片在局部坐标系下的应力分量。根据应力张量的性质，整体坐标系下它们的关系可以表示为

$$\boldsymbol{\sigma}_L^i = \boldsymbol{L}\boldsymbol{\sigma}_G^i \tag{2-39}$$

式中，$\boldsymbol{\sigma}_L^i \equiv (\sigma_n^i \quad \sigma_t^i \quad \tau_{nt}^i)^{\mathrm{T}}$，$\boldsymbol{\sigma}_G^i \equiv (\sigma_x^i \quad \sigma_y^i \quad \tau_{xy}^i)^{\mathrm{T}}$。

且

$$\boldsymbol{L} = \begin{bmatrix} n_x^2 & n_y^2 & 2n_x n_y \\ n_y^2 & n_x^2 & -2n_x n_y \\ -n_x n_y & n_x n_y & n_x^2 - n_y^2 \end{bmatrix} \tag{2-40}$$

$\boldsymbol{n}^{\mathrm{T}} = (n_x, n_y)$ 表示第 i 个物理片的外法向量。$\boldsymbol{L}$ 的逆为

$$\boldsymbol{L}^{-1} = \begin{bmatrix} n_x^2 & n_y^2 & -2n_x n_y \\ n_y^2 & n_x^2 & -2n_x n_y \\ n_x n_y & -n_x n_y & n_x^2 - n_y^2 \end{bmatrix} \tag{2-41}$$

全局坐标系下应力与应变的本构关系为

$$\boldsymbol{\sigma}_G^i = \boldsymbol{D}\boldsymbol{\varepsilon}_G^i \tag{2-42}$$

代入式(2-39)得到

$$\boldsymbol{\sigma}_L^i = \boldsymbol{G}\boldsymbol{\varepsilon}_G^i \tag{2-43}$$

式中，$\boldsymbol{\varepsilon}_G^i = (\varepsilon_x^i \quad \varepsilon_y^i \quad \gamma_{xy}^i)^{\mathrm{T}}$。

对于平面应力问题弹性矩阵为

$$\boldsymbol{D} = \frac{E}{1 - v^2}\begin{bmatrix} 1 & v & 0 \\ v & 1 & 0 \\ 0 & 0 & (1 - v)/2 \end{bmatrix} \tag{2-44}$$

平面应变问题：

$$\boldsymbol{D} = \frac{E(1 - v)}{(1 + v)(1 - 2v)}\begin{bmatrix} 1 & \dfrac{v}{1 - v} & 0 \\ \dfrac{v}{1 - v} & 1 & 0 \\ 0 & 0 & (1 - 2v)/[2(1 - v)] \end{bmatrix} \tag{2-45}$$

且

$$\boldsymbol{G} = \boldsymbol{L}\boldsymbol{D} \tag{2-46}$$

或者等效为

$$\boldsymbol{\varepsilon}_G^i = \boldsymbol{G}^{-1}\boldsymbol{\sigma}_L^i \tag{2-47}$$

以 $\boldsymbol{\sigma}_L$ 的格式来表示 $\boldsymbol{d}_i$：

$$\boldsymbol{d}_i = \begin{pmatrix} \boldsymbol{u}^i \\ l_i \varepsilon_G^i \\ l_i \boldsymbol{\omega}^i \end{pmatrix} = \boldsymbol{F}\boldsymbol{g}_i \tag{2-48}$$

式中

$$\boldsymbol{u}^i = (u^i, \nu^i)^{\mathrm{T}} \tag{2-49}$$

且

$$\boldsymbol{F} = \begin{bmatrix} \boldsymbol{I} & 0 & 0 \\ 0 & E\boldsymbol{G}^{-1} & 0 \\ 0 & 0 & 1 \end{bmatrix} \tag{2-50}$$

$$\boldsymbol{g}_i = \begin{pmatrix} \boldsymbol{u}^i \\ \bar{\boldsymbol{\sigma}}_L^i \\ \bar{\boldsymbol{\omega}}^i \end{pmatrix} \tag{2-51}$$

$$\bar{\boldsymbol{\sigma}}_L^i = \frac{l_i}{E}\boldsymbol{\sigma}_L^i \tag{2-52}$$

将式(2-48)代入式(2-38)得

$$w_i = \boldsymbol{U}^i \boldsymbol{g}_i \tag{2-53}$$

式中,$\boldsymbol{U}^i = \boldsymbol{T}^i \boldsymbol{F}$。

将 $\boldsymbol{g}_i$ 作为自由度的物理片,定义为 PP-u-$\boldsymbol{\sigma}$ 型。因其自由度中含应力项,方便了应力边界条件的施加。

2.4.2.2 罚形式的变分原理及离散形式

当物理片上的位移阶次取为零阶时,位移边界条件可严格地满足。而当阶次取为高阶时,这将不再成立。

通过惩罚势能泛函,近似的位移使下列泛函取最小值

$$\pi(\boldsymbol{u}) = \int_{\Omega} \frac{1}{2}\boldsymbol{\varepsilon}^{\mathrm{T}}\boldsymbol{\sigma}\mathrm{d}\Omega - \int_{\Omega} \boldsymbol{u}^{\mathrm{T}} b \mathrm{d}\Omega - \int_{\Gamma_s} \boldsymbol{u}^{\mathrm{T}}\bar{\boldsymbol{p}}\mathrm{d}S + \int_{\Gamma_d} \frac{1}{2}k(\boldsymbol{u} - \tilde{\boldsymbol{u}})^{\mathrm{T}}(\boldsymbol{u} - \tilde{\boldsymbol{u}})\mathrm{d}S \tag{2-54}$$

式中,Γ_s 为应力边界条件;Γ_d 为位移边界条件;$\Gamma_s + \Gamma_d = \partial\Omega$;$\tilde{\boldsymbol{u}}$ 为位移边界 Γ_d 上的位移;$\bar{\boldsymbol{p}}$ 为应力边界 Γ_s 上的应力;k 为罚参数;b 为体积力。

$\boldsymbol{\sigma}$ 及 $\boldsymbol{\varepsilon}$ 均为位移的函数,可表示为

$$\boldsymbol{\varepsilon} \equiv \boldsymbol{L}_{\mathrm{d}}\boldsymbol{u} \tag{2-55}$$

且

$$\sigma = \boldsymbol{D}\boldsymbol{\varepsilon} \tag{2-56}$$

$$\boldsymbol{L}_d = \begin{bmatrix} \frac{\partial}{\partial x} & 0 \\ 0 & \frac{\partial}{\partial y} \\ \frac{\partial}{\partial y} & \frac{\partial}{\partial x} \end{bmatrix} \tag{2-57}$$

与传统最小势能原理相比,式(2-54)中的 $\boldsymbol{u}$ 不必事先满足位移边界条件。

每个流形单元的位移函数 $\boldsymbol{u}(x,y)$ 可以表示为

$$\boldsymbol{u} = \sum_{i=1}^{3} \varphi_i w_i = \sum_{i=1}^{3} L_i w_i \tag{2-58}$$

式中,w_i 为第 i 个物理片上的局部位移函数;$\varphi_i = L_i$ = 面积坐标。

对 PP-u-ε 或 PP-u-σ 分别将式(2-38)或式(2-53)代入式(2-58)得到

$$\boldsymbol{u} = \boldsymbol{N}\boldsymbol{h} \tag{2-59}$$

$\boldsymbol{N}$ 包含 3 个 2×6 的子矩阵:$\boldsymbol{N}^1$、$\boldsymbol{N}^2$、$\boldsymbol{N}^3$

$$\boldsymbol{N} = [\boldsymbol{N}^1 \quad \boldsymbol{N}^2 \quad \boldsymbol{N}^3] \tag{2-60}$$

矢量 $\boldsymbol{h}$ 是包含 3 个 6×1 的子矩阵:$\boldsymbol{h}_1$、$\boldsymbol{h}_2$、$\boldsymbol{h}_3$

$$\boldsymbol{h}^{\mathrm{T}} = (\boldsymbol{h}_1^{\mathrm{T}} \quad \boldsymbol{h}_2^{\mathrm{T}} \quad \boldsymbol{h}_3^{\mathrm{T}}) \tag{2-61}$$

如果为 PP-u-ε 型:

$$\boldsymbol{N}^i = \boldsymbol{L}_i \boldsymbol{T}^i, \boldsymbol{h}_i = \boldsymbol{d}_i \tag{2-62}$$

如果为 PP-u-σ 型:

$$\boldsymbol{N}^i = \boldsymbol{L}_i \boldsymbol{U}^i, \boldsymbol{h}_i = \boldsymbol{g}_i \tag{2-63}$$

将式(2-59)代入式(2-54)得到

$$\boldsymbol{\varepsilon} = \boldsymbol{B}\boldsymbol{h} \tag{2-64}$$

$\boldsymbol{B}$ 由 3 个 3×6 子矩阵组成:$\boldsymbol{B}^1$、$\boldsymbol{B}^2$、$\boldsymbol{B}^3$

$$\boldsymbol{B} = [\boldsymbol{B}^1 \quad \boldsymbol{B}^2 \quad \boldsymbol{B}^3] \tag{2-65}$$

$$\boldsymbol{B}^i = \boldsymbol{L}_d \boldsymbol{N}^i \tag{2-66}$$

将式(2-64)代入式(2-56)得到

$$\boldsymbol{\sigma} = \boldsymbol{S}\boldsymbol{h} \tag{2-67}$$

$$\boldsymbol{S} = \boldsymbol{D}\boldsymbol{B} \tag{2-68}$$

将式(2-59)、式(2-64)及式(2-67)代入式(2-54)中,令 $\delta\pi = 0$,得到系统平衡方程为

$$\boldsymbol{K}\boldsymbol{p} = \boldsymbol{q} \tag{2-69}$$

式中,$\boldsymbol{p}$ 为总自由度;$\boldsymbol{K}$ 为总体刚度矩阵;$\boldsymbol{q}$ 为等效荷载矩阵。

单元刚度矩阵为

$$\boldsymbol{K}^e = \int_{\Omega^e} \boldsymbol{B}^{\mathrm{T}} \boldsymbol{D} \boldsymbol{B} \mathrm{d}\Omega + k \int_{\Gamma_c^e} \boldsymbol{N}^{\mathrm{T}} \boldsymbol{N} \mathrm{d}\Omega \tag{2-70}$$

单元荷载矩阵为

$$\boldsymbol{q}^e = \int_{\Omega^e} \boldsymbol{N}^{\mathrm{T}} \boldsymbol{b} \mathrm{d}\Omega + \int_{\Gamma_s^e} \boldsymbol{N}^{\mathrm{T}} \widetilde{\boldsymbol{p}} \mathrm{d}S + k \int_{\Gamma_d^e} \boldsymbol{N}^{\mathrm{T}} \widetilde{\boldsymbol{u}} \mathrm{d}S \tag{2-71}$$

式中符号含义同前。

2.4.2.3　数值算例

为了测试本书所提出的 PP-u-σ 型的物理片,设计了如下 3 种物理片布置方案:①NMM-u:位于位移边界上的物理片设置为 PP-u 型,其他物理片设为 PP-u-ε 型;②NMM-u-ε:所有物理片均设为 PP-u-ε 型;③NMM-u-σ:在光滑应力边界上设置 PP-u-σ 型,其他物理片设为 PP-u-ε 型。

1)PP-u-σ 型有效性验证

对如图 2-11 所示的 4 种简单网格,测试了不同约束方式对总体刚度矩阵秩的影响。

如表 2-2 所示,不施加任何约束时亏秩数均为 9 个。施加刚体约束后,亏秩数减少为 6 个。进而再施加 PP-u-σ 型应力边界条件,亏秩数最终减少为 4 个,证实了这种约束方式的有效性。对于最终亏秩的消除,仍需约束其他的应变自由度,下文将会介绍。

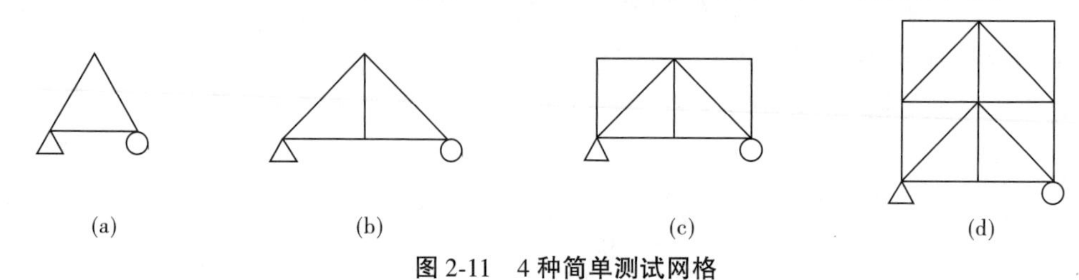

图 2-11　4 种简单测试网格

表 2-2　亏秩数比较

约束	无约束/仅刚体约束/刚体约束+PP-u-σ 型约束			
网格	图 2-11(a)	图 2-11(b)	图 2-11(c)	图 2-11(d)
亏秩数	9/6/4	9/6/4	9/6/4	9/6/4

2) 带孔无限板

中间带孔无限板在无穷远处施加水平拉力 p 及其简化模型,如图 2-12 所示。模型参数为:$a=1,p=1,b=5$;平面应变问题,杨氏模量 $E=1\ 000$,泊松比 $\nu=0.3$。左侧位移边界条件为:$u=\overline{\gamma}_{xy}=\overline{\omega}=0$;底部位移边界条件为:$v=\overline{\gamma}_{xy}=\overline{\omega}=0$;右侧及上部应力边界条件为式(2-72)~式(2-74);内圆孔应力边界条件为:$\overline{\sigma}_n=\overline{\tau}_{nt}=0$。

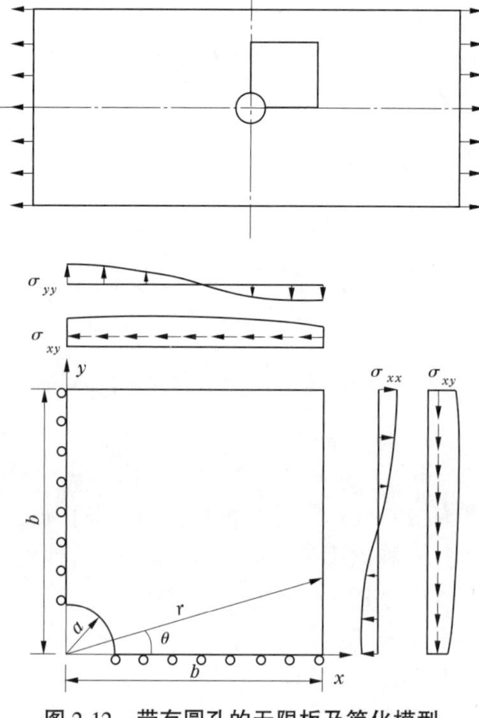

图 2-12　带有圆孔的无限板及简化模型

据 Timoshenko 和 Goodier 文献,其任意点处应力分量的解析解为

$$\sigma_{xx}=p\left\{1-\frac{a^2}{r^2}\left[\frac{3}{2}\cos(2\theta)+\cos(4\theta)\right]+\frac{3a^4}{2r^4}\cos(4\theta)\right\} \tag{2-72}$$

$$\sigma_{yy}=-p\left\{\frac{a^2}{r^2}\left[\frac{1}{2}\cos(2\theta)-\cos(4\theta)\right]+\frac{3a^4}{2r^4}\cos(4\theta)\right\} \tag{2-73}$$

$$\tau_{xy}=p\left\{-\frac{a^2}{r^2}\left[\frac{1}{2}\sin(2\theta)+\sin(4\theta)\right]+\frac{3a^4}{2r^4}\sin(4\theta)\right\} \tag{2-74}$$

式中,a 为圆孔的半径;(r,θ) 为以简化模型左下角点为原点的极坐标系。

采用如图 2-13 所示的有限元网格构造数学覆盖。3 种不同布置方案下的亏秩数统计如表 2-3 所示,Rank 表示总体刚度矩阵的秩,RD 同上节表示亏秩数。底部边界与左侧边界的应力计算结果如图 2-14 和图 2-15 所示。综合得出如下结论:

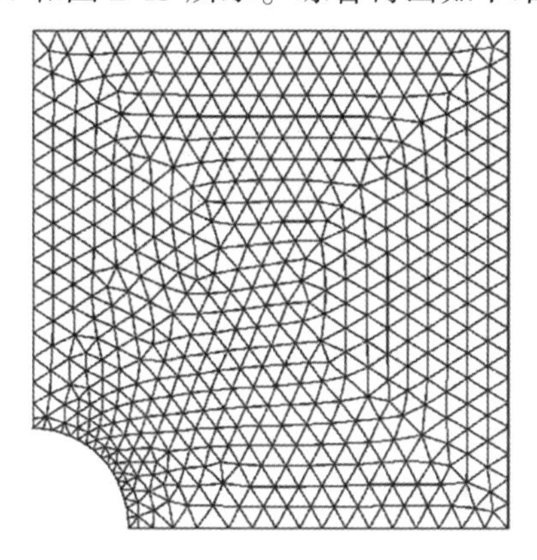

图 2-13　构造数学覆盖的有限单元网格

表 2-3　带孔水平受拉平板的亏秩数统计

NMM-u		NMM-u-ε		NMM-u-σ	
Rank	RD	Rank	RD	Rank	RD
404	0	466	2	468	0
1 122	0	1 216	2	1 218	0
2 040	0	2 158	2	2 160	0
3 138	0	3 280	2	3 282	0

(1)施加位移或应力边界条件以后,对于任一种的物理片布置方案,亏秩数均为常数,并不依赖于网格形式和密度。

(2)对于 NMM-u-ε 型,施加完位移边界条件后,亏秩数显著减少,但是仍不为 0,说明对于这种物理片布置方案,线性相关问题依然存在,并未完全解决。

(3)对于 NMM-u-σ 型,亏秩数为 0,说明完全消除了线性相关现象。

(4)对于 NMM-u 型,亏秩数为 0,虽然消除了线性相关,但在靠近圆孔处的应力精度稍差。

因此,NMM-u-σ 型不仅消除了总体刚度矩阵的线性相关现象,而且达到了满意的计算精度。

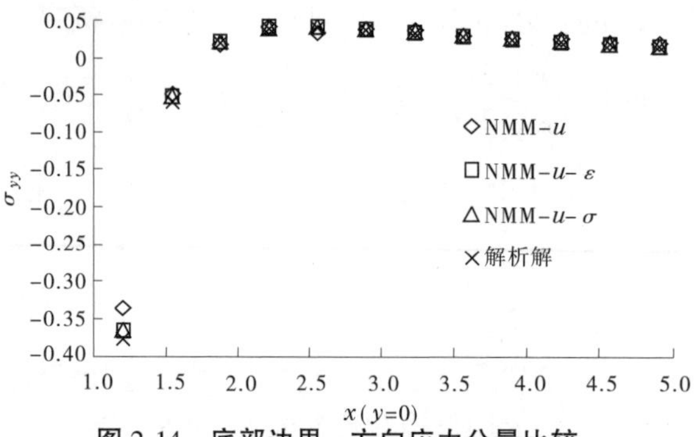

图 2-14　底部边界 y 方向应力分量比较

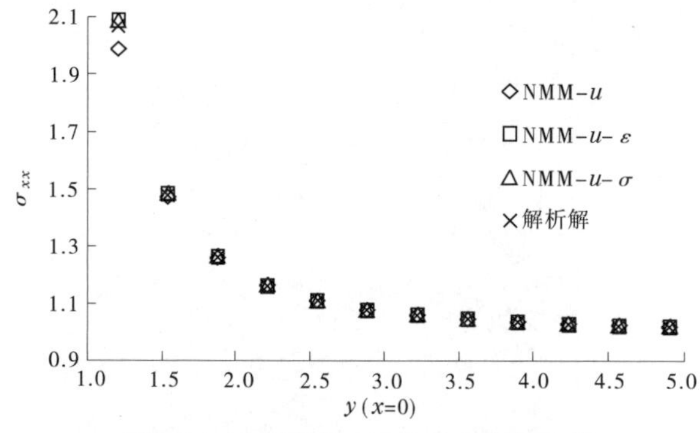

图 2-15　左侧边界 x 方向应力分量比较

3) Cook 斜梁

Cook 斜梁模型尺寸如图 2-16 所示。梁的右侧施加剪切分布力 $F=1/16$。平面应力问题,杨氏模量 $E=1.0$,泊松比 $\nu=1/3$。左侧为固定端,位移边界条件为:$u=v=\bar{\varepsilon}_y=\bar{\omega}=0$,上部和底部应力边界条件为:$\bar{\sigma}_n=\bar{\tau}_{nt}=0$;右侧应力边界条件为:$\bar{\sigma}_n=0$。图 2-17 为构造 Cook 斜梁中数学覆盖所使用的有限单元网格。

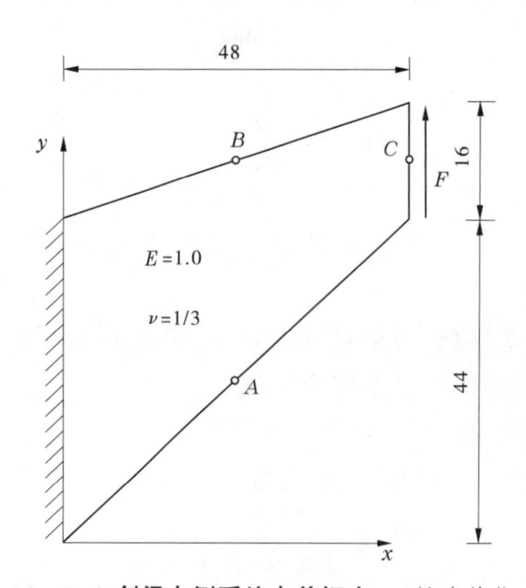

图 2-16　Cook 斜梁右侧受均布剪切力　(尺寸单位:mm)

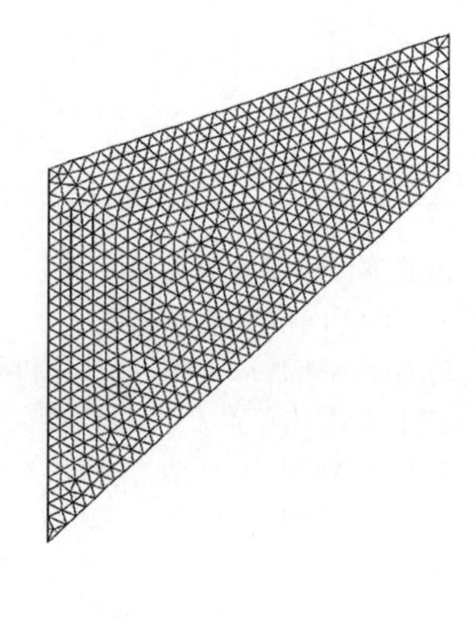

图 2-17　Cook 斜梁数学覆盖

Cook 斜梁在 3 种不同物理片布置方案下的亏秩数统计,如表 2-4 所示。可知 NMM-u-ε 并未完全消除亏秩现象,而另外两种类型解决了线性相关问题。同样亏秩数与网格密度和形状无关,结论同表 2-3。

表 2-4　Cook 斜梁的亏秩数统计

NMM-u		NMM-u-ε		NMM-u-σ	
Rank	RD	Rank	RD	Rank	RD
398	0	435	3	438	0
1 044	0	1 101	3	1 104	0
1 960	0	2 037	3	2 040	0
4 132	0	4 245	3	4 248	0

Cook 斜梁中,在不同的布置方案下,分别对 A 点的最大主应力、B 点的最小主应力以及 C 点的竖向位移进行了比较,结果如表 2-5 所示。可知,NMM-u-ε 与 NMM-u-σ 型总体要稍好于 NMM-u 型,且达到了很高的计算精度,证实了程序的正确性。

表 2-5　3 个测量点处的应力与位移比较

方法	$\sigma_{\max A}$	$\sigma_{\min B}$	V_c
NMM-u	0. 237 03	−0. 202 94	23. 939 1
NMM-u-ε	0. 236 09	−0. 202 94	23. 952 9
NMM-u-σ	0. 236 79	−0. 202 84	23. 951 6
参考值	0. 236 20	−0. 202 30	23. 960 0

4) 均质边坡

如图 2-18 所示,均质边坡边坡材料重度 $\gamma=19.62\ \mathrm{kN/m^3}$,弹性模量 $E=80$ MPa,泊松比为 $\nu=0.43$。两侧位移边界条件:$u=0$,底部位移边界条件:$u=v=\overline{\omega}=0$,顶部应力边界条件:$\overline{\sigma}_n=\overline{\tau}_{nt}=0$。模型的数学覆盖,如图 2-19 所示。

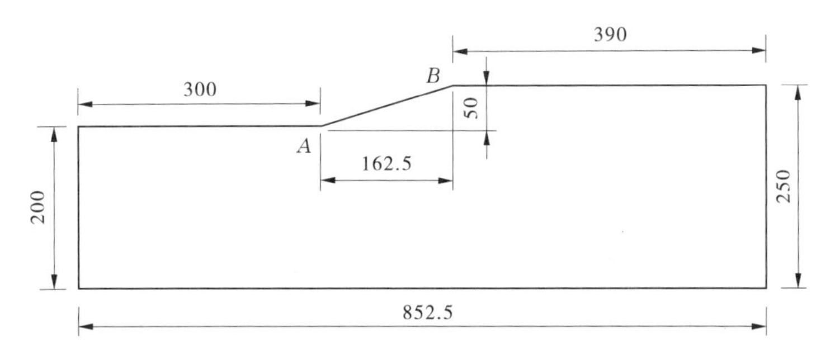

图 2-18　边坡模型尺寸　(单位:m)

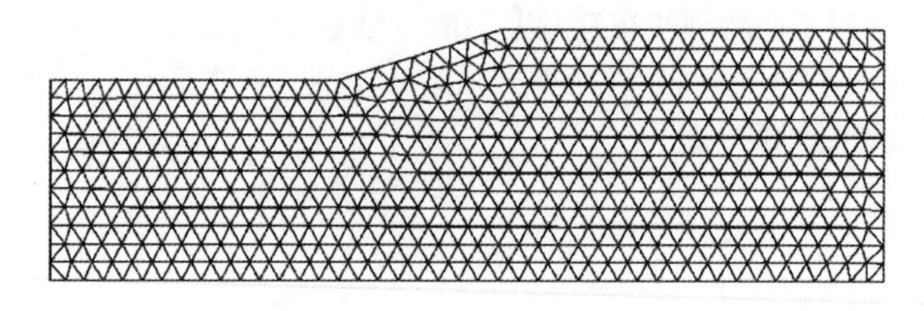

图 2-19　模型网格划分

边坡算例在 3 种不同物理片布置方案下的亏秩数及测量点 A、B 的水平位移和竖向位移分别如表 2-6 和表 2-7 所示。对本例 NMM-u-σ 型消除了总体刚度矩阵的线性相关现象且保持较高的计算精度。

表 2-6　边坡算例的亏秩数统计

NMM-u		NMM-u-ε		NMM-u-σ	
Rank	RD	Rank	RD	Rank	RD
506	0	614	4	618	0
802	0	938	4	942	0
1 406	0	1 586	4	1 590	0
3 276	0	3 548	4	3 552	0

表 2-7　两个测量点处的水平位移与竖向位移比较

方法	A 点水平位移	A 点竖向位移	B 点水平位移	B 点竖向位移
NMM-u	-0. 578 09	-1. 607 0	-0. 419 97	-2. 785 9
NMM-u-ε	-0. 578 63	-1. 607 1	-0. 420 14	-2. 786 4
NMM-u-σ	-0. 577 67	-1. 607 1	-0. 420 54	-2. 787 1
参考值	-0. 579 20	-1. 607 4	-0. 420 70	-2. 784 7

2. 4. 2. 4　小结

通过在物理片上定义应力和应变自由度，方便了位移和应力边界条件的施加。边界上采用不同的物理片布置方案对比发现：位移边界采用 PP-u 型，消除了线性相关现象，但会减弱边界计算精度；PP-u-ε 型达到了很高的精度，但是依然存在线性相关现象，且亏秩数与三角形网格形式和密度无关；应力边界上施加 PP-u-σ 型，有效地消除了线性相关问题，并达到了很高的计算精度。

2. 4. 3　处理线性相关的第 3 种方法

本节提出一种新的局部位移函数，同样使得定义在物理片上的自由度具有明确的物理意义，而且集成的总体刚度矩阵不存在亏秩问题。同样，为了本节结构的完整性和便于阅读，将会给出完整的推导过程。

2. 4. 3. 1　定义局部位移函数

由前文可知，针对一般弹性力学问题和断裂力学问题提出了两种不同的物理片，包括非奇异物理片和奇异物理片。本节对定义其上的局部位移函数提出改进,以便消除刚度矩阵的线性相关问题。

定义在非奇异物理片上的水平位移分量 $u_i(x,y)$ 给出如下的表达式

$$u_i(x,y)=N_i(x,y)u^i+N_{ix}(x,y)u_y^i-N_{iy}(x,y)u_x^i \tag{2-75}$$

其中

$$u^i=u(x_i,y_i),u_x^i=\left.\frac{\partial u(x,y)}{\partial x}\right|_{(x_i,y_i)},u_y^i=\left.\frac{\partial u(x,y)}{\partial y}\right|_{(x_i,y_i)} \tag{2-76}$$

$$N_i(x,y)=1+L_iL_j+L_iL_m-L_j^2-L_m^2 \tag{2-77}$$

$$N_{ix}(x,y)=b_jL_iL_m-b_mL_iL_j+\frac{1}{2}(b_j-b_m)L_jL_m \tag{2-78}$$

$$N_{iy}(x,y)=c_jL_iL_m-c_mL_iL_j+\frac{1}{2}(c_j-c_m)L_jL_m \tag{2-79}$$

$$b_j=y_m-y_i,b_m=y_i-y_j \tag{2-80}$$

$$c_j=x_i-x_m,c_m=x_j-x_i \tag{2-81}$$

式中,L_i、L_j 和 L_m 分别为构成流形单元的 3 个物理片(记为 PP-i、PP-j 和 PP-m)所对应的权函数;$(x_i、y_i)$、$(x_j、y_j)$、$(x_m、y_m)$分别为 3 个物理片所对应的插值点坐标。

同样,竖向局部位移函数 $v_i(x,y)$ 定义为

$$v_i(x,y)=N_i(x,y)v^i+N_{ix}(x,y)v_y^i-N_{iy}(x,y)v_x^i \tag{2-82}$$

其中

$$v^i=v(x_i,y_i),v_x^i=\left.\frac{\partial v(x,y)}{\partial x}\right|_{(x_i,y_i)},v_y^i=\left.\frac{\partial v(x,y)}{\partial y}\right|_{(x_i,y_i)} \tag{2-83}$$

小变形假定下,有如下关系

$$\frac{\partial u}{\partial x}=\varepsilon_x,\frac{\partial v}{\partial y}=\varepsilon_y \tag{2-84}$$

以及

$$\frac{\partial u}{\partial y}+\frac{\partial v}{\partial x}=\gamma_{xy},\frac{\partial u}{\partial y}-\frac{\partial v}{\partial x}=\omega \tag{2-85}$$

得到

$$\frac{\partial u}{\partial y}=\frac{1}{2}(\gamma_{xy}+\omega),\frac{\partial v}{\partial x}=\frac{1}{2}(\gamma_{xy}-\omega) \tag{2-86}$$

ω 表示通过点(x,y)的任意无穷小矢量绕着 z 轴的旋转角度。

那么第 i 个传统物理片上的位移函数 $\boldsymbol{w}_i=[u_i(x,y),v_i(x,y)]^{\mathrm{T}}$ 可表示为

$$\boldsymbol{w}_i=\boldsymbol{T}^i\boldsymbol{d}^i \tag{2-87}$$

其中

$$\boldsymbol{T}^i=\begin{bmatrix} N_i & 0 & -N_{iy} & 0 & \frac{1}{2}N_{ix} & \frac{1}{2}N_{ix} \\ 0 & N_i & 0 & N_{ix} & -\frac{1}{2}N_{iy} & \frac{1}{2}N_{iy} \end{bmatrix} \tag{2-88}$$

$$\boldsymbol{d}_i^{\mathrm{T}} = (u^i \quad v^i \quad \varepsilon_x^i \quad \varepsilon_y^i \quad \gamma_{xy}^i \quad \omega^i) \tag{2-89}$$

式中,u^i 和 v^i 为第 i 个物理片上的平动位移分量;ε_x^i、ε_y^i 和 γ_{xy}^i 为插值点(x_i,y_i)处的应变分量;即

$$\varepsilon_x^i = \frac{\partial u_i(x_i,y_i)}{\partial x}, \varepsilon_y^i = \frac{\partial v_i(x_i,y_i)}{\partial y} \text{ 和 } \gamma_{xy}^i = \frac{\partial u_i(x_i,y_i)}{\partial y} + \frac{\partial v_i(x_i,y_i)}{\partial x} \tag{2-90}$$

其中,ω^i 为刚体转动角度,表示为

$$\omega^i = \frac{\partial u_i(x_i,y_i)}{\partial y} - \frac{\partial v_i(x_i,y_i)}{\partial x} \tag{2-91}$$

对于奇异物理片,同样需要增加模拟裂纹尖端奇异性的局部位移函数 $\boldsymbol{w}_i^s$

$$\boldsymbol{w}_i^s = \boldsymbol{\Phi}^i S_i \tag{2-92}$$

$$\boldsymbol{\Phi}^i = \begin{bmatrix} \Phi_1 & 0 & \Phi_2 & 0 & \Phi_3 & 0 & \Phi_4 & 0 \\ 0 & \Phi_1 & 0 & \Phi_2 & 0 & \Phi_3 & 0 & \Phi_4 \end{bmatrix} \tag{2-93}$$

$$(\Phi_1 \quad \Phi_2 \quad \Phi_3 \quad \Phi_4) = (\sqrt{r}\cos\frac{\theta}{2} \quad \sqrt{r}\sin\frac{\theta}{2} \quad \sqrt{r}\cos\frac{3\theta}{2} \quad \sqrt{r}\sin\frac{3\theta}{2}) \tag{2-94}$$

式中,$\boldsymbol{s}_i$ 为奇异基函数 $\boldsymbol{\Phi}^i$ 所对应的自由度;(r,θ)为裂纹尖端的极坐标系。

2.4.3.2　变分原理及其离散形式

同前文,由最小势能原理可知,真实的位移 $\boldsymbol{u}(x,y)$使得势能最小

$$\pi(\boldsymbol{u}) = \int_\Omega \frac{1}{2}\boldsymbol{\varepsilon}^{\mathrm{T}}\boldsymbol{\sigma}\mathrm{d}\Omega - \int_\Omega \boldsymbol{u}^{\mathrm{T}}\boldsymbol{b}\mathrm{d}\Omega - \int_{\Gamma_s} \boldsymbol{u}^{\mathrm{T}}\widetilde{\boldsymbol{p}}\mathrm{d}S + \int_{\Gamma_d} \frac{1}{2}k(\boldsymbol{u} - \widetilde{\boldsymbol{u}})^{\mathrm{T}}(\boldsymbol{u} - \widetilde{\boldsymbol{u}})\mathrm{d}S$$

式中,Γ_s=应力边界,Γ_d=位移边界,$\Gamma_s+\Gamma_d=\partial\Omega$;$\widetilde{\boldsymbol{u}}=\Gamma_d$ 上给定的位移;$\widetilde{\boldsymbol{p}}=\Gamma_s$ 给定的面力;k=罚值。$\boldsymbol{\sigma}$ 与 $\boldsymbol{\varepsilon}$ 的关系为

$$\boldsymbol{\varepsilon} = \boldsymbol{L}_d\boldsymbol{u} \tag{2-95}$$

其中

$$\boldsymbol{L}_d = \begin{bmatrix} \frac{\partial}{\partial x} & 0 & \frac{\partial}{\partial y} \\ 0 & \frac{\partial}{\partial y} & \frac{\partial}{\partial x} \end{bmatrix}^{\mathrm{T}} \tag{2-96}$$

得到

$$\boldsymbol{\sigma} = \boldsymbol{D}\boldsymbol{\varepsilon} \tag{2-97}$$

其中,$\boldsymbol{D}$ 为弹性矩阵,对于平面应力问题:

$$\boldsymbol{D} = \frac{E}{1-v^2}\begin{bmatrix} 1 & v & 0 \\ v & 1 & 0 \\ 0 & 0 & (1-v)/2 \end{bmatrix} \tag{2-98}$$

或对于平面应变问题:

$$\boldsymbol{D} = \frac{E(1-v)}{(1+v)(1-2v)}\begin{bmatrix} 1 & \frac{v}{1-v} & 0 \\ \frac{v}{1-v} & 1 & 0 \\ 0 & 0 & (1-2v)/[2(1-v)] \end{bmatrix} \tag{2-99}$$

三个物理片均为非奇异物理片的流形单元的位移函数 $\boldsymbol{u}(x,y)$

$$\boldsymbol{u}=\sum_{i=1}^{3}L_i\boldsymbol{w}_i \tag{2-100}$$

而对于被 3 个奇异物理片覆盖的流形单元的位移函数可表示为

$$\boldsymbol{u}=\sum_{i=1}^{3}L_i\boldsymbol{w}_i+\sum_{i=1}^{3}L_iN_i\boldsymbol{w}_i^s \tag{2-101}$$

将式(2-87)代入式(2-100) 或将式(2-87)、式(2-92)代入式(2-101)中得到

$$\boldsymbol{u}=\boldsymbol{Nh}$$

对仅含非奇异物理片的流形单元矩阵 $\boldsymbol{N}$ 包含 3 个 2×6 的子矩阵:$\boldsymbol{N}^1$、$\boldsymbol{N}^2$、$\boldsymbol{N}^3$ 表示为

$$\boldsymbol{N}=[\boldsymbol{N}^1\quad \boldsymbol{N}^2\quad \boldsymbol{N}^3] \tag{2-102}$$

且矢量 $\boldsymbol{h}$ 由 3 个 6×1 子矢量组成:$\boldsymbol{h}_1$、$\boldsymbol{h}_2$、$\boldsymbol{h}_3$

$$\boldsymbol{h}^{\mathrm{T}}=(\boldsymbol{h}_1^{\mathrm{T}}\quad \boldsymbol{h}_2^{\mathrm{T}}\quad \boldsymbol{h}_3^{\mathrm{T}}) \tag{2-103}$$

其中

$$\boldsymbol{N}^i=\boldsymbol{L}_i\boldsymbol{T}^i,\boldsymbol{h}_i=\boldsymbol{d}_i \tag{2-104}$$

对于包含 3 个奇异物理片的流形单元矩阵 $\boldsymbol{N}$ 包含另外 3 个 2×8 的子矩阵:$\boldsymbol{N}^{1s}$、$\boldsymbol{N}^{2s}$、$\boldsymbol{N}^{3s}$ 表示为

$$\boldsymbol{N}=[\boldsymbol{N}^1\quad \boldsymbol{N}^{1s}\quad \boldsymbol{N}^2\quad \boldsymbol{N}^{2s}\quad \boldsymbol{N}^3\quad \boldsymbol{N}^{3s}] \tag{2-105}$$

且矢量 $\boldsymbol{h}$ 需增加 3 个 8×1 的子矢量:h_{1s}、h_{2s}、h_{3s} 表示为

$$\boldsymbol{h}^{\mathrm{T}}=(\boldsymbol{h}_1^{\mathrm{T}}\quad \boldsymbol{h}_{1s}^{\mathrm{T}}\quad \boldsymbol{h}_2^{\mathrm{T}}\quad \boldsymbol{h}_{2s}^{\mathrm{T}}\quad \boldsymbol{h}_3^{\mathrm{T}}\quad \boldsymbol{h}_{3s}^{\mathrm{T}}) \tag{2-106}$$

其中

$$\boldsymbol{N}^{is}=\boldsymbol{L}_i\boldsymbol{N}_i\boldsymbol{\Phi}^i,\boldsymbol{h}_{is}=\boldsymbol{s}_i \tag{2-107}$$

将式(2-59)代入式(2-95),得到

$$\boldsymbol{\varepsilon}=\boldsymbol{Bh} \tag{2-108}$$

对于传统流形单元,矩阵 $\boldsymbol{B}$ 由 3 个 3×6 的子矩阵组成:$\boldsymbol{B}^1$、$\boldsymbol{B}^2$、$\boldsymbol{B}^3$ 表示为

$$\boldsymbol{B}=[\boldsymbol{B}^1\quad \boldsymbol{B}^2\quad \boldsymbol{B}^3] \tag{2-109}$$

其中

$$\boldsymbol{B}^i=\boldsymbol{L}_d\boldsymbol{N}^i \tag{2-110}$$

对于奇异流形单元,矩阵 $\boldsymbol{B}$ 需要增加另外 3 个 3×8 的子矩阵:$\boldsymbol{B}^{1s}$、$\boldsymbol{B}^{2s}$、$\boldsymbol{B}^{3s}$ 表示为

$$\boldsymbol{B}=[\boldsymbol{B}^1\quad \boldsymbol{B}^{1s}\quad \boldsymbol{B}^2\quad \boldsymbol{B}^{2s}\quad \boldsymbol{B}^3\quad \boldsymbol{B}^{3s}] \tag{2-111}$$

其中

$$\boldsymbol{B}^{is}=\boldsymbol{L}_d\boldsymbol{N}^{is} \tag{2-112}$$

将式(2-108)代入式(2-97)得到

$$\boldsymbol{\sigma}=\boldsymbol{Sh} \tag{2-113}$$

其中,矩阵 $\boldsymbol{S}$ 为

$$\boldsymbol{S}=\boldsymbol{DB} \tag{2-114}$$

将式(2-100)、式(2-101)、式(2-108)和式(2-113)代入到 $\pi(u)$,令 $\delta\pi=0$,得到系统

平衡方程的离散形式为

$$\boldsymbol{K}\boldsymbol{p}=\boldsymbol{q} \tag{2-115}$$

式中,矢量 $\boldsymbol{p}$ 表示所有物理片的自由度;总体刚度矩阵 $\boldsymbol{K}$ 是通过单元刚度矩阵 $\boldsymbol{K}^e$ 组装而成的

$$\boldsymbol{K}^e=\int_{\Omega^e}\boldsymbol{B}^{\mathrm{T}}\boldsymbol{D}\boldsymbol{B}\mathrm{d}\Omega+k\int_{\Gamma_d^e}\boldsymbol{N}^{\mathrm{T}}N\mathrm{d}\Omega \tag{2-116}$$

荷载矢量 $\boldsymbol{q}$ 可表示为

$$\boldsymbol{q}^e=\int_{\Omega^e}\boldsymbol{N}^{\mathrm{T}}\boldsymbol{b}\mathrm{d}\Omega+\int_{\Gamma_s^e}\boldsymbol{N}^{\mathrm{T}}\widetilde{\boldsymbol{p}}\mathrm{d}S+k\int_{\Gamma_d^e}\boldsymbol{N}^{\mathrm{T}}\widetilde{\boldsymbol{u}}N\mathrm{d}S \tag{2-117}$$

2.4.3.3 数学覆盖结点处应力连续证明

对一个传统流形单元,由 3 个非奇异物理片(PP-i、PP-j 和 PP-k)所覆盖,那么该单元的整体位移函数,如式(2-100)可以重新写为下面的形式

$$\boldsymbol{u}(x)=\boldsymbol{u}_i(x)+\boldsymbol{u}_j(x)+\boldsymbol{u}_m(x) \tag{2-118}$$

且

$$\boldsymbol{u}_i(x)=\boldsymbol{L}_i(x)\boldsymbol{w}_i(x)=\begin{bmatrix}\overline{N_i} & 0 & -\overline{N_{iy}} & 0 & \frac{1}{2}\overline{N_{ix}} & \frac{1}{2}\overline{N_{ix}}\\ 0 & \overline{N_i} & 0 & \overline{N_{ix}} & -\frac{1}{2}\overline{N_{iy}} & \frac{1}{2}\overline{N_{iy}}\end{bmatrix}\begin{Bmatrix}u^i\\ v^i\\ \varepsilon_x^i\\ \varepsilon_y^i\\ \gamma_{xy}^i\\ \omega^i\end{Bmatrix} \tag{2-119}$$

其中

$$\overline{N_i}=L_iN_i,\overline{N_{ix}}=L_iN_{ix},\overline{N_{iy}}=L_iN_{iy} \tag{2-120}$$

对于一个奇异流形单元,由 3 个奇异物理片(PP-i、PP-j 和 PP-k)所覆盖,那么该单元的整体位移函数,如式(2-101)可以重新写为下面的形式

$$\boldsymbol{u}(x)=\boldsymbol{u}_i(x)+\boldsymbol{u}_i^s(x)+\boldsymbol{u}_j(x)+\boldsymbol{u}_j^s(x)+\boldsymbol{u}_m(x)+\boldsymbol{u}_m^s(x) \tag{2-121}$$

且

$$\boldsymbol{u}_i^s(x)=L_iN_i\boldsymbol{w}_i^s=\overline{N_i}\boldsymbol{w}_i^s \tag{2-122}$$

$\overline{N_i}$、$\overline{N_{ix}}$ 和 $\overline{N_{iy}}$ 及其偏导数在对应于 PP-i、PP-j 和 PP-k 的插值点处的性质见表 2-8。

表 2-8　$\overline{N_i}$、$\overline{N_{ix}}$ 和 $\overline{N_{iy}}$ 性质

项	$\overline{N_i}$	$\frac{\partial\overline{N_i}}{\partial y}$	$-\frac{\partial\overline{N_i}}{\partial x}$	$\overline{N_{ix}}$	$\frac{\partial\overline{N_{ix}}}{\partial y}$	$-\frac{\partial\overline{N_{ix}}}{\partial x}$	$\overline{N_{iy}}$	$\frac{\partial\overline{N_{iy}}}{\partial y}$	$-\frac{\partial\overline{N_{iy}}}{\partial x}$
在 PP-i 对应插值点处	1	0	0	0	1	0	0	0	1
在 PP-j, m 对应插值点处	0	0	0	0	0	0	0	0	0

因此,对于传统流形单元,整体位移函数的偏导数可以表示为

$$\boldsymbol{u}_{,x}(x)=\boldsymbol{u}_{i,x}(x)+\boldsymbol{u}_{j,x}(x)+\boldsymbol{u}_{m,x}(x) \tag{2-123}$$

$$\boldsymbol{u}_{,y}(x)=\boldsymbol{u}_{i,y}(x)+\boldsymbol{u}_{j,y}(x)+\boldsymbol{u}_{m,y}(x) \tag{2-124}$$

根据表 2-8 的性质,很容易得到

$$\boldsymbol{u}_{,x}(x_i)=\boldsymbol{u}_{i,x}(x_i)=\begin{Bmatrix}\varepsilon_x^i\\ \dfrac{1}{2}\gamma_{xy}^i-\dfrac{1}{2}\omega^i\end{Bmatrix} \tag{2-125}$$

$$\boldsymbol{u}_{,y}(x_i)=\boldsymbol{u}_{i,y}(x_i)=\begin{Bmatrix}\dfrac{1}{2}\gamma_{xy}^i+\dfrac{1}{2}\omega^i\\ \varepsilon_y^i\end{Bmatrix} \tag{2-126}$$

对于奇异流形单元,位移函数的偏导数如下

$$\boldsymbol{u}_{,x}(x)=\boldsymbol{u}_{i,x}(x)+\boldsymbol{u}_{i,x}^s(x)+\boldsymbol{u}_{j,x}(x)+\boldsymbol{u}_{j,x}^s(x)+\boldsymbol{u}_{m,x}(x)+\boldsymbol{u}_{m,x}^s(x) \tag{2-127}$$

$$\boldsymbol{u}_{,y}(x)=\boldsymbol{u}_{i,y}(x)+\boldsymbol{u}_{i,y}^s(x)+\boldsymbol{u}_{j,y}(x)+\boldsymbol{u}_{j,y}^s(x)+\boldsymbol{u}_{m,y}(x)+\boldsymbol{u}_{m,y}^s(x) \tag{2-128}$$

同样,可以得到

$$\boldsymbol{u}_{,x}(x_i)=\boldsymbol{u}_{i,x}(x_i)+\boldsymbol{u}_{i,x}^s(x_i)=\begin{Bmatrix}\varepsilon_x^i\\ \dfrac{1}{2}\gamma_{xy}^i-\dfrac{1}{2}\omega^i\end{Bmatrix}+\boldsymbol{\Phi}_{,x}^i s_i \tag{2-129}$$

$$\boldsymbol{u}_{,y}(x_i)=\boldsymbol{u}_{i,y}(x_i)+\boldsymbol{u}_{i,y}^s(x_i)=\begin{Bmatrix}\dfrac{1}{2}\gamma_{xy}^i+\dfrac{1}{2}\omega^i\\ \varepsilon_y^i\end{Bmatrix}+\boldsymbol{\Phi}_{,y}^i s_i \tag{2-130}$$

因此,很容易看出,书中新提出的位移函数在数学覆盖结点上是一阶连续的。对于传统流形单元,将式(2-125)、式(2-126)代入式(2-95),得到

$$\varepsilon\equiv\{\varepsilon_x^i\quad\varepsilon_y^i\quad\gamma_{xy}^i\}^{\mathrm{T}} \tag{2-131}$$

易知,定义在第 i 个物理片上的第 3~5 个自由度恰好是它的插值点处所对应的应变分量,因此无须通过本构方程重新去求插值点处的应变,大大简化了计算。

根据式(2-131),通过乘以弹性矩阵也可以直接获得插值点处的应力分量,同时结点处的应力也是连续的。

2.4.3.4　数值算例

用前文中所提方法分别对一般的弹性力学问题和断裂力学问题进行如下测试。关于应力强度因子的计算详见第 5 章。

1) Cook 斜梁

Cook 斜梁的尺寸、边界条件和材料参数同前文。*A* 点处的竖向位移、*B* 点处的最大主应力、*C* 点处的最小主应力以及亏秩数如表 2-9 所示;为了便于比较,给出了与参考解的比值。Standard 表示传统基于线性基函数$(1,x,y)$的 NMM。

根据表 2-9,可得出如下结论:

(1)传统 NMM 的亏秩数为 6,表明依然存在线性相关现象;而所提出方法的亏秩数为 0,表明线性相关现象已经消除。

表 2-9　亏秩数以及测量点处的值

单元层数	DOFs	RD		A 点的竖向位移		B 点处的最大主应力		C 点处的最小主应力	
		参考解	本方法	参考解	本方法	参考解	本方法	参考解	本方法
8	222	6	0	23.592 3 0.984 65	23.814 0.993 91	0.226 42 0.958 58	0.235 94 0.998 89	-0.203 77 1.007 3	-0.205 04 1.013 5
12	390	6	0	23.866 7 0.996 11	23.902 0.997 58	0.237 08 1.003 70	0.237 1.003 4	-0.199 57 0.986 53	-0.202 48 1.000 9
16	726	6	0	23.906 4 0.997 76	23.930 4 0.998 77	0.238 65 1.010 40	0.236 83 1.002 6	-0.202 98 1.003 3	-0.203 5 1.005 9
20	990	6	0	23.949 2 0.999 55	23.953 7 0.999 74	0.236 55 1.001 50	0.236 85 1.002 7	-0.203 72 1.007	-0.203 7 1.006 9
24	1 308	6	0	23.913 3 0.998 05	23.931 9 0.998 83	0.236 26 1.000 20	0.236 77 1.002 4	-0.202 39 1.000 5	-0.203 35 1.005 2
28	1 722	6	0	23.943 9 0.999 33	23.951 9 0.999 66	0.237 02 1.003 50	0.236 91 1.003	-0.203 34 1.005 1	-0.203 51 1.006
32	2 298	6	0	23.949 0 0.999 54	23.951 0 0.999 63	0.237 26 1.004 5	0.236 84 1.002 7	-0.203 61 1.006 5	-0.203 56 1.006 2
Reference	—	—		23.960 0		0.236 2		-0.202 3	

(2)A 点的竖向位移在不同的网格密度时,始终比传统 NMM 结果好,尤其是当网格比较稀疏时,如单元层数为 8 时。

(3)对于 B 点处的最大主应力,文中方法精度总体好于传统 NMM 结果,同样当单元层数为 8 时,更为明显。

(4)对于 C 点处的最小主应力,两种方法精度非常接近,但单元层数为 12 时,本方法要好得多。

2)带孔无限板

带孔无限板的各种参数同 2.3 节。数学覆盖如图 2-20 所示。

如表 2-10 所示,本书中所提方法亏秩数为 0,而传统 NMM 亏秩数为 6,刚度矩阵依然是线性相关的。

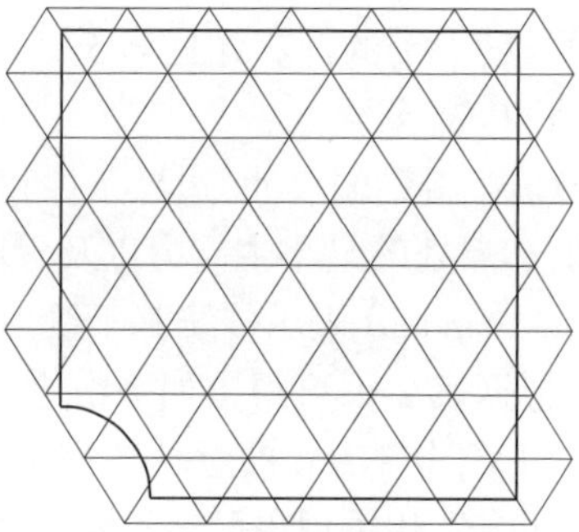

图 2-20　带孔无限板的数学覆盖

表 2-10　带孔无限板的亏秩数

单元层数	DOFs	RD	
		参考解	本方法
6	246	6	0
8	390	6	0
10	528	6	0
12	780	6	0
14	1 002	6	0
16	1 422	6	0
18	1 710	6	0

当单元层数为 16 时,左侧边界和底部边界的应力分量如图 2-21 和图 2-22 所示。结果表明,在靠近圆孔处的测量点,有应力集中存在,本书方法结果要好得多。

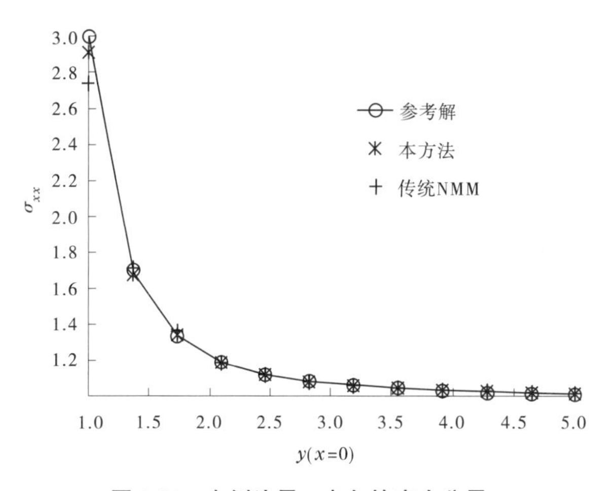

图 2-21　左侧边界 x 方向的应力分量

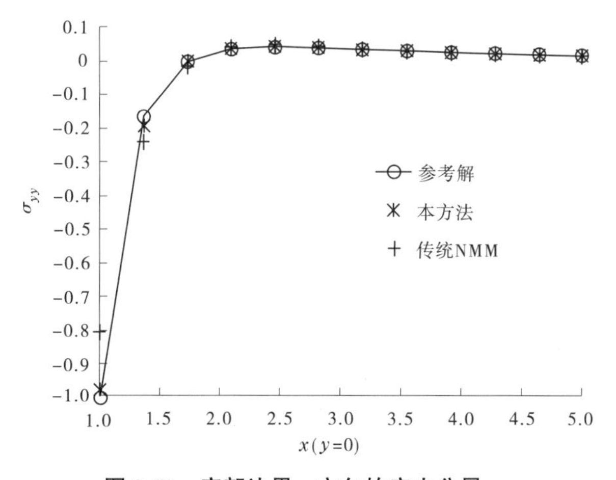

图 2-22　底部边界 y 方向的应力分量

3) 均质边坡

均质边坡算例的参数设置同样如 2. 3 节，数学覆盖如图 2-23 所示。

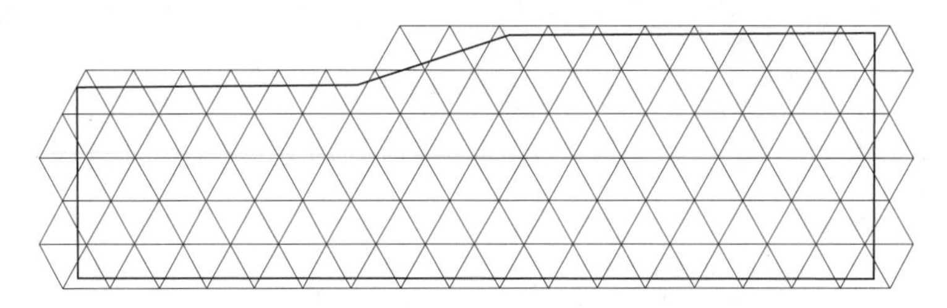

图 2-23　边坡模型的数学覆盖

表 2-11 为亏秩数统计和测量点结果，可得出如下结论：

表 2-11　亏秩数及测量点处的值

单元层数		8	12	16	20	24	28	32
DOFs		258	480	726	1 092	1 524	1 788	2 484
RD	参考解	6	6	6	6	6	6	6
	本方法	0	0	0	0	0	0	0
A 点 x 方向位移	参考解	−0. 573 64 0. 990 4	−0. 582 36 1. 005 5	−0. 577 59 0. 997 21	−0. 582 27 1. 005 3	−0. 579 69 1. 000 8	−0. 579 81 1. 001	−0. 579 85 1. 001 1
	本方法	−0. 584 89 1. 009 8	−0. 579 78 1. 001	−0. 578 42 0. 998 66	−0. 580 09 1. 001 5	−0. 579 71 1. 000 9	−0. 579 82 1. 001 1	−0. 579 37 1. 000 3
A 点 y 方向位移	参考解	−1. 639 9 1. 020 2	−1. 611 3 1. 002 4	−1. 613 3 1. 003 7	−1. 608 6 1. 000 8	−1. 609 2 1. 001 1	−1. 608 2 1. 000 5	−1. 608 1. 000 3
	本方法	−1. 636 3 1. 018	−1. 609 6 1. 001 4	−1. 608 5 1. 000 7	−1. 608 4 1. 000 6	−1. 608 5 1. 000 7	−1. 607 4 1. 000 0	−1. 607 4 1. 000 0
B 点 x 方向位移	参考解	−0. 411 12 0. 977 23	−0. 420 04 0. 998 42	−0. 420 7 0. 997 64	−0. 421 55 1. 002	−0. 420 32 0. 999 1	−0. 420 8 1. 000 2	−0. 420 25 0. 998 92
	本方法	−0. 423 68 1. 007 1	−0. 418 7 0. 995 25	−0. 419 43 0. 996 98	−0. 420 33 0. 999 12	−0. 420 35 0. 999 17	−0. 420 49 0. 999 5	−0. 420 2 0. 998 82
B 点 y 方向位移	参考解	−2. 763 7 0. 992 45	−2. 776 0. 996 89	−2. 781 1 0. 998 72	−2. 783 6 0. 999 62	−2. 785 9 1. 000 4	−2. 785 5 1. 000 3	−2. 785 7 1. 000 4
	本方法	−2. 764 5 0. 992 74	−2. 780 7 0. 998 57	−2. 784 3 0. 999 87	−2. 785 2 1. 000 2	−2. 786 3 1. 000 6	−2. 786 5 1. 000 6	−2. 786 8 1. 000 7

(1) 再次证实了本节方法消除了线性相关问题。

(2) 从测量点 A 和 B 处的位移结果可知，在较稀疏的网格情况下，本节结果要好得多。随着网格密度的增加，都达到了很高的精度，且本节方法依然稍好些。

4) 顶部受拉单边裂纹

应用于求解断裂力学问题。如图 2-24(a) 所示，有限平板宽度 $W=2.0$ m，高度 $2H=$

6 m,裂纹长度 $a=1$ m。均布拉荷载 $\sigma=1.0\ \mathrm{N/m^2}$ 作用在平板顶部。数学覆盖如图 2-24(b)所示。

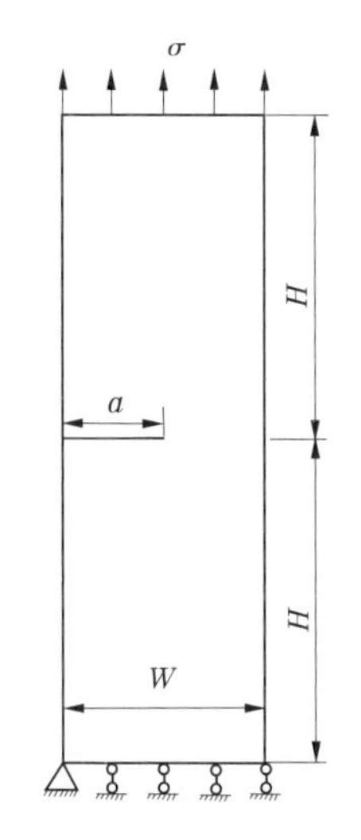

(a)单边裂纹有限平板模型

(b)数学覆盖

图 2-24　单边裂纹有限平板和数学覆盖

Ewalds 和 Wanhill 给出精确解为

$$K_{\mathrm{I}} = C\sigma\sqrt{a\pi} \tag{2-132}$$

式中,C 为反应尺寸效应的修正系数,且如果 $a/W\leqslant 0.6$,可表示为式(2-135)的形式

$$C = 1.12 - 0.231\left(\frac{a}{W}\right) + 10.55\left(\frac{a}{W}\right)^2 - 21.72\left(\frac{a}{W}\right)^3 + 30.39\left(\frac{a}{W}\right)^4 \tag{2-133}$$

将应力强度因子归一化,如

$$M_{\mathrm{I}} = K_{\mathrm{I}}^{c}/K_{\mathrm{I}} \tag{2-134}$$

式中,K_{I}^{c} 为数值解。

单边裂纹归一化后的应力强度因子如表 2-12 所示。容易看出,即便单元层数在较少时,比如 16 层,已经达到了很高的精度。而且,随着单元层数的增加,结果越来越接近于参考解 1.0。也容易看出,尽管单元层数不同,但亏秩数总为 0,表明总体刚度矩阵的线性相关问题已经消除。

表 2-12　单边裂纹归一化后的应力强度因子

单元层数	DOFs	RD	M_{I}
16	660	0	0.986 33
24	1 272	0	0.985 99
32	2 076	0	0.989 22
40	2 922	0	0.990 07
48	4 086	0	0.991 91
56	5 334	0	0.993 17
64	6 768	0	0.993 88

5) 顶部受剪单边裂纹

如图 2-25(a)所示为顶部受剪含单边裂纹平板,用它测试了混合模式下的应力强度因子 K_{I} 和 K_{II}。矩形平板尺寸为:$W=7.0$ cm,$H=8.0$ cm,$a=3.5$ cm。底部边界固定,顶部受剪力 $\tau=1.0$ N/cm^2。平面应变问题,杨氏模量和泊松比分别为:$E=3\times10^7$ N/cm^2,$\nu=0.25$。数学覆盖如图 2-25(b)所示。

根据 Tada 等文献,该问题的精确解为

$$K_{\text{I}} = 34.0\ \text{N/cm}^{3/2}, K_{\text{II}} = 4.55\ \text{N/cm}^{3/2} \tag{2-135}$$

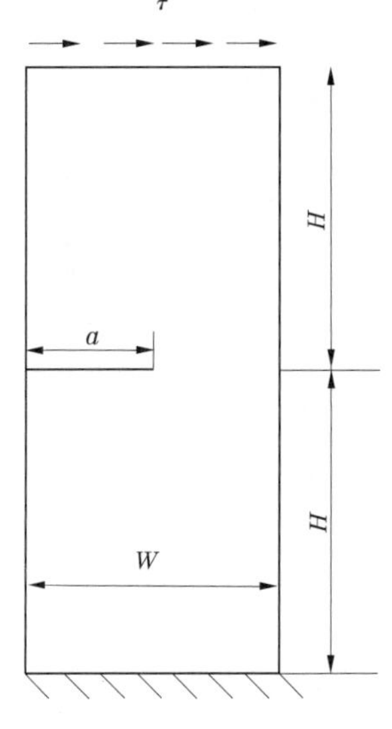

(a)含单边裂纹矩形平板

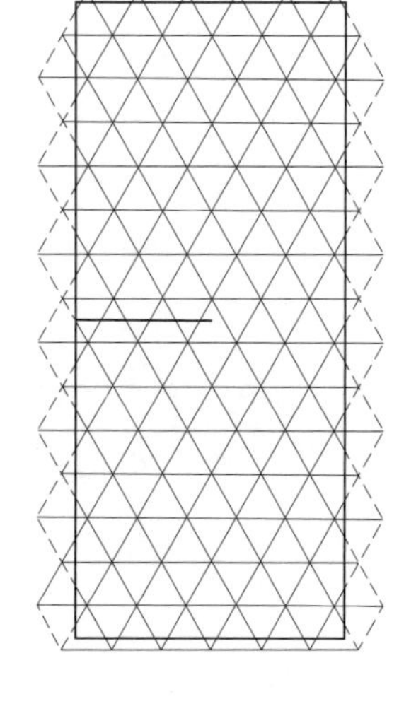
(b)数学覆盖

图 2-25 含单边裂纹矩形平板及数学覆盖

顶部受剪单边裂纹归一化后的应力强度因子结果如表 2-13 所示。同样亏秩数均为 0,说明消除了线性相关。而且结果非常接近于参考解,即便是在网格较稀疏时。结论与 4)中算例非常相似。

表 2-13 顶部受剪单边裂纹归一化后的应力强度因子

单元层数	DOFs	RD	M_{I}	M_{II}
16	762	0	0.990 99	0.995 74
20	1 068	0	0.989 30	0.994 79
24	1 428	0	0.989 97	0.995 66
28	1 998	0	0.991 44	0.996 18
32	2 424	0	0.992 50	0.996 02
36	3 042	0	0.992 89	0.995 24
40	3 624	0	0.993 25	0.995 26
44	4 254	0	0.993 61	0.995 17
48	5 112	0	0.994 23	0.995 23

6) 圆孔裂纹

如图 2-26(a)所示，平板内含有 1 个圆孔和 2 条裂纹，数学覆盖如图 2-26(b)所示。高度 $h=2b$，半径 $r=0.25b$。该问题的参考解为

$$K_{\mathrm{I}}=F_{\mathrm{I}}\sigma\sqrt{\pi a},K_{\mathrm{II}}=F_{\mathrm{II}}\sigma\sqrt{\pi a} \tag{2-136}$$

其中，系数 F_{I} 和 F_{II} 取决于 a 和 θ。用计算得到的应力强度因子 K_{I}^{c} 和 K_{II}^{c} 分别除以 K_{I} 和 K_{II} 归一化，得到

$$M_{\mathrm{I}}=K_{\mathrm{I}}^{c}/K_{\mathrm{I}},M_{\mathrm{II}}=K_{\mathrm{II}}^{c}/K_{\mathrm{II}} \tag{2-137}$$

其中，K_{I}^{c} 和 K_{II}^{c} 表示数值结果。

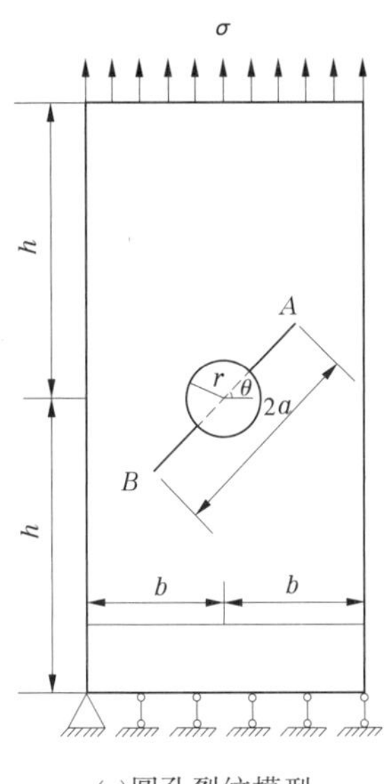

(a)圆孔裂纹模型

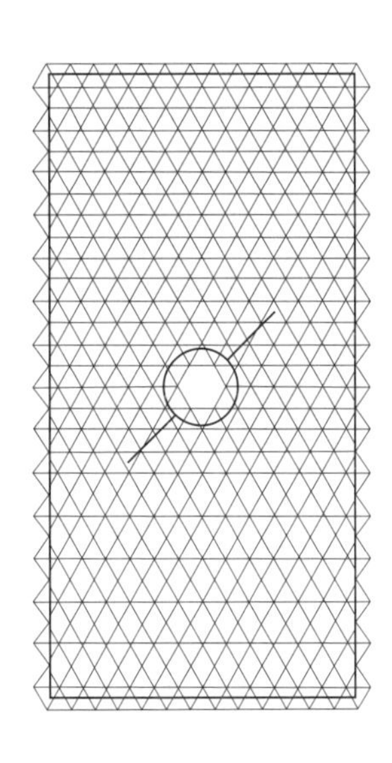
(b)数学覆盖

图 2-26　圆孔裂纹模型及其数学覆盖

如表 2-14 所示，当 $a/b=0.7$，$\theta=45°$时，圆孔裂纹归一化后的应力强度因子。结论同前两个算例。

表 2-14　圆孔裂纹归一化后的应力强度因子

单元层数	DOFs	RD	$A-M_{\mathrm{I}}$	$A-M_{\mathrm{II}}$	$B-M_{\mathrm{I}}$	$B-M_{\mathrm{II}}$
32	2 808	0	1.004 71	1.009 82	1.002 58	1.007 16
36	3 360	0	1.000 26	1.002 70	0.998 15	1.000 06
40	4 212	0	1.001 22	1.000 22	0.999 12	0.997 60
44	4 644	0	1.000 31	1.001 18	0.998 21	0.998 53
48	5 652	0	0.999 06	1.000 16	0.996 96	0.997 50
52	6 720	0	0.998 97	0.999 91	0.996 85	0.997 26
56	7 560	0	0.998 30	0.999 21	0.996 19	0.996 57
60	8 820	0	0.999 23	0.998 83	0.997 12	0.996 20

当裂纹与水平方向的夹角从 0°~45°(间隔为 15°)变化时,对于不同的裂纹长度 a=0.5、0.6、0.7 和 0.8 时,两个裂纹尖端 A 和 B 归一化后的应力强度因子结果如表 2-15 和表 2-16 所示。较高的计算精度再次证实了方法的有效性。

表 2-15　裂纹尖端 A 处归一化后的应力强度因子

a	0.5		0.6		0.7		0.8	
θ	M_{I}	M_{II}	M_{I}	M_{II}	M_{I}	M_{II}	M_{I}	M_{II}
0°	0.998 86	—	0.997 73	—	1.001 13	—	0.997 48	—
15°	0.999 71	0.993 77	0.997 83	0.994 69	0.998 26	0.994 51	1.005 71	0.987 23
30°	0.999 68	1.000 54	0.997 65	0.997 64	0.998 48	0.997 21	1.000 60	1.000 52
45°	1.001 28	1.001 58	0.999 50	0.998 89	0.998 18	0.998 66	1.000 34	0.998 33

表 2-16　裂纹尖端 B 处归一化后的应力强度因子

a	0.5		0.6		0.7		0.8	
θ	M_{I}	M_{II}	M_{I}	M_{II}	M_{I}	M_{II}	M_{I}	M_{II}
0°	0.998 86	—	0.997 73	—	1.001 14	—	1.004 92	—
15°	0.999 02	0.999 12	0.997 08	1.001 58	0.997 54	1.002 65	1.005 12	0.996 00
30°	0.998 58	1.000 85	0.996 29	0.998 34	0.996 90	0.998 59	0.998 91	1.002 85
45°	1.000 27	1.000 01	0.998 07	0.996 82	0.996 08	0.996 03	0.997 34	0.995 21

7)含中间斜裂纹平板

如图 2-27(a)所示,为含中间斜裂纹的正方形平板,顶部受单位均布拉伸荷载,裂纹附近数学网格如图 2-27(b)所示。尺寸 w=20 mm,裂纹长度 $a=\sqrt{2}$ mm。Earihaloo 给出了该算例的解析解:

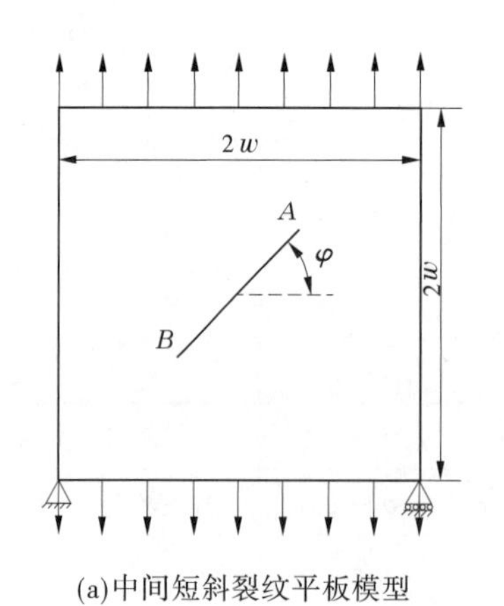

(a)中间短斜裂纹平板模型

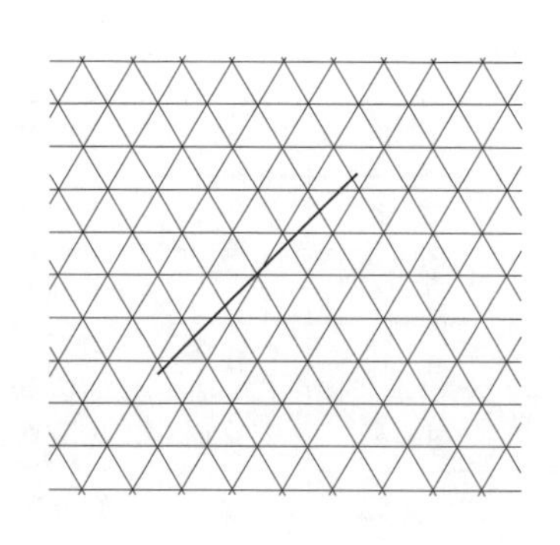

(b)裂纹附近数学覆盖

图 2-27　含中间斜裂纹平板

$$K_{\mathrm{I}} = \sigma\sqrt{\pi a}\cos^2\varphi \tag{2-138}$$

$$K_{\mathrm{II}} = \sigma\sqrt{\pi a}\sin\varphi\cos\varphi \tag{2-139}$$

归一化后的应力强度因子定义如下

$$M_{\mathrm{I}} = K_{\mathrm{I}}^c / K_{\mathrm{I}},\ M_{\mathrm{II}} = K_{\mathrm{II}}^c / K_{\mathrm{II}} \tag{2-140}$$

式中,K_{I}^c 和 K_{II}^c 为数值解。

当裂纹与水平方向的夹角从 0°~75°每隔 15°变化时,裂纹尖端 A 和 B 的归一化后应力强度因子如表 2-17 所示。高精度再次证实了方法的准确性。

表 2-17　含中间斜裂纹平板裂纹尖端归一化后的应力强度因子

角度		0°	15°	30°	45°	60°	75°
A	M_{I}	1.005 76	1.005 45	1.005 90	1.005 92	1.006 25	1.008 22
	M_{II}	—	1.000 27	1.002 74	1.003 19	1.002 86	1.003 45
B	M_{I}	1.005 76	1.005 22	1.005 52	1.005 53	1.007 27	1.008 11
	M_{II}	—	1.001 33	1.002 94	1.003 10	1.003 66	1.003 33

2.4.3.5　小结

针对传统高阶 NMM 存在的总体刚度矩阵线性相关问题,在构造物理片上的局部位移函数时,用了一种新的基函数来替换常规的线性基函数$(1,x,y)$;同时增加了用于模拟裂纹尖端应力场的奇异基函数。然后重新推导了 NMM 的计算公式,并应用于求解弹性力学和断裂力学问题。数值算例表明:

(1)该方法有效地消除了总体刚度矩阵的线性相关现象,并未引入其他附加自由度,而基于线性基函数$(1,x,y)$的传统高阶 NMM 依然未解决。

(2)该方法对于一般弹性力学问题,能够达到较高的精度。同时对于断裂力学问题,也能够精确地计算出裂纹尖端的应力强度因子,总体精度要好于传统 NMM,尤其当网格密度较小时。

(3)边界内部插值点处的应力是连续的,而常规 NMM 不能满足。

(4)定义在常规物理片上的第 3~5 个自由度具有明确的物理意义,它们恰好是所对应插值点处的应变分量;这样就可通过直接乘以弹性矩阵获得此处的应力状态,简化了计算。

(5)书中所提方法可以很容易地推广扩展到其他基于单位分解理论的方法中。

2.5　本章小结

首先,从数学覆盖与物理覆盖、单位分解函数和 NMM 空间 3 个方面重新阐释了 NMM。然后,针对高阶 NMM 的线性相关问题提出了 3 种处理方案:①在变分公式中事先约束物理片上梯度相关的自由度,显著地减小刚度矩阵的亏秩数;②在物理片上定义应力和应变自由度,方便了位移和应力边界条件的施加,完全消除亏秩数;③在物理片上定义新的局部位移函数,建立新的 NMM 求解体系,并应用于求解一般弹性力学和线弹性断裂力学问题,结果证实解决了线性相关问题。

第 3 章　接触处理 Munjiza 方法在数值流形方法中的应用

3.1　引　言

对于不连续变形分析的主要数值方法可分为 3 种:离散元法、数值流形方法(DDA 为特例)以及 Munjiza 所提出的 FEM-DEM 耦合方法。离散元法基于牛顿第二定律来描述块体的运动,可用于模拟块体系统的大运动与大变形特征。数值流形方法基于有限覆盖技术,采用数学和物理覆盖两套网格,可用来模拟非连续体变形及裂纹扩展,该方法在数学上非常严密。FEM-DEM 耦合方法以 FEM 描述块体变形,DEM 描述块体运动,可用来模拟从连续体到非连续体的变化过程。但有学者认为离散元法理论上存在严密性不足的问题。

在接触方面,NMM 采用了与 DDA 相同的处理方法:首先要进行接触判断,包括点-点接触、点-线接触两种形式,然后根据开-闭迭代确定块体系统约束状态,即确定有效的接触对,进而将其传递到下一时步。整个过程相对烦琐且效率不高,且与真实的物理接触状态有异。

而 Munjiza 则从另外一种思路来处理接触,以面积坐标定义了接触势的概念,通过嵌入面积的大小来衡量接触力的大小,属于分布式接触力,更接近于实际,避免了原 NMM 接触处理过程的烦琐,且能够保证能量守恒。所提出的 NBS(no binary search)接触检测算法,将单元映射到规则格子中,以链表结构将其有效地连接在一起,只在单元所在格子以及周围格子内部进行接触判断,接触检测效率大为提高,计算量仅随单元数线性增长,内存需求也很低。因此,本书以数值流形元法为总体框架,尝试利用 Munjiza 接触处理技术,通过计算基于接触势概念的分布式接触力矩阵及摩擦力矩阵来对 NMM 接触处理进行改造。

3.2　研究思路

Munjiza 的 FEM-DEM 首先是将所研究的对象用三角形进行分割,各三角形之间通过节理单元相连接,破裂只能沿单元边界进行。因此,该方法原则上会呈现出网格依赖性,为了克服网格依赖性,需要将单元划分得充分小。所以,为了提高算法的效率,Munjiza 设计了非常高效的 NBS 接触检测算法。

首先对 NBS 接触检测算法以及接触力计算原理进行简要介绍,然后尝试将 Munjiza 接触处理算法应用到数值流形方法中,最后通过算例,证明方法的可行性。

3.2.1　NBS 接触检测算法

3.2.1.1　将单元映射到规则格子中

如图 3-1 所示,记三角形单元几何中心点 D 距离 3 个顶点的最大值为 r_3。那么系统中每个单元都存在这样一个最大值,将这些值中最大的记为 r。

以 $2r=d$(d 为圆的直径)为边长,将空间分解为若干正方形格子,如图 3-2 所示,其中 (x_{min},y_{min}) 和 (x_{max},y_{max}) 是框住所求解的块体系统的最小区域的两个顶点。

以单元中心点为圆点,r 为半径,在每个三角形外部形成一个圆形边界框。

根据圆心坐标,按式(3-1)、式(3-2)将每个圆形框映射到相应的格子。如图 3-2 所示,圆形框内的数字为单元编号,矩形框外数字为格子整数坐标,那么 0# 单元所在格子坐标为(2,2),2# 单元所在格子坐标为(2,5)。

$$i_x = \text{int}\left(\frac{x - x_{min}}{d}\right) \tag{3-1}$$

$$i_y = \text{int}\left(\frac{y - y_{min}}{d}\right) \tag{3-2}$$

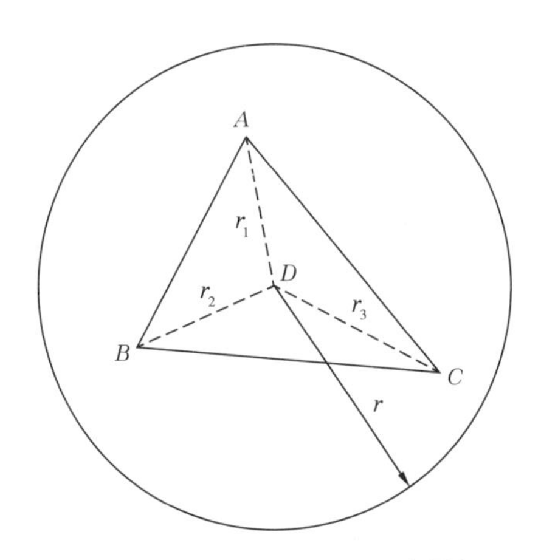

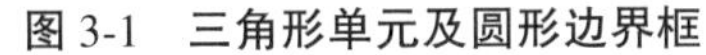

图 3-1　三角形单元及圆形边界框

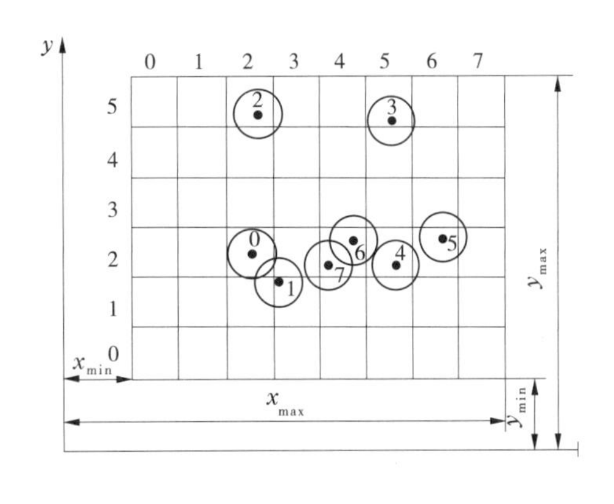

图 3-2　空间分解及单元映射

3.2.1.2　利用链表结构连接单元

如图 3-3、图 3-4 所示,分别为 y 方向单元链表以及 y 方向上第 2 行的 x 链表。

现以 y 链表为例,说明链表结构存储的方式:

以数组 heady[ny]存储 y 方向上每行的头,即每行上第 1 个单元编号;如第 2 行的第 1 个元素为 7,则 heady[2]=7;

以数组 nexty[ielem]存储当前单元所指向的下一个单元;如 7# 单元的下一个为 6# 单元,即 nexty[7]=6;

heady[0]= -1 表示第 0 条链表为空;nexty[ielem]=-1 表示链表结束。

注意,图 3-3 中的单元顺序不代表它们在空间中的排列顺序。

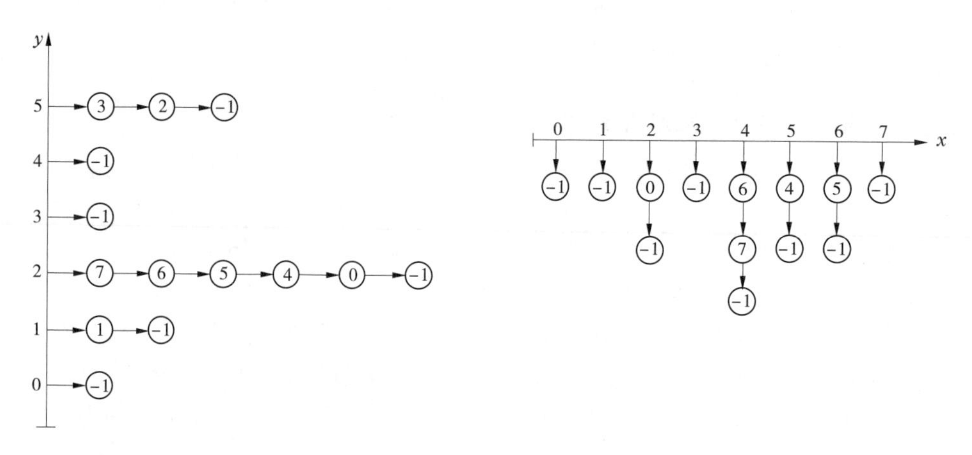

图 3-3　y 方向单元链表　　图 3-4　y 方向上第 2 行的 x 链表

3.2.1.3　在相邻格间进行接触对判断

如图 3-5 所示，当循环至某单元时，即以此单元所在格子为中心格子，进而判断此单元是否与该格子内部以及相邻格子内部单元接触，且只需对图中所示的 4 个相邻格子进行判断，因为每个包含单元的格子都会轮流作为中心格子，这样就避免了与不可能接触单元的判断，节省了时间，提高了效率。同时在接触探测过程中，没有引入计算块体之间距离的浮点运算，所以其效率得以进一步提高。

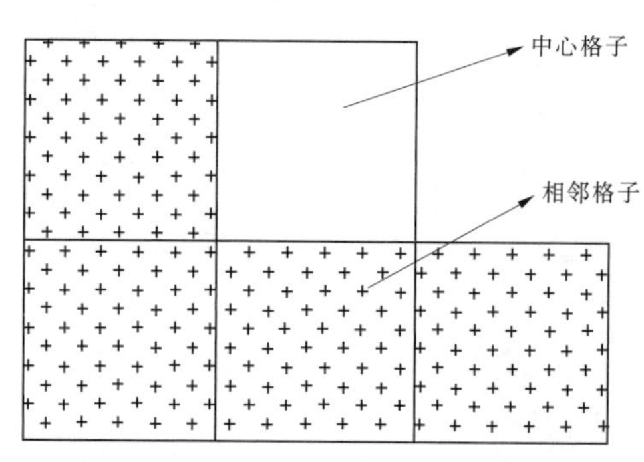

图 3-5　映射到中心格子单元的接触检测范围

3.2.1.4　算法的效率分析

NBS 接触检测时间与总的单元数目成正比：

$$T \propto N$$

RAM 需求为：

$$M = n_y + 2n_x + 2N$$

式中，T 为检测时间；N 为单元数目；n_y 为 y 方向格子行数；n_x 为 x 方向格子列数。

因此，接触检测时间只与单元数目有关，而与空间分解格子数目无关，而且所需 RAM 空间也很小，由此可见其高效性。

3.2.1.5　算法的不足

NBS 接触处理算法唯一的局限性在于它较适用于接触判断系统内单元尺寸相近的情况，而当单元尺寸相差较大时，效率将会降低。这点可做如下解释：

如图 3-6 所示,3 个单元组成的系统,2#单元及 3#单元尺寸相近,而 1#单元尺寸较大。因此,根据 3.1 节介绍,需以 1#单元中 $2r$ 作为每个单元外部圆形边界框的直径。以圆心点的距离来判断是否形成接触对。据此,图 3-6 中共有 1-2#和 1-3#两个接触对。而实际上三者互不接触,那么就产生了不必要的接触对。尺寸相差越大,冗余计算越多,效率越低。鉴于此,在 FEM-DEM 方法中要求在对块体进行三角剖分时,各单元尺寸应尽量保持一致。

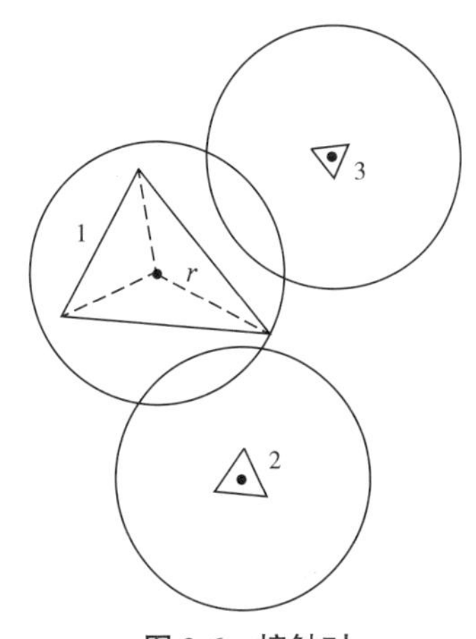

图 3-6　接触对

3.2.2　2D 分布式接触力计算

首先,将两个潜在接触单元分别指定为 Contactor 和 Target,当其相互接触时,重叠面积定义为 S,边界为 Γ,如图 3-7 所示。

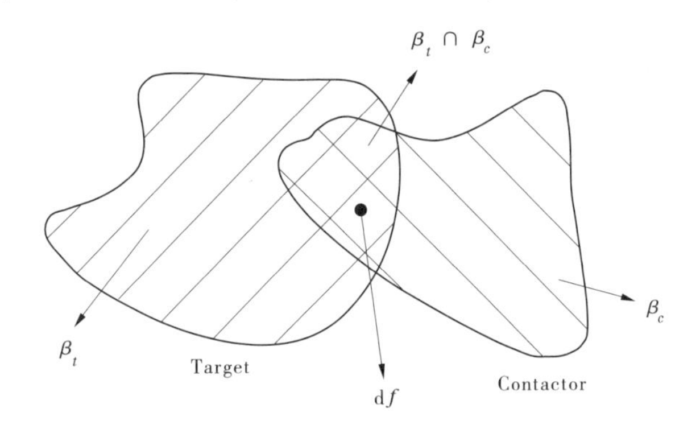

图 3-7　接触力计算示意图

假定 Contactor 嵌入到 Target 的面积 dA 所引起的接触力为

$$\mathrm{d}f = [\mathrm{grad}\varphi_c(P_c) - \mathrm{grad}\varphi_t(P_t)]\mathrm{d}A \tag{3-3}$$

式中,$\varphi_c(P_c)$ 、$\varphi_t(P_t)$ 分别为 Contactor 和 Target 中 P_c 、P_t 的势;grad 为梯度。

那么总的接触力可通过积分得到:

$$f_c = \int_S [\mathrm{grad}\varphi_c - \mathrm{grad}\varphi_t]\mathrm{d}A \tag{3-4}$$

式中,$S = \beta_t \cap \beta_c$,β_c 和 β_t 分别为 Contactor 与 Target 区域。

式(3-4)也可以转换成边界积分:

$$f_c = \int_\Gamma n_\Gamma(\varphi_c - \varphi_t)\mathrm{d}\Gamma \tag{3-5}$$

式中,$\Gamma = \partial S$ 为区域 S 的边界;n_Γ 为边界 Γ 的外法向单位矢量。

3.2.3　接触力计算的离散

在 Munjiza 的 FEM-DEM 方法中,离散块体均被离散为若干三角形有限单元,接触的两个离散块体可表示为这些有限单元的并:

$$\beta_c = \beta_{c_1} \cup \beta_{c_2} \cup \cdots \cup \beta_{c_i} \cup \cdots \cup \beta_{c_n} \tag{3-6}$$

$$\beta_t = \beta_{t_1} \cup \beta_{t_2} \cup \cdots \cup \beta_{t_i} \cup \cdots \cup \beta_{t_m} \tag{3-7}$$

式中,n 和 m 分别为 β_c (Contactor)和 β_t (Target)内的三角形单元的数目。

同样,势也可表示为有限单元势的和:

$$\varphi_c = \varphi_{c_1} + \varphi_{c_2} + \cdots + \varphi_{c_i} + \cdots + \varphi_{c_n} \tag{3-8}$$

$$\varphi_t = \varphi_{t_1} + \varphi_{t_2} + \cdots + \varphi_{t_i} + \cdots + \varphi_{t_m} \tag{3-9}$$

接触力可按下式计算:

$$f_c = \sum_{i=1}^{n} \sum_{j=1}^{m} \int_{\beta_{c_i} \cap \beta_{t_j}} [\text{grad}\varphi_{c_i} - \text{grad}\varphi_{t_j}] \, \mathrm{d}A \tag{3-10}$$

其边界积分形式为

$$f_c = \sum_{i=1}^{n} \sum_{j=1}^{m} \int_{\Gamma_{\beta_{c_i} \cap \beta_{t_j}}} n_{\Gamma_{\beta_{c_i} \cap \beta_{t_j}}} (\varphi_{c_i} - \varphi_{t_j}) \, \mathrm{d}\Gamma \tag{3-11}$$

3.2.4　基于三角形单元势的定义

如图 3-8 所示,三角形内部某一点 P_1 的势可按下式计算:

$$\varphi(P_1) = \min\{3A_1/A,\ 3A_2/A,\ 3A_3/A\} \tag{3-12}$$

那么中心点 C 处的势为 1,边界上的势处处相等,规定为 0,故中心点与顶点连线上某点 P_2 的势也可通过插值计算得到。

3.2.5　基于三角形单元的接触力计算方法

如图 3-9 所示,Contactor 三角形与 Target 三角形接触,重叠面积为 AFV_2D;虚线表示中心点与顶点连线。

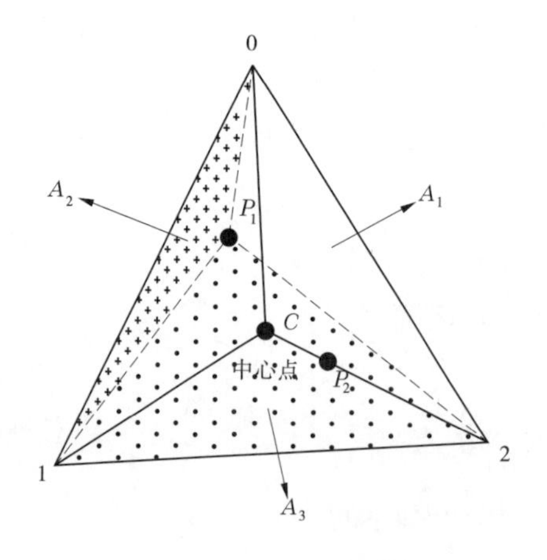

图 3-8　Munjiza 势的定义

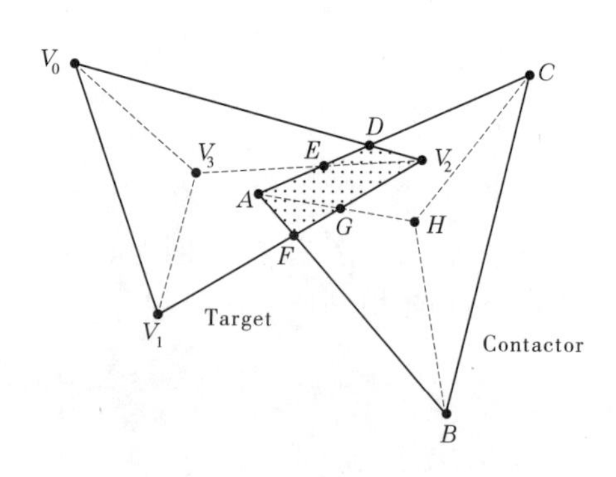

图 3-9　两个接触的三角形

由边界积分,接触可理解为:Contactor 三角形的 CA 和 AB 边与 Target 三角形的接触,Target 三角形的 V_1V_2 边和 V_2V_0 边与 Contactor 三角形的接触;由此即确定了接触区域的 4

条边 DA、AF、FV_2 及 V_2D。

以 Contactor 三角形的 CA 边为例,表述接触力的计算。

每个三角形单元顶点都是以逆时针方向编号,故以 C 点为原点建立局部坐标系,横轴为 s 轴,表示势点的相对位置,竖轴为 φ 轴,只代表势的大小,无方向之分,势为正的标量;如图 3-10 所示,D 点的势为 $\varphi[1]$,E 点的势为 $\varphi[2]$。

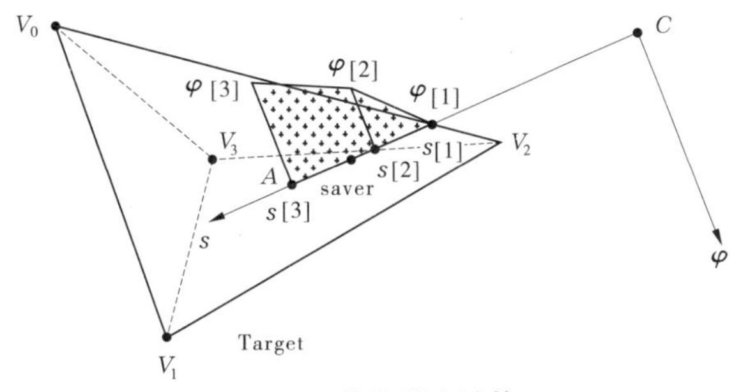

图 3-10　势接触力计算

Contactor 三角形的 CA 边所受到的 Target 三角形对它的接触力大小为

$$f_{c,CA} = -\boldsymbol{n}_{CA}L\int_0^1 \lambda\varphi(s)\,\mathrm{d}s \tag{3-13}$$

式中,$\boldsymbol{n}_{CA}$ 为 CA 边的外法线单位矢量;L 为 CA 边的长度;λ 为罚;$\varphi(s)$ 为在 Target 三角形内部 s 点处的势,势是分段的且为正的标量,s 为势点在 CA 边上的相对位置;$-\boldsymbol{n}_{CA}$ 表明接触力沿着 CA 边的内法线方向。

那么,图 3-10 中接触力的具体表达式如下:

$$f_{c,CA} = -\boldsymbol{n}_{CA}L\lambda\varphi_{\text{sum}} \tag{3-14}$$

其中

$$\varphi_{\text{sum}} = \frac{1}{2}(\varphi[1]+\varphi[2])(s[2]-s[1]) + \frac{1}{2}(\varphi[2]+\varphi[3])(s[3]-s[2])$$

在边界上 $\varphi[1]=0$。

同理,也可以计算出其他 3 条边上的接触力。

由于是边界积分,实施过程中均为嵌入边与接触的另一个三角形的关系,关于三角形的某条边与另一个三角形的相对位置关系有如图 3-11 中的几种情况。

由图 3-11 可见,最多只有 4 个取势的计算点,虚线依旧是中心点与顶点连线。

3.2.6　有限覆盖的 Munjiza 势接触力矩阵

由上述分析可知,Munjiza 势的分布属于分段式,且每段都可视为梯形(三角形为特例)。依旧以 CA 边为研究对象,将其局部坐标系旋转至如下显示,取其势分布的一段,尝试求解 Munjiza 势接触力矩阵。

如图 3-12 所示局部坐标系下,距离原点 s 处的势 $\varphi(s)$ 可以表示为

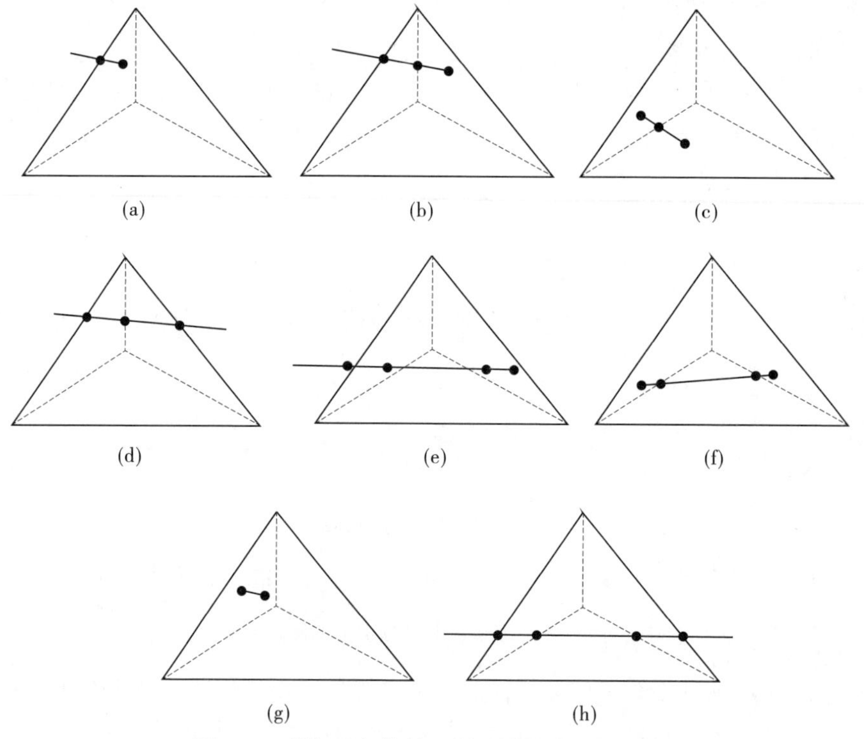

图 3-11　嵌入边与接触三角形的相对位置关系

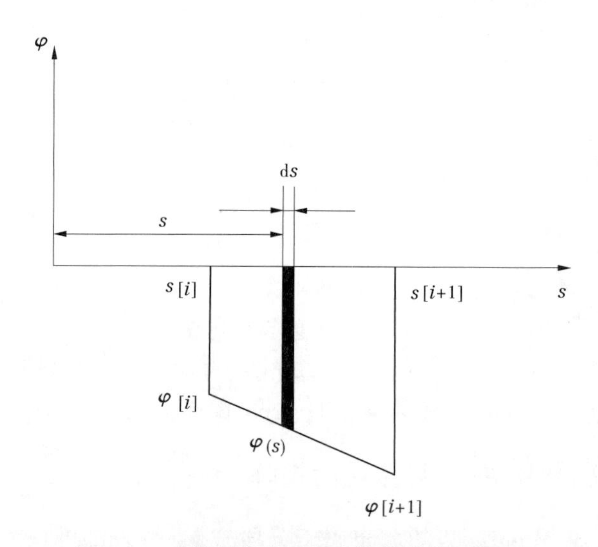

图 3-12　由势接触力引起的势能计算示意图

$$
\begin{aligned}
\varphi(s) &= \varphi[i] + \frac{\varphi[i+1] - \varphi[i]}{s[i+1] - s[i]}(s - s[i]) \\
&= \frac{\varphi[i+1] - \varphi[i]}{s[i+1] - s[i]}s + \frac{\varphi[i]s[i+1] - \varphi[i+1]s[i]}{s[i+1] - s[i]} \\
&= ks + c
\end{aligned}
\tag{3-15}
$$

式中，$k = \dfrac{\varphi[i+1] - \varphi[i]}{s[i+1] - s[i]}$；$c = \dfrac{\varphi[i]s[i+1] - \varphi[i+1]s[i]}{s[i+1] - s[i]}$。

令 $(nx,\ ny) = \boldsymbol{n}_{CA}L$，那么由 Munjiza 势接触力引起的物理势能为

$$\begin{aligned}
\Pi_{\omega} &= \int_{s[i]}^{s[i+1]} - \left[\lambda \times \varphi(s)\mathrm{d}s(-nx,\ -ny) \begin{Bmatrix} u(x,y) \\ v(x,y) \end{Bmatrix} \right] \\
&= \lambda \times \int_{s[i]}^{s[i+1]} \left[\varphi(s)\ (u(x,y)\ ,v(x,y)\ ) \begin{Bmatrix} nx \\ ny \end{Bmatrix} \right] \mathrm{d}s \\
&= \lambda \times \{D_{\mathrm{e}}\}^{\mathrm{T}} \int_{s[i]}^{s[i+1]} \varphi(s)\ [T_{\mathrm{e}}(x,y)\ ]^{\mathrm{T}} \mathrm{d}s \begin{Bmatrix} nx \\ ny \end{Bmatrix} \\
&= \lambda \times \{D_{\mathrm{e}}\}^{\mathrm{T}} \left[\int_{s[i]}^{s[i+1]} \begin{Bmatrix} \varphi(s)\ [T_{\mathrm{e}(1)}(x,y)\ ]^{\mathrm{T}} \\ \varphi(s)\ [T_{\mathrm{e}(2)}(x,y)\ ]^{\mathrm{T}} \\ \varphi(s)\ [T_{\mathrm{e}(3)}(x,y)\ ]^{\mathrm{T}} \end{Bmatrix} \mathrm{d}s \right] \begin{Bmatrix} nx \\ ny \end{Bmatrix}
\end{aligned} \tag{3-16}$$

其中

$$\begin{Bmatrix} u(x,y) \\ v(x,y) \end{Bmatrix} = \begin{Bmatrix} \sum_{i=1}^{3} w_{\mathrm{e}(i)}(x,y)\, u_{\mathrm{e}(i)} \\ \sum_{i=1}^{3} w_{\mathrm{e}(i)}(x,y)\, v_{\mathrm{e}(i)} \end{Bmatrix} \tag{3-17}$$

$w_{\mathrm{e}(i)}(x,y)$ 表示第 i 个物理片所对应的权函数。

$$\begin{Bmatrix} u(x,y) \\ v(x,y) \end{Bmatrix} = \begin{bmatrix} w_{\mathrm{e}(1)}(x,y) & 0 & w_{\mathrm{e}(2)}(x,y) & 0 & w_{\mathrm{e}(3)}(x,y) & 0 \\ 0 & w_{\mathrm{e}(1)}(x,y) & 0 & w_{\mathrm{e}(2)}(x,y) & 0 & w_{\mathrm{e}(3)}(x,y) \end{bmatrix} \times \begin{Bmatrix} u_{\mathrm{e}(1)} \\ v_{\mathrm{e}(1)} \\ u_{\mathrm{e}(2)} \\ v_{\mathrm{e}(2)} \\ u_{\mathrm{e}(3)} \\ v_{\mathrm{e}(3)} \end{Bmatrix} = [T_{\mathrm{e}}(x,y)\ ]\{D_{\mathrm{e}}\} \tag{3-18}$$

$$[T_{\mathrm{e}}(x,y)\ ] = [T_{\mathrm{e}(1)}(x,y) \quad T_{\mathrm{e}(2)}(x,y) \quad T_{\mathrm{e}(3)}(x,y)] \tag{3-19}$$

$$\{D_{\mathrm{e}}\} = \begin{Bmatrix} D_{\mathrm{e}(1)} \\ D_{\mathrm{e}(2)} \\ D_{\mathrm{e}(3)} \end{Bmatrix} \tag{3-20}$$

$$[T_{\mathrm{e}(i)}(x,y)\ ] = \begin{bmatrix} w_{\mathrm{e}(i)}(x,y) & 0 \\ 0 & w_{\mathrm{e}(i)}(x,y) \end{bmatrix} \tag{3-21}$$

$$\{D_{\mathrm{e}(i)}\} = \begin{Bmatrix} u_{\mathrm{e}(i)} \\ v_{\mathrm{e}(i)} \end{Bmatrix} \quad (i = 1,2,3) \tag{3-22}$$

$$\begin{Bmatrix} w_{e(1)}(x,y) \\ w_{e(2)}(x,y) \\ w_{e(3)}(x,y) \end{Bmatrix} = \begin{Bmatrix} f_{11} + f_{12}x + f_{13}y \\ f_{21} + f_{22}x + f_{23}y \\ f_{31} + f_{32}x + f_{33}y \end{Bmatrix} \tag{3-23}$$

因此

$$-\lambda \times \left[\int_{s[i]}^{s[i+1]} \begin{Bmatrix} \varphi(s)\,[T_{e(1)}(x,y)]^{T} \\ \varphi(s)\,[T_{e(2)}(x,y)]^{T} \\ \varphi(s)\,[T_{e(3)}(x,y)]^{T} \end{Bmatrix} ds \right] \begin{Bmatrix} nx \\ ny \end{Bmatrix}$$

是 Munjiza 势接触力矩阵,且

$$\int_{s[i]}^{s[i+1]} \varphi(s)\,[T_{e(m)}(x,y)]^{T} ds = \int_{s[i]}^{s[i+1]} \varphi(s) \begin{pmatrix} w_{e(m)}(x,y) & 0 \\ 0 & w_{e(m)}(x,y) \end{pmatrix} ds$$

$$= \int_{s[i]}^{s[i+1]} \varphi(s) \begin{pmatrix} f_{m1} + f_{m2}x + f_{m3}y & 0 \\ 0 & f_{m1} + f_{m2}x + f_{m3}y \end{pmatrix} ds$$

接触点坐标为

$$x = x_C + s(-ny); y = y_C + s(nx)$$

式中,(x_C, y_C) 为 CA 边上 C 点全局坐标系下的坐标;$(-ny, nx)$ 为 CA 边的非单位方向矢量,亦即 CA 边单位方向矢量乘以它的长度。

$$H = \int_{s[i]}^{s[i+1]} \varphi(s) \begin{pmatrix} d + es & 0 \\ 0 & d + es \end{pmatrix} ds$$

令 $d + es = f_{m1} + f_{m2}x_C + f_{m3}y_C - (f_{m2}ny - f_{m3}nx)\,s$。

其中,$d = f_{m1} + f_{m2}x_C + f_{m3}y_C$,$e = -(f_{m2}ny - f_{m3}nx)$。

$$H = \int_{s[i]}^{s[i+1]} (ks + c) \begin{pmatrix} d + es & 0 \\ 0 & d + es \end{pmatrix} ds =$$

$$\int_{s[i]}^{s[i+1]} \begin{pmatrix} kes^2 + (kd + ce)s + cd & 0 \\ 0 & kes^2 + (kd + ce)s + cd \end{pmatrix} \tag{3-24}$$

$$ds = \begin{pmatrix} S_{e(m)} & 0 \\ 0 & S_{e(m)} \end{pmatrix}$$

其中

$$S_{e(m)} = \frac{1}{3}ke(s[i+1]^3 - s[i]^3) + \frac{1}{2}(kd + ce)(s[i+1]^2 - s[i]^2) + cd(s[i+1] - s[i])$$

则

$$-\lambda \times \begin{pmatrix} S_{e(r)} & 0 \\ 0 & S_{e(r)} \end{pmatrix} \begin{Bmatrix} nx \\ ny \end{Bmatrix} \to \{F_{e(r)}\} \quad (r = 1,2,3) \tag{3-25}$$

对 Target 三角形所对应流形单元而言,力矩阵只需将符号取反,且更新插值函数:

$$\lambda \times \begin{pmatrix} S_{e(r)} & 0 \\ 0 & S_{e(r)} \end{pmatrix} \begin{Bmatrix} nx \\ ny \end{Bmatrix} \rightarrow \{F_{e(r)}\} \quad (r = 1,2,3) \tag{3-26}$$

注意:Target 所对应流形单元上的权函数与 Contactor 所对应流形单元是不同的。

3.2.7　有限覆盖的 Munjiza 摩擦力矩阵

首先,如图 3-10 所示,求出相对位置的平均值点,saver = (s[1] + s[2] + s[3])/3,即确定了该点在 CA 边上的相对位置。然后,求出 Contactor 嵌入边 CA 以及 Target 三角形在该点处的等效速度,并根据两者间相对速度判断摩擦力的方向。

同上,作用到 Contactor 三角形所对应流形单元上的摩擦力矩阵为

$$\mathrm{sgn} \times \mu \times \lambda \times \begin{pmatrix} S_{e(r)} & 0 \\ 0 & S_{e(r)} \end{pmatrix} \begin{Bmatrix} -ny \\ nx \end{Bmatrix} \rightarrow \{F_{e(r)}\}, \tag{3-27}$$

$$\mathrm{sgn} = \pm 1 \quad (r = 1,2,3)$$

作用到 Target 三角形所对应流形单元上的摩擦力矩阵为

$$-\mathrm{sgn} \times \mu \times \lambda \times \begin{pmatrix} S_{e(r)} & 0 \\ 0 & S_{e(r)} \end{pmatrix} \begin{Bmatrix} -ny \\ nx \end{Bmatrix} \rightarrow \{F_{e(r)}\} \tag{3-28}$$

式中,sgn 是根据相对速度判断出的符号;μ 为摩擦系数;λ 为罚;$(-ny,\ nx)$ 为 s 轴的方向,非单位矢量;sgn×$(-ny,\ nx)$ 为作用在 CA 边上的摩擦力方向。

3.2.8　实施方法

如果不考虑块体自身的破裂,接触处理仅限于块体边界上的流形单元,对于边界上的非三角形的流形单元,将其划分为三角形单元,以便于计算 Munjiza 势接触力。参与接触力计算的每对三角形单元所得到的接触力都会相应地施加到它所在流形单元所对应的 3 个物理片上,对二者来说,接触力为一对相互作用力,但所对应的物理片不同,插值函数也不同。

3.3　算例验证

3.3.1　滑块算例

本节将通过经典的滑动问题算例来说明本算法的可行性。如图 3-13 所示,倾斜 30°的坡道上置有滑动的矩形块体,块体尺寸为 2 m×1 m。块体和坡道采用同样的材料参数:密度 $\rho = 2.75\ \mathrm{g/cm^3}$,弹性模量 $E = 20$ MPa,Munjiza 势接触力计算中的罚值取 20 MPa。泊松比为 $\nu = 0.25$。假设块体与坡道之间没有摩擦力存在,那么块体的滑动位移可以准确地表示为

$$S = \frac{1}{4} g t^2 \tag{3-29}$$

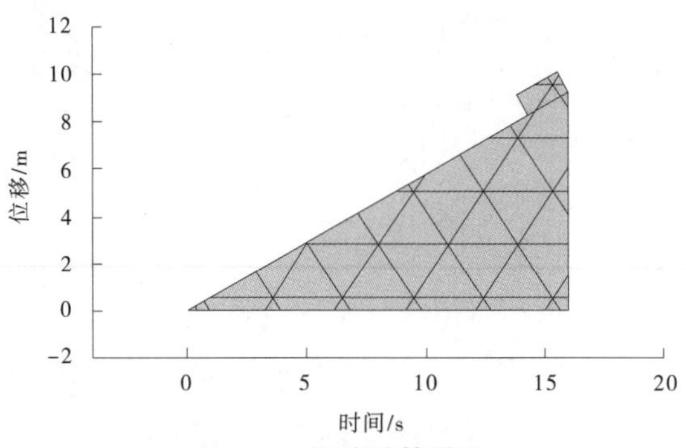

图 3-13　滑块计算模型

取时步 $\Delta = 0.001$ s,计算 2 750 个时步;如图 3-14 所示,给出了本书算法计算位移与解析解的对比曲线,结果表明两者基本重合,说明了本算法的准确性。

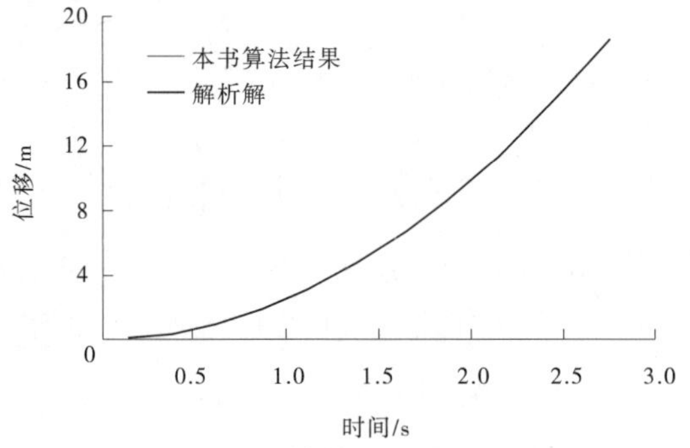

图 3-14　无摩擦力滑动位移对比

假设块体与坡道之间有摩擦力,且摩擦角为 15°时,重新取弹性模量 $E = 200$ MPa,Munjiza 势接触力计算中的罚值取 20 MPa。那么块体的滑动位移可以准确地表示为

$$S = \frac{1}{4}\left(1 - \sqrt{3}\tan\theta\right) gt^2 \quad (\theta = 15°) \tag{3-30}$$

取时步 $\Delta = 0.001$ s,计算 3 542 个时步;如图 3-15 所示,给出了本书算法计算位移与解析解的对比曲线,结果表明,两者吻合很好。如图 3-16 所示,时步结束后,恰好停在坡道边缘,与解析解非常一致。

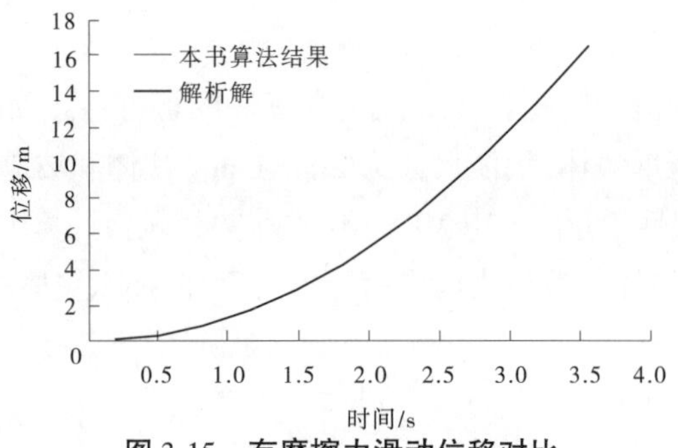

图 3-15　有摩擦力滑动位移对比

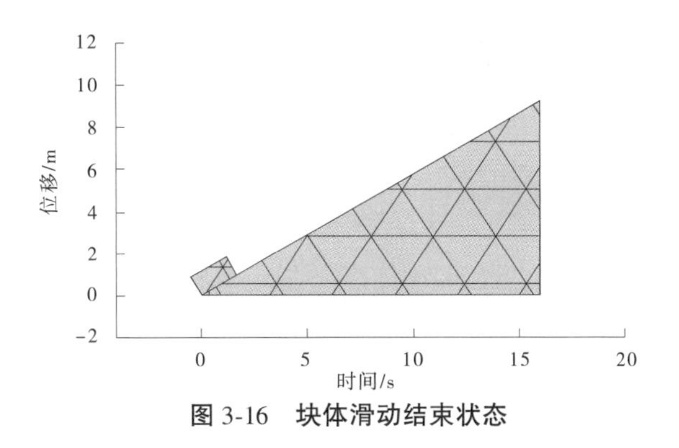

图 3-16　块体滑动结束状态

3.3.2　NMM 算例对比

图 3-17、图 3-18 为中部受压薄梁组合体变形两种方法的模拟结果，两者表现出了极为相似的变形形态。图 3-19、图 3-20 为中部受右斜上方推力作用下螺旋纹展开模拟结果，也表现出同样的相似性。

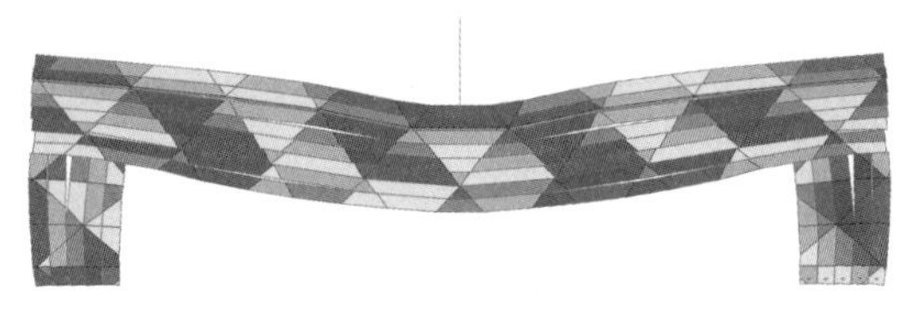

图 3-17　薄梁组合体变形 NMM 模拟结果

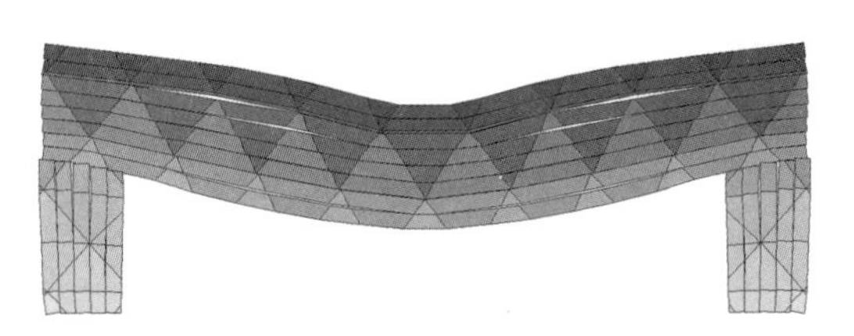

图 3-18　薄梁组合体变形本书算法模拟结果

图 3-19　螺旋纹 NMM 模拟结果

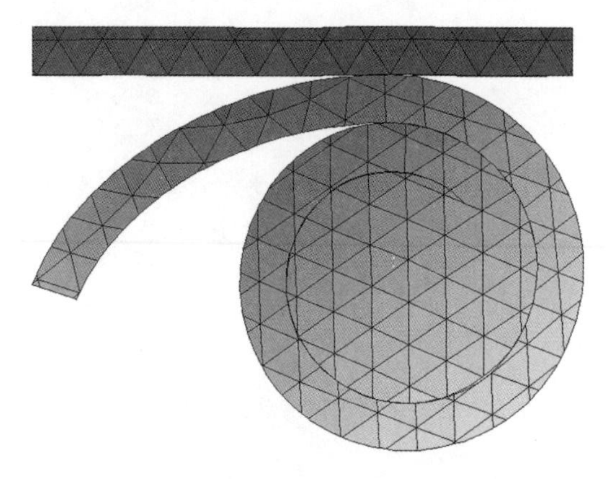

图 3-20 螺旋纹本书计算结果

3.4 本章小结

(1)鉴于 Munjiza 接触力是分布式接触力,通过接触面积来衡量接触力大小,避免了石根华接触算法中烦琐的点-点、点-线接触判断,并且完全避免了数值流形方法中凸点-凸点接触这种复杂的情况,具有较强的物理含义。书中成功地将 Munjiza 接触算法替换了石根华接触算法,并通过算例证实了该算法的可行性。

(2)Munjiza 接触检测算法,基于空间分解,采用链表结构,且只与单元所在格子内部以及相邻格子内的单元进行接触判断,避免了与不可能接触单元的判断,十分高效。

(3)可考虑将 Munjiza 接触处理方法推广到三维数值流形元以及非连续变形分析中,来避免极为奇异的凸点-凸点接触。

第 4 章　$1/r$ 奇异性积分方案及扭结裂纹处理

4.1　引　言

NMM 的主要优势为可以统一地处理连续和非连续变形问题。Wu 和 Wong 与 Kurumatani 和 Terada 以及其他学者对岩土材料中裂纹的萌生和扩展研究做出了巨大的努力。An 等对 NMM 和扩展有限元(XFEM)在模拟非连续问题方面进行了对比。两者均遇到下面两个问题。第 1 个为对 $1/r$ 奇异性的数值积分。第 2 个为对扭结裂纹的处理,也即裂纹尖端和扭结点同时存在于一个物理片中。对于这两个问题已经存在了广泛认可的解决方法。

书中针对单元刚度矩阵计算中存在对 $1/r$ 积分的情况,提出一种新的适用于处理 $1/r$ 奇异性的数值积分策略,并给出了严格的数学证明,与现存的 Duffy 变换相比要更加简单有效;处理扭结裂纹时,针对积分点有可能落在裂纹尖端所在一段直裂纹的上下垂直区域外部的情况,提出了一种新的局部极坐标下的参数确定法则。与现存映射技术相比,它以一种更为简单的方式达到了更高的精度。

4.2　$1/r$ 奇异性的数值积分

奇异物理片上的局部位移函数有一个$\sqrt{r}$的系数,那么包含裂纹尖端的流形单元的刚度矩阵积分时将会有 $1/r$ 的奇异性。根据广义积分的柯西定理,对 $1/r$ 的积分是存在的。然而,如果直接对这些被积函数进行数值积分将会引起数值不稳定或者完全错误的结果,更多细节见 Heath 文献。为了确保数值稳定性,在数值积分前,应该通过一个坐标转换来消除奇异性。

如图 4-1 所示,为 1 个包含裂纹尖端的流形单元。Mousavi 和 Sukumar 与 Laborde 给出了 $1/r$ 作为被积函数的数值积分过程。首先单元被分为几个三角形,裂纹尖端作为它们的 1 个顶点,如图 4-1 所示。然后轮流在每个三角形上积分,最后求和得到最终结果。因此,问题简化为在三角形上(奇异性落在某个顶点上)对被积函数 $1/r$ 求解积分。如图 4-2 所示,为 Duffy 变换在求解此积分时的 3 个映射过程。

(1)由等参变换,将 xy-空间的三角形转换为 uv-空间的等腰直角三角形,其中,奇异顶点映射到原点上,如图 4-2(a) →图 4-2(b)。

(2)通过变换:$u=s, v=st$, 将 uv-空间的三角形映射到 st-空间的$[0, 1]\times[0, 1]$的四边形,如图 4-2(b)→图 4-2(c)。

(3)根据四边形等参变换,将 st-空间的$[0, 1]\times[0, 1]$的四边形映射为 $\xi\eta$-空间的$[-1, 1]\times[-1, 1]$的四边形,在其上进行高斯积分得到积分值。

另外,Mousavi 和 Sukumar 提出了更为复杂的转换方式来消除 $r^{-1/2}$ 的奇异性。

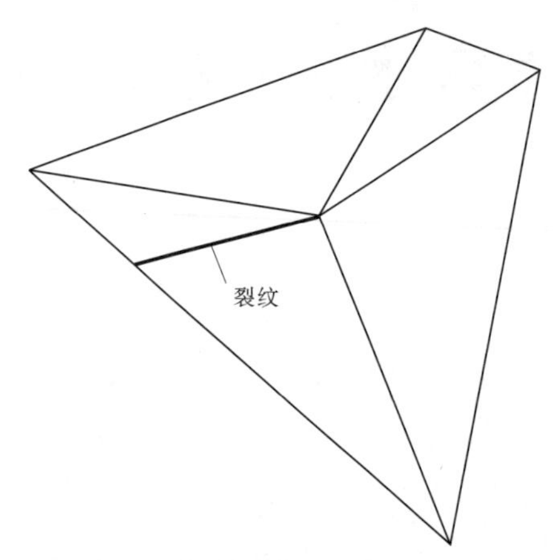

图 4-1　包含裂纹尖端的流形单元

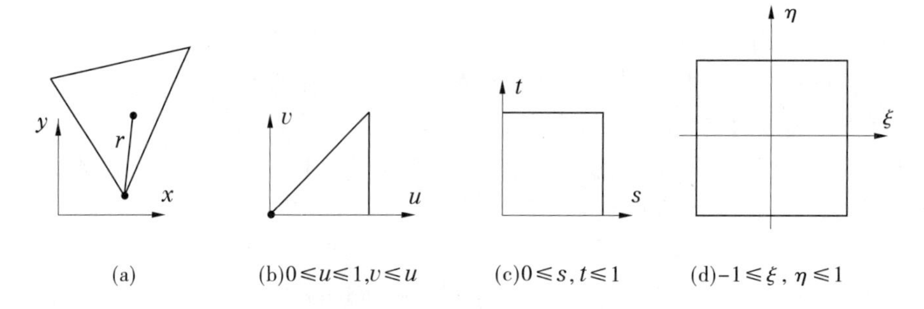

图 4-2　奇异被积函数的 Duffy 变换

Duffy 变换已经发展应用到三维边界元法来求解 $1/r$ 的积分;同样见 Lean 和 Wexler 文献。

实际上,Duffy 变换中间这步映射是没有必要的,因为由 $\xi\eta$-空间的[- 1, 1] [- 1,1]的四边形映射到 xy-空间的三角形(在某个顶点处存在奇异)自然会使得雅可比行列式具有 r 的系数,这恰好可以消除 $1/r$ 的奇异性。

如图 4-3 所示,标准的等参变换

$$\left.\begin{aligned} x &= \sum_{i=1}^{4} N_i(\xi,\eta)\,x_i \\ y &= \sum_{i=1}^{4} N_i(\xi,\eta)\,y_i \end{aligned}\right\} \tag{4-1}$$

式中,$(x_i,y_i)(i=1,2,\cdots,4)$ 为 xy-空间四边形 4 个顶点的坐标;$N_i(\xi,\eta)$ 为形函数。

$$N_i(\xi,\eta) = \frac{1}{4}(1+\xi_i\xi)(1+\eta_i\eta) \tag{4-2}$$

式中,$(\xi_i,\eta_i)(i=1,2,\cdots,4)$ 为 $\xi\eta$-空间四边形中 4 个顶点的坐标。

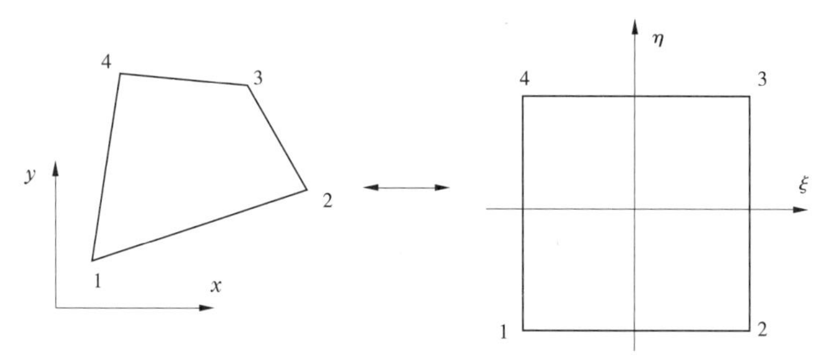

图 4-3　四边形等参变换

式(4-1)中的雅可比转换可以表示为

$$J = \begin{bmatrix} \dfrac{\partial x}{\partial \xi} & \dfrac{\partial y}{\partial \xi} \\ \dfrac{\partial x}{\partial \eta} & \dfrac{\partial y}{\partial \eta} \end{bmatrix} = \begin{bmatrix} a_1 + a_2\eta & b_1 + b_2\eta \\ a_3 + a_2\xi & b_3 + b_2\xi \end{bmatrix} \tag{4-3}$$

J 的行列式可以表达为

$$J = J_0 + J_1\xi + J_2\eta \tag{4-4}$$

其中

$$J_0 = a_1 b_3 - a_3 b_1 = \frac{1}{4}A \tag{4-5}$$

$$J_1 = a_1 b_2 - a_2 b_1 \tag{4-6}$$

$$J_2 = a_2 b_3 - a_3 b_2 \tag{4-7}$$

A 为 xy - 空间四边形的面积；$\boldsymbol{a} = (a_1, a_2, a_3)^{\mathrm{T}}$ 和 $\boldsymbol{b} = (b_1, b_2, b_3)^{\mathrm{T}}$ 与 $\boldsymbol{x}^e = (x_1, x_2, \cdots, x_4)^{\mathrm{T}}$ 和 $\boldsymbol{y}^e = (y_1, y_2, \cdots, y_4)^{\mathrm{T}}$ 的关系为

$$[\boldsymbol{a} \quad \boldsymbol{b}] = \boldsymbol{T}[x^e \quad y^e] \tag{4-8}$$

及

$$\boldsymbol{T} = \frac{1}{4}\begin{bmatrix} -1 & 1 & 1 & -1 \\ 1 & -1 & 1 & -1 \\ -1 & -1 & 1 & 1 \end{bmatrix} \tag{4-9}$$

令 xy-空间四边形的 1 和 2 顶点重合，如图 4-4 所示，得到一个退化的四边形。这种情况下，雅可比行列式转化为

$$J = \begin{bmatrix} a_1(1+\eta) & b_1(1+\eta) \\ a_3 + a_1\xi & b_3 + b_1\xi \end{bmatrix} \tag{4-10}$$

它的行列式为

$$J = \frac{1}{4}A(1+\eta) \tag{4-11}$$

然后，计算三角形中的点 $P(x, y)$ 与顶点 1 的距离为

$$r^2 = (x - x_1)^2 + (y - y_1)^2 \tag{4-12}$$

将式(4-1)代入式(4-12)中并考虑1和2顶点重合,得到

$$r = \frac{1}{4}B_{\xi}(1 + \eta) \tag{4-13}$$

其中

$$B_{\xi}^2 = 4r_5^2 + 2(r_3^2 - r_4^2)\xi + r_{34}^2\xi^2 \tag{4-14}$$

不依赖于 η 坐标。这里,如图4-4所示,r_3 为边界31的长度,r_4 为边界41的长度,r_{34} 为边界34的长度,且 r_5 为边界34的中点5到结点1的距离。

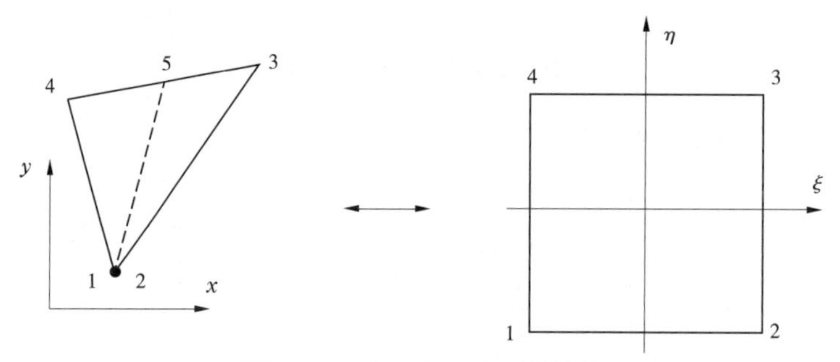

图4-4　三角形和四边形的转换

最后,证明 $B_{\xi}>0$。在如图4-4所示的三角形1-3-4中求解 B_{ξ} 的最小值。B_{ξ} 仅为 ξ 的函数,因此相当于在[-1,1]上找出 B_{ξ} 的最小值,有以下3种情况:

情况1:$\xi = -1$ 取到最小值,此时 $B_{\xi} = 2r_4$。

情况2:$\xi = 1$ 取到最小值,此时 $B_{\xi} = 2r_3$。

情况3:$\xi \in (-1,1)$ 且满足 $\frac{\mathrm{d}B_{\xi}}{\mathrm{d}\xi} = 0$ 可取到最小值,此时 $B_{\xi} = 2r_h$,其中 r_h 为顶点1到边界34的距离。

综上,$B_{\xi} \geqslant 2r_h > 0$。因此,将式(4-11)除以式(4-13),得到

$$J = C_{\xi}r \tag{4-15}$$

得到正的系数

$$C_{\xi} = \frac{A}{B_{\xi}} \tag{4-16}$$

同样仅与 ξ 有关。

到此,无论是将 $\xi\eta$-空间的标准四边形映射到 xy-空间的三角形,抑或将四边形的两个顶点重合进行退化,均使得雅可比行列式具有 r 的系数,而这恰好消除了 $1/r$ 的奇异性。因此,在 xy-空间的三角形上对带有 $1/r$ 奇异性的被积函数进行数值积分可以大为简化,即视三角形的奇异顶点为两个重合的顶点,认为它为退化的四边形,这样就可以直接应用高斯积分进行求解。也就是说,直接将图4-2(a)中的三角形转换到4-2(d)中的四边形,跳过图4-2(b)→图4-2(c)和图4-2(c)→图4-2(d)。原则上图4-2(a)→图4-2(d)的转换应该比图4-2(a)→图4-2(b)→图4-2(c)→图4-2(d)的转换具有更高的精度,因为中间图4-2(b)→图4-2(c)和图4-2(c)→图4-2(d)的转换不可避免地增加了被积函数的复杂性。另外,所提出的积分方案可以直接应用到三维边界元方法中,实施起来较之

Duffy 变换或者其他变换更为简单。

例 4-1　1/*r* 在三角形上的积分。

测试奇异函数 $1/\sqrt{(x+2)^2+(y-1)^2}$ 在图 4-5 左下角三角形上的积分，可见奇异性刚好落在顶点 p_1 上。本书方法与 Duffy 变换积分结果对比如图 4-5 所示，二者结果非常一致，但本书方法实施起来更为简单。

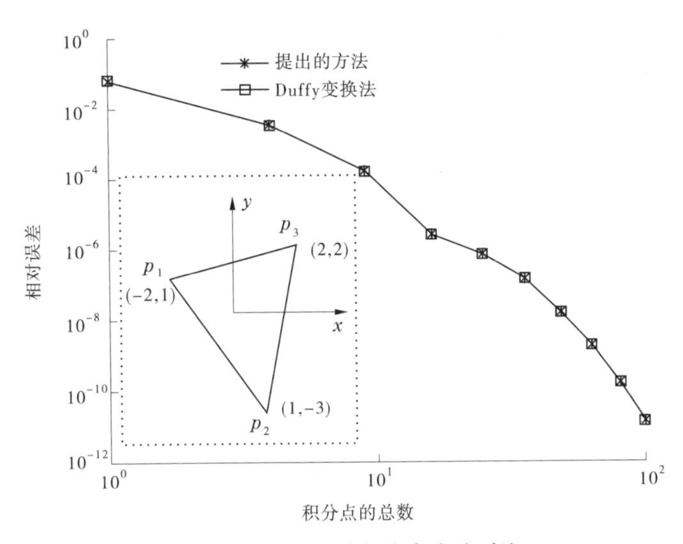

图 4-5　Duffy 变换与本书方法对比

例 4-2　带孔平板裂纹应力强度因子对比。

该算例参数设置完全同 2.4.3.4 节的第 6 个算例（圆孔裂纹）。当裂纹长度 *a* 从 0.4 变化到 0.8，裂纹与水平方向的角度 *θ* 从 0°变化到 45°时，分别采用 Duffy 变换和书中所提积分方法，计算了裂纹尖端 *A* 和 *B* 的应力强度因子。如表 4-1 和表 4-2 分别为裂纹尖端 *A* 和 *B* 的归一化后的应力强度因子 M_{I} 和 M_{II}，表明本书所提方法精度要稍好于 Duffy 变换。

表 4-1　裂纹尖端 A 处两种方法对比

a		0°		15°		30°		45°	
		Duffy 变换	本方法	Duffy 变换	本方法	Duffy 变换	本方法	Duffy 变换	本方法
0.4	M_{I}	0.998 18	0.998 21	0.998 22	0.999 61	0.999 73	0.999 95	1.001 27	1.000 06
	M_{II}	—	—	1.000 37	1.004 58	1.002 71	1.003 70	1.003 95	1.002 46
0.5	M_{I}	0.997 58	0.997 76	0.998 76	0.999 15	0.999 08	0.998 69	1.000 22	1.000 84
	M_{II}	—	—	0.996 25	0.995 97	0.999 40	1.000 47	1.001 31	1.002 18
0.6	M_{I}	0.998 57	0.998 72	0.998 41	0.998 24	0.998 88	0.999 12	1.000 08	1.000 06
	M_{II}	—	—	0.995 15	0.997 35	0.997 84	0.997 55	0.999 34	1.000 22
0.7	M_{I}	1.002 18	1.001 04	0.999 82	0.998 15	0.998 81	0.998 06	1.000 10	0.998 89
	M_{II}	—	—	0.997 23	0.993 58	0.999 25	0.998 80	0.999 97	0.998 74
0.8	M_{I}	0.998 14	1.005 00	1.004 07	1.005 87	0.999 13	1.000 55	0.998 48	0.999 96
	M_{II}	—	—	0.982 33	0.989 80	0.997 21	0.999 84	0.998 69	0.999 56

表 4-2　裂纹尖端 B 处两种方法对比

a		0°		15°		30°		45°	
		Duffy 变换	本方法	Duffy 变换	本方法	Duffy 变换	本方法	Duffy 变换	本方法
0. 4	M_{I}	0. 998 18	0. 998 13	1. 004 46	0. 999 01	0. 998 78	0. 998 94	1. 000 39	0. 999 17
	M_{II}	—	—	0. 998 78	1. 008 35	1. 002 81	1. 004 47	1. 002 66	1. 001 16
0. 5	M_{I}	0. 997 58	0. 997 76	0. 998 06	0. 998 42	0. 997 98	0. 997 58	0. 999 19	0. 999 83
	M_{II}	—	—	1. 001 54	1. 001 54	0. 999 72	1. 000 76	0. 999 63	1. 000 45
0. 6	M_{I}	0. 998 57	0. 998 72	0. 997 66	0. 997 49	0. 997 52	0. 997 76	0. 998 64	0. 998 62
	M_{II}	—	—	1. 002 03	1. 004 37	0. 998 55	0. 998 27	0. 997 28	0. 998 07
0. 7	M_{I}	1. 002 18	1. 001 05	0. 998 77	0. 997 42	0. 997 23	0. 996 47	0. 997 99	0. 996 82
	M_{II}	—	—	0. 999 82	1. 001 58	1. 000 64	1. 000 18	0. 997 30	0. 995 94
0. 8	M_{I}	1. 005 55	1. 005 00	1. 003 23	1. 005 23	0. 997 31	0. 999 05	0. 995 27	0. 997 09
	M_{II}	—	—	0. 991 84	0. 996 78	0. 999 61	1. 002 23	0. 995 67	0. 996 08

4. 3　扭结裂纹新的处理方法

如图 4-1 所示,简单起见,通常仅处理奇异物理片内含直裂纹的情况。然而,裂纹扩展路径通常并不光滑,因此就需要考虑在奇异物理片内存在扭结裂纹的情况,如图 4-6 所示。

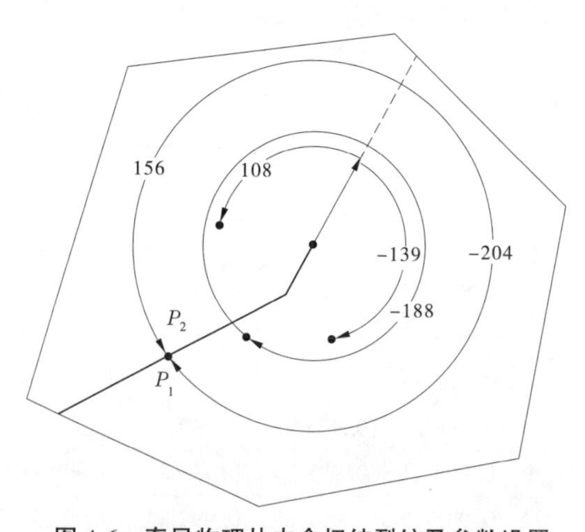

图 4-6　奇异物理片内含扭结裂纹及参数设置

式(2-16)中的 Φ_2 在裂纹两侧是不连续的,在裂纹上方取值为 π,下方为-π。Fleming 等提出了一种映射方法,将扭结点后的裂纹进行映射转换使得与裂纹尖端所在裂纹段保持一致,然后将扩展位移场施加到这个“扳直”的裂纹上。如果不止一个扭结点,那么对每个扭结点都将会映射一次，势必降低求解效率。Dolbow 等引入裂纹尖端附近函数 $R(x,y)$ 来消除映射过程，但 $R(x,y)$ 选择不唯一且对结果有影响。

下面证实，只要极坐标 θ 满足下面的符号法则，将没有必要进行上述的映射过程。

如图 4-6 所示，将最前端裂纹沿着其方向延伸到边界上，这样就将物理片分成了上、下两个部分。如果点属于下部，θ 取负值，范围为 $(-2\pi,0)$；其他均为正值，范围为 $(0,2\pi)$。

特别地，如图 4-6 所示，P_1 和 P_2 恰好位于裂纹上且均有同样的坐标，假定 P_1 在裂纹的下部，P_2 在裂纹的上部，那么它们之间的关系为：$\theta_2=\theta_1+2\pi$，其中 $-2\pi<\theta_1<0$。

图 4-6 同样也给出了不同位置处的角度值。

如图 4-7 所示，为一扭结裂纹，角度为 135°。式(2-16)中 Φ_1 到 Φ_4 4 个奇异基函数的云图如图 4-8 所示。

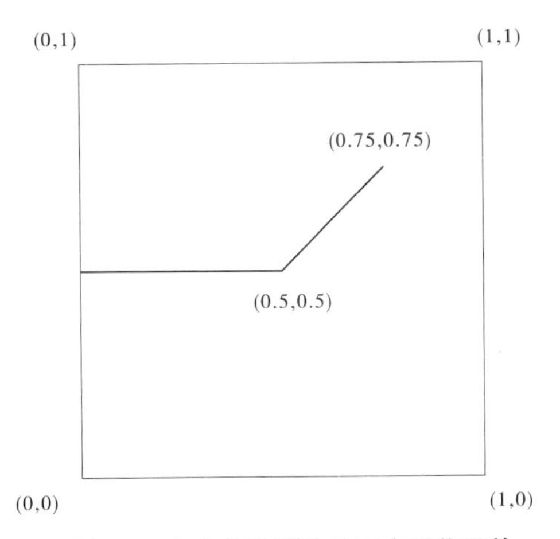

图 4-7　包含扭结裂纹的正方形物理片

两个正弦函数 $\sqrt{r}\sin\dfrac{\theta}{2}$ 和 $\sqrt{r}\sin\dfrac{3\theta}{2}$ 在整个裂纹上都是不连续的。而两个余弦函数仅在扭结点后面的裂纹上是不连续的。

由后文可知，提出的角度确定方法不仅简化了扭结裂纹的分析，同样也改进了精度。

例 4-3　无限板中的弧形裂纹。

图 4-9 为一无限平板中的弧形裂纹，其中边长与弧形裂纹的长度之比大于 10。对于无限板，Gdoutos 给出了解析解如下

$$K_{\mathrm{I}}=\frac{\sigma}{2}\sqrt{\pi R\sin\beta}\left\{\frac{[1-\sin^2(\beta/2)\cos^2(\beta/2)]\cos(\beta/2)}{1+\sin^2(\beta/2)}+\cos(3\beta/2)\right\} \tag{4-17}$$

$$K_{\mathrm{II}}=\frac{\sigma}{2}\sqrt{\pi R\sin\beta}\left\{\frac{[1-\sin^2(\beta/2)\cos^2(\beta/2)]\sin(\beta/2)}{1+\sin^2(\beta/2)}+\sin(3\beta/2)\right\} \tag{4-18}$$

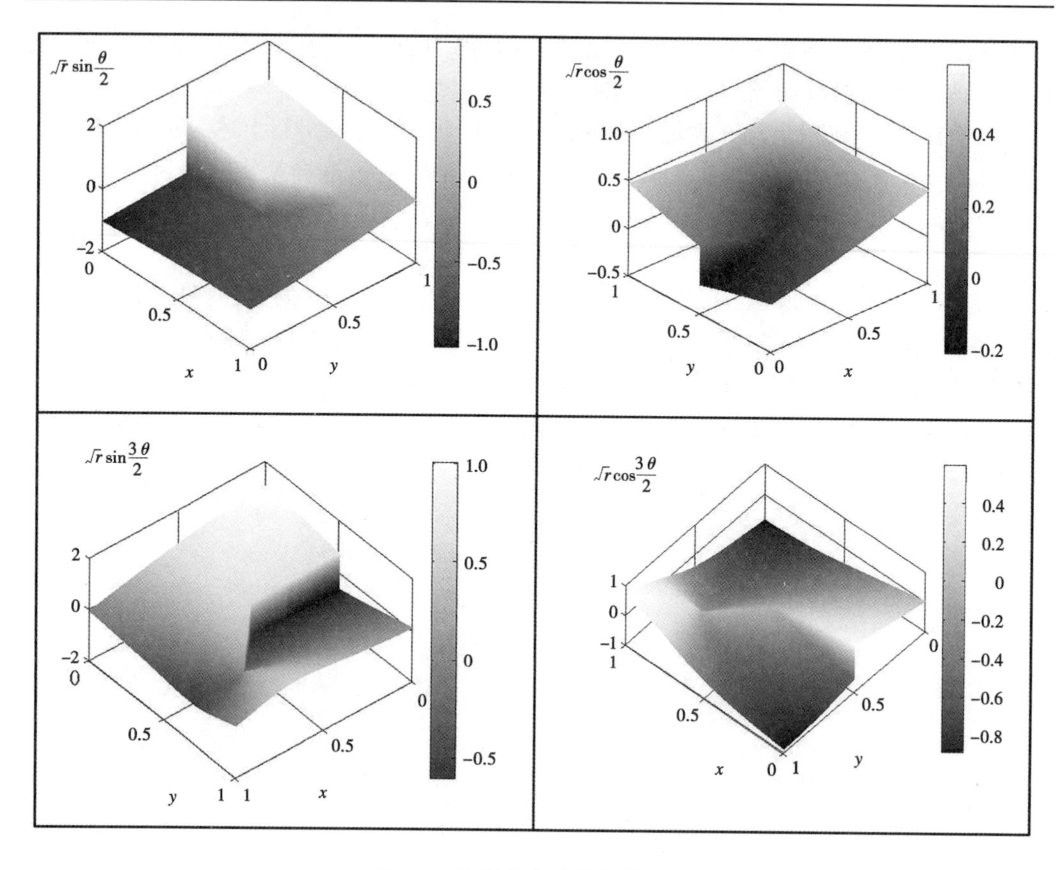

图 4-8　物理片上的基函数云图

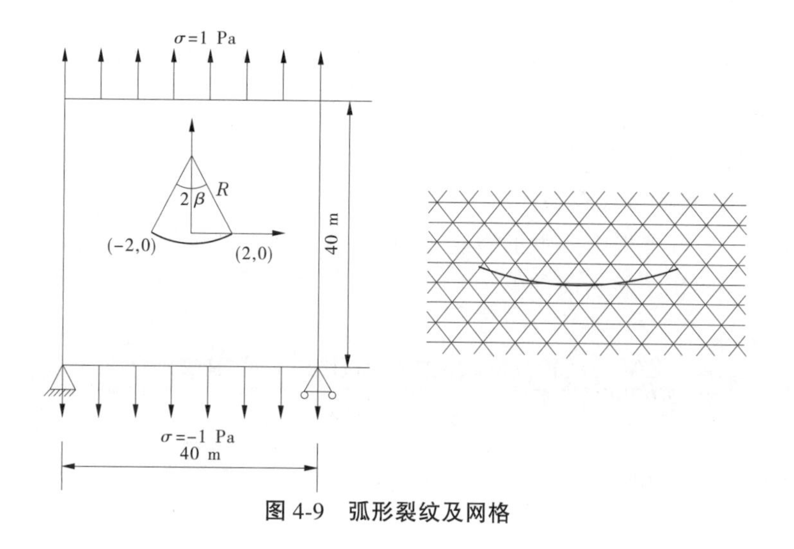

图 4-9　弧形裂纹及网格

裂纹尖端点坐标分别为(-2, 0)和(2, 0),但是角度β一直在变化。两种方法归一化后的结果如表 4-3 所示,结果表明本书中所提方法要稍好于映射方法。由于弧形裂纹接近于平滑,本书中方法在精度方面的优势并不明显。下面例 4-4 中将会给出一个真实的扭结裂纹来验证本方法精度优势。

表 4-3　弧形裂纹归一化后的应力强度因子

角度		5°	15°	25°	28°	35°	45°
本方法	M_{I}	1.017 60	1.008 59	1.015 50	1.023 01	1.014 67	1.012 47
	M_{II}	1.024 76	1.024 84	1.020 43	1.008 05	1.018 85	1.017 79
映射方法	M_{I}	1.017 41	1.009 83	1.014 53	1.021 44	1.019 25	1.009 58
	M_{II}	1.040 95	1.044 05	1.029 33	1.020 91	1.009 08	1.024 42

例 4-4　有限板中的扭结裂纹。

如图 4-10 所示,为一有限平板中的扭结裂纹。对于裂纹尖端 B,Kitagawa 等给出的参考解如下

$$K_{\text{I}}^{B} = F_{\text{I}}^{B}\sigma\sqrt{\pi a}\ ,K_{\text{II}}^{B} = F_{\text{II}}^{B}\sigma\sqrt{\pi a} \tag{4-19}$$

其中,F_{I}^{B} 和 K_{II}^{B} 取决于裂纹构型。对于不同的 b/a 和角度 θ,表 4-4 和表 4-5 列出了归一化后的 $M_{\text{I}} = K_{\text{I}}^{c}/K_{\text{I}}^{B}$ 和 $M_{\text{II}} = K_{\text{II}}^{c}/K_{\text{II}}^{B}$,$K_{\text{I}}^{c}$ 和 K_{II}^{c} 表示计算值。需要指出的是,当 $b/a>0.4$ 时,扭结点与裂纹尖端不包含在同一个物理片中,问题就大为简化。因此,表格中未给出 $b/a>0.4$ 时的结果。

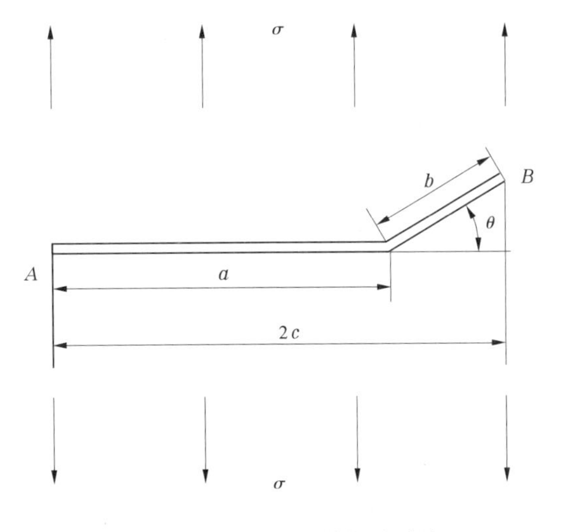

图 4-10　有限板中的扭结裂纹

当 $\theta \leqslant 45°$时,两种方法结果相似,但所提方法结果更接近于参考解。当 θ 增大到 $\theta=60°$时,所提方法结果依然接近于参考解;但映射方法结果产生了很大的误差,达到了 18%。这意味着映射算法仅适用于较为平缓的扭结裂纹。

表 4-4　映射方法得到的归一化后的应力强度因子

b/a	15°		30°		45°		60°	
	M_{I}	M_{II}	M_{I}	M_{II}	M_{I}	M_{II}	M_{I}	M_{II}
0. 1	1. 015 00	1. 029 15	1. 009 09	1. 036 25	0. 975 30	1. 023 87	0. 893 13	0. 997 3
0. 2	1. 003 23	1. 019 66	1. 000 36	1. 016 07	0. 971 96	1. 020 16	0. 824 43	1. 071 39
0. 4	1. 009 91	1. 002 33	1. 013 79	0. 996 72	1. 027 23	1. 015 13	1. 014 90	1. 029 20

表 4-5　所提方法得到的归一化后的应力强度因子

b/a	15°		30°		45°		60°	
	M_{I}	M_{II}	M_{I}	M_{II}	M_{I}	M_{II}	M_{I}	M_{II}
0. 1	1. 007 01	1. 010 42	1. 004 57	1. 018 00	1. 001 30	1. 019 08	0. 997 06	1. 013 85
0. 2	1. 008 23	1. 033 32	0. 995 77	1. 024 42	0. 995 61	1. 019 06	0. 987 87	1. 030 14
0. 4	1. 009 42	1. 001 95	1. 013 92	0. 996 94	1. 024 73	1. 014 37	1. 017 15	1. 029 85

4. 4　本章小结

NMM 对应用数值方法求解线弹性断裂力学问题中遇到的两个问题,给出了新的解答。

从标准四边形映射到真实三角形,将会使得雅可比行列式带有 r 因子,而这恰好消除了刚度矩阵积分时所产生的 $1/r$ 奇异性。在未损失精度的情况下,简化了应力强度因子的计算,并可容易地推广到三维边界元方法中。

通过本书所提的裂纹尖端极坐标系中角度参数的符号法则,无须将扭结裂纹映射为直线,不仅计算过程得以大为简化,而且还提高了精度。

第 5 章　数值流形方法在处理强奇异性问题时的网格无关性

5.1　引　言

Terada 和 Kurumatani 在有限覆盖方法(finite cover method, FCM)中加入广义单元,进行了网格依赖性研究,证实了 NMM(或 FCM)在处理弹性问题时不存在像 FEM 那么严重的网格依赖性问题,但只针对不含强奇异性的问题展开。

因此,针对强奇异性问题,如裂纹问题,通过旋转和移动数学网格,构造出裂纹与网格的各种不同相对位置关系以及一些可能对计算结果产生影响的极端情况,对 NMM 的网格依赖性进行了研究,由此揭示了 NMM 的另一个优良特性,即网格无关性。

5.2　奇异物理片的布置

裂纹扩展时,可能出现 3 种情况:①裂纹尖端刚好落在单元内部;②裂纹尖端落在单元边上;③裂纹尖端落在单元结点上。根据不同的情况,奇异物理片的布置如下:

图 5-1(a)中,裂纹尖端落在流形单元内部,所以只有 1 个奇异单元和 14 个混合单元;PP 1,2 和 3 表示奇异物理片。奇异单元由 PP 1,2 和 3 覆盖。混合流形单元至少有 1 个奇异片。

图 5-1(b)中,裂纹尖端刚好落在数学网格结点上,因此共有此结点的 6 个流形单元为奇异单元,周围 18 个为混合单元。PP 1、2_1、2_2、3、4、5、6 和 7 表示奇异片。奇异流形单元有 3 个奇异片,同样混合单元至少有 1 个奇异片。

图 5-1(c)中,裂纹尖端刚好落在数学网格边上。3 个流形单元共用它为结点,视为奇异单元,周围 16 个为混合单元。PP 1_1、1_2、2、3 和 4 表示奇异片。

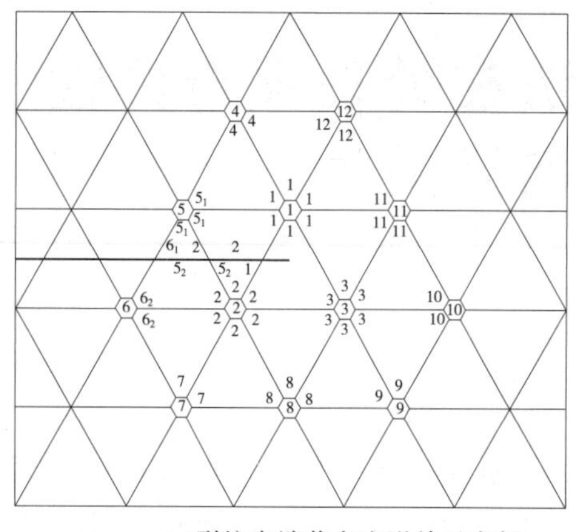

(a)裂纹尖端落在流形单元内部

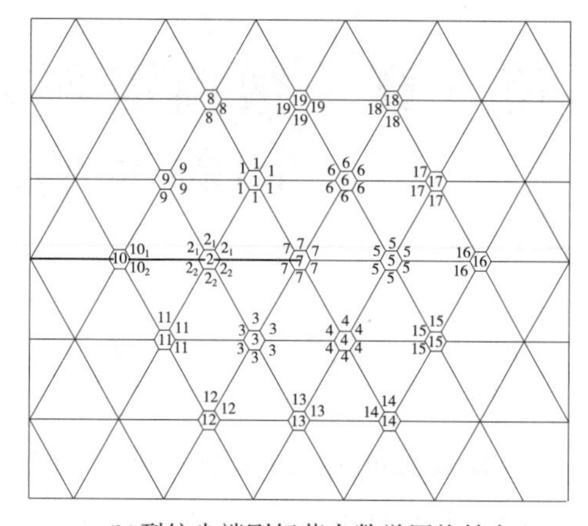

(b)裂纹尖端刚好落在数学网格结点上

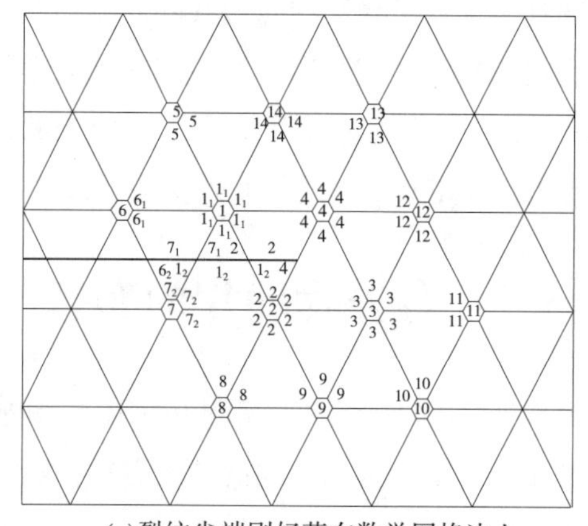

(c)裂纹尖端刚好落在数学网格边上

注:图中正六边形小区域中数字表示数学片编号;流形单元内部的数字表示物理片编号。

图 5-1　不同物理裂纹尖端位置布置方案

5.3　应力强度因子计算

经典的 J-积分是线积分,理论上来说应该是与路径无关的,但是由于数值积分的误差,观察到很多路径相关性。因此,通常选用面积分来代替线积分。J-积分定义为

$$J = -\int_{A_J} \left(W\delta_{1j} - \sigma_{ij} \frac{\partial u_i}{\partial x_1} \right) \frac{\partial q}{\partial x_j} \mathrm{d}A \tag{5-1}$$

式中,σ_{ij} 为应力;u_i 为第 i 个位移分量; x_j 为定义在裂纹尖端的局部坐标系;W 为应变能密度:

$$W = \frac{1}{2}\sigma_{ij}c_{ijkl}\varepsilon_{kl} \tag{5-2}$$

q 为定义在 A_J 上的足够光滑的权函数,NMM 中 A_J 和 q 的构造如图 5-2 所示。面积路径 A_J 由圆形线路径通过的流形元区域组成。如果流形元的节点在圆内部,q_i 定义为 1,否则

为0。A_J 内任意点 x 上的函数 $q(x)$ 可由一个简单的插值表示为

$$q(x) = \sum_{i=1}^{n} N_i(x) q_i \tag{5-3}$$

式中,n 为含 x 点的流形单元的节点数;$N_i(x)$ 为该单元的形函数。

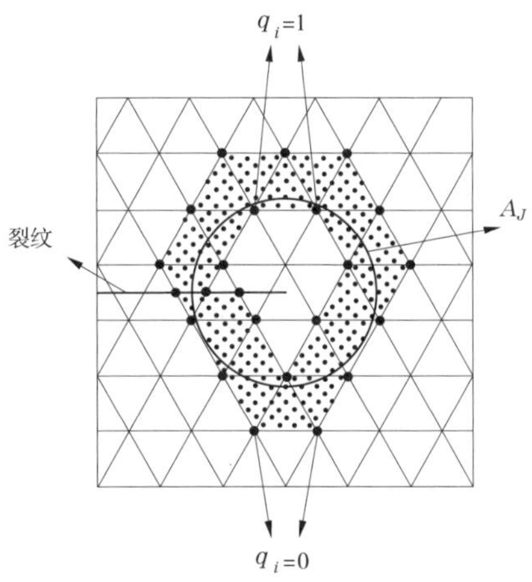

图5-2　J-积分的面积路径以及 q 的定义

对于纯Ⅰ型或纯Ⅱ型,应力强度因子和 J-积分的关系为

$$J = \frac{K_{\mathrm{I}}^2}{E'} \text{ 或 } J = \frac{K_{\mathrm{II}}^2}{E'} \tag{5-4}$$

其中,$E' = \begin{cases} E & \text{(平面应力)} \\ \dfrac{E}{1-\nu^2} & \text{(平面应变)} \end{cases}$,$E$ 和 ν 分别为杨氏模量和泊松比。

对于混合型裂纹,采用交互积分方法。采用裂纹体的两种状态来评估耦合区域的应力强度因子 K_{I} 和 K_{II}。一个是真实状态,场变量为($\sigma_{ij}^{(\mathrm{real})}$,$\varepsilon_{ij}^{(\mathrm{real})}$,$u_i^{(\mathrm{real})}$);另外一个是辅助状态,场变量为($\sigma_{ij}^{(\mathrm{aux})}$,$\varepsilon_{ij}^{(\mathrm{aux})}$,$u_i^{(\mathrm{aux})}$)。

应力强度因子计算中存在两种辅助状态aux-Ⅰ和aux-Ⅱ:

aux-Ⅰ:$K_{\mathrm{I}}^{(\mathrm{aux})}=1$,$K_{\mathrm{II}}^{(\mathrm{aux})}=0$　当纯Ⅰ型选为辅助状态时;

aux-Ⅱ:$K_{\mathrm{I}}^{(\mathrm{aux})}=0$,$K_{\mathrm{II}}^{(\mathrm{aux})}=1$　当纯Ⅱ型选用辅助状态时。

辅助场的应力和位移可以统一写为

$$\sigma_{11}^{(\mathrm{aux})} = \frac{K_{\mathrm{I}}^{(\mathrm{aux})}}{\sqrt{2\pi r}}\cos\frac{\theta}{2}\left(1 - \sin\frac{\theta}{2}\sin\frac{3\theta}{2}\right) - \frac{K_{\mathrm{II}}^{(\mathrm{aux})}}{\sqrt{2\pi r}}\sin\frac{\theta}{2}\left(2 + \cos\frac{\theta}{2}\cos\frac{3\theta}{2}\right) \tag{5-5}$$

$$\sigma_{22}^{(\mathrm{aux})} = \frac{K_{\mathrm{I}}^{(\mathrm{aux})}}{\sqrt{2\pi r}}\cos\frac{\theta}{2}\left(1 + \sin\frac{\theta}{2}\sin\frac{3\theta}{2}\right) + \frac{K_{\mathrm{II}}^{(\mathrm{aux})}}{\sqrt{2\pi r}}\cos\frac{\theta}{2}\sin\frac{\theta}{2}\cos\frac{3\theta}{2} \tag{5-6}$$

$$\sigma_{12}^{(\mathrm{aux})} = \frac{K_{\mathrm{I}}^{(\mathrm{aux})}}{\sqrt{2\pi r}}\cos\frac{\theta}{2}\sin\frac{\theta}{2}\cos\frac{3\theta}{2} + \frac{K_{\mathrm{II}}^{(\mathrm{aux})}}{\sqrt{2\pi r}}\cos\frac{\theta}{2}\left(1 - \sin\frac{\theta}{2}\sin\frac{3\theta}{2}\right) \tag{5-7}$$

$$\sigma_{12}^{(\mathrm{aux})} = \sigma_{21}^{(\mathrm{aux})} \tag{5-8}$$

$$u_1^{(\mathrm{aux})}=\frac{K_{\mathrm{I}}^{(\mathrm{aux})}(1+\nu)\sqrt{r}}{E\sqrt{2\pi}}\cos\frac{\theta}{2}(\kappa-\cos\theta)+\frac{K_{\mathrm{II}}^{(\mathrm{aux})}(1+\nu)\sqrt{r}}{E\sqrt{2\pi}}\sin\frac{\theta}{2}(\kappa+2+\cos\theta) \tag{5-9}$$

$$u_2^{(\mathrm{aux})}=\frac{K_{\mathrm{I}}^{(\mathrm{aux})}(1+\nu)\sqrt{r}}{E\sqrt{2\pi}}\sin\frac{\theta}{2}(\kappa-\cos\theta)-\frac{K_{\mathrm{II}}^{(\mathrm{aux})}(1+\nu)\sqrt{r}}{E\sqrt{2\pi}}\cos\frac{\theta}{2}(\kappa-2+\cos\theta) \tag{5-10}$$

其中,κ 定义为

$$\kappa=\begin{cases}\dfrac{3-\nu}{1+\nu} & (\text{平面应力})\\ 3-4\nu & (\text{平面应变})\end{cases}$$

根据叠加原理以及线路径到面积路径的转换方法,交互积分的面积分表达式为

$$I^{(\mathrm{real,aux})}=-\int_{A_J}\left[W^{(\mathrm{real,aux})}\delta_{1j}-\sigma_{ij}^{(\mathrm{real})}\frac{\partial u_i^{(\mathrm{aux})}}{\partial x_1}-\sigma_{ij}^{(\mathrm{aux})}\frac{\partial u_i^{(\mathrm{real})}}{\partial x_1}\right]\frac{\partial q}{\partial x_j}\mathrm{d}A \tag{5-11}$$

其中,$W^{(\mathrm{real,aux})}$ 表示交互应变能

$$W^{(\mathrm{real,aux})}=\sigma_{ij}^{(\mathrm{real})}\varepsilon_{ij}^{(\mathrm{aux})}=\sigma_{ij}^{(\mathrm{aux})}\varepsilon_{ij}^{(\mathrm{real})} \tag{5-12}$$

应力强度因子和交互积分之间的关系为

$$K_{\mathrm{I}}=\frac{1}{2}E'I^{(\mathrm{real,aux-I})} \tag{5-13}$$

$$K_{\mathrm{II}}=\frac{1}{2}E'I^{(\mathrm{real,aux-II})} \tag{5-14}$$

需要注意,所有真实状态的变量都要转换到定义在裂纹尖端的局部坐标系下。

5.4　算　例

5.4.1　网格依赖性测试方法

基于第 2 章式(2-14)建立的 NMM 体系,本节分别从网格密度和裂纹与数学网格的相对位置关系两个方面对 NMM 的网格依赖性进行测试。

5.4.1.1　网格密度对应力强度因子的影响

对于高阶的改进的 NMM,需要测试不同网格密度对应力强度因子的影响。

5.4.1.2　裂纹尖端与数学网格相对位置对应力强度因子的影响

裂纹扩展时,裂纹与数学网格的相对位置关系将会呈现出各种不同的情况。对同一个裂纹,通过旋转和移动数学网格(见图 5-3),来构造出各种不同的相对位置关系并测试其网格依赖性。数学覆盖的旋转范围为 0°~162°,以 18°为间隔。旋转过程中,构造了各种极端的情况,比如裂纹尖端距离数学网格结点或者边非常地近。

5.4.2　顶部受拉单边裂纹

该算例各种参数设置均同第 2 章。

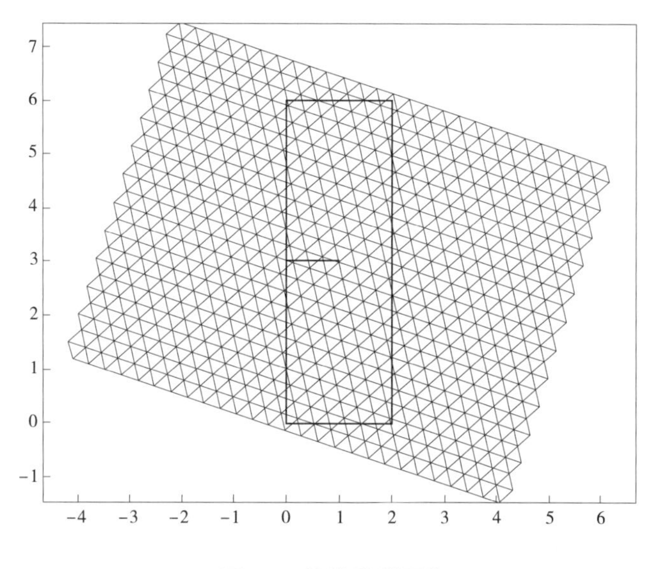

图5-3　旋转数学覆盖

5.4.2.1　网格密度的影响

如图5-4所示,应力强度因子随着自由度的增加在波动,波动范围仅为0.5%,这表明对于高阶NMM来说,当网格达到一定密度后,进一步加密对应力强度因子的影响并不大。同样可见,在很低的自由度下,已经达到了相当高的计算精度,比0阶NMM计算结果要好得多,收敛速度同样快得多。

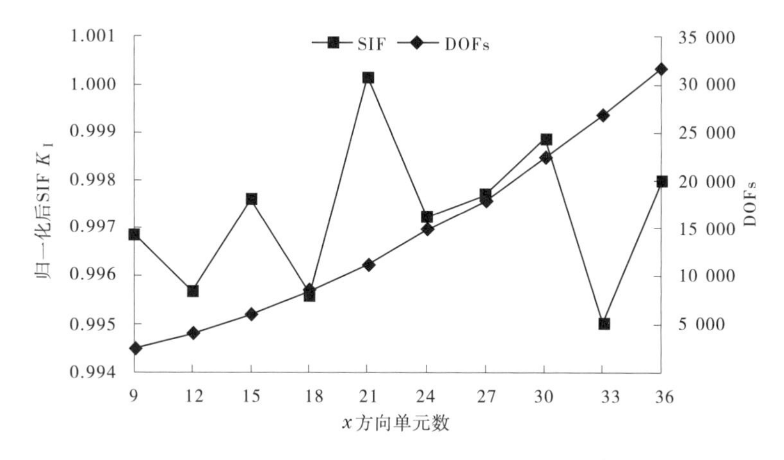

图5-4　归一化后的应力强度因子 K_{I} 随着网格密度的变化

5.4.2.2　相对位置的影响

1. 裂纹尖端在单元内部

如图5-5所示,当裂纹尖端落在单元内部时,旋转过程中,构造各种不同的情况:a1、a4、a7和a10表示裂纹尖端在单元内部,但既不很靠近结点也不很靠近边;a2、a5和a8表示裂纹尖端离边很近;a3、a6和a9表示裂纹尖端很靠近结点。

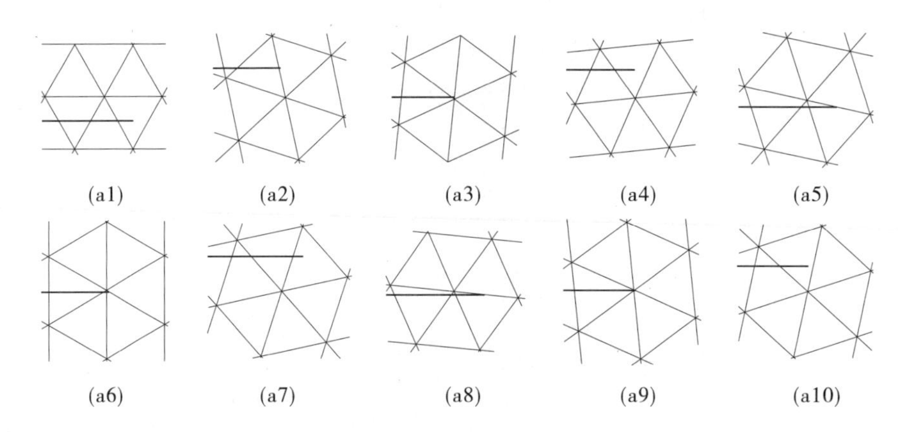

图 5-5　裂纹尖端落在单元内部时所构造的各种不同情况

2. 裂纹尖端落在单元边上

如图 5-6 所示，当裂纹尖端落在单元边上时，在旋转过程中，同样构造各种不同的情况：b1、b3、b5、b7 和 b9 表示裂纹尖端在单元边上，但不是很靠近结点；b2、b4、b6、b8 和 b10 表示裂纹尖端不仅在边上而且非常靠近结点。

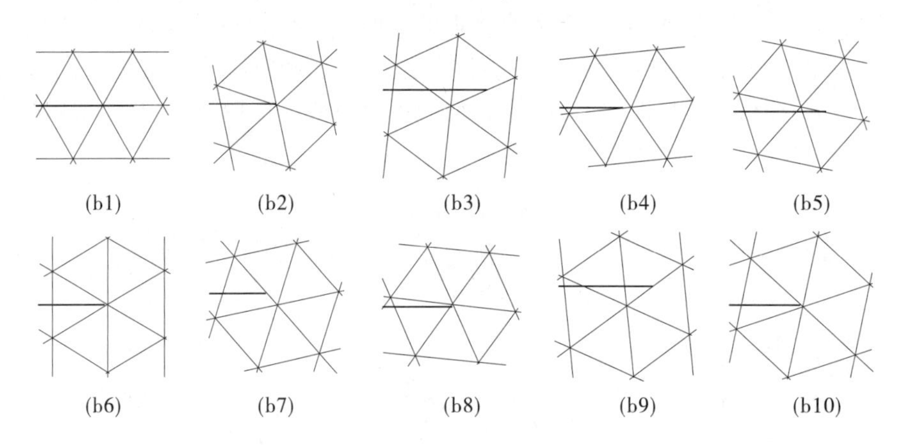

图 5-6　裂纹尖端落在单边边上时所构造的各种不同情况

3. 裂纹尖端落在单元的结点上

这种情况下，裂纹尖端正好落在单元结点上，旋转过程中无须构造其他情况。

(1) 如图 5-7 所示，应力强度因子 K_{I} 非常接近解析解，即便在各种极端情况下，最大误差也仅在 0.8% 以内。波动的原因可能与边界条件、流形单元形状等有关，是可接受的。

(2) 对于 3 种情况，结果表示 case1>case2>case3，这可能是由不同的奇异覆盖布置所引起，意味着第 2 种和第 3 种情况下，奇异性稍微加强了一些。结果同样表明了奇异覆盖布置的合理性。

(3) 结果显示了非常小的网格依赖性。

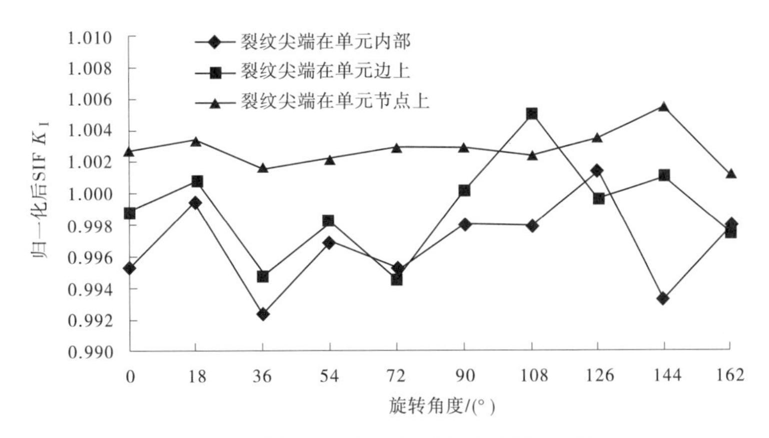

图 5-7　3 种情况下归一化后的应力强度因子 K_{I}

5.4.3　受剪单边裂纹

算例参数设置同第 2 章。

5.4.3.1　网格密度的影响

归一化后的应力强度因子 K_{I} 和 K_{II} 随着网格密度的变化，如图 5-8 所示。同样观测到了波动性，但波动范围对二者来说同样在 0.8%以内。可认为当网格达到一定密度后，进一步加密对应力强度因子的影响并不明显。

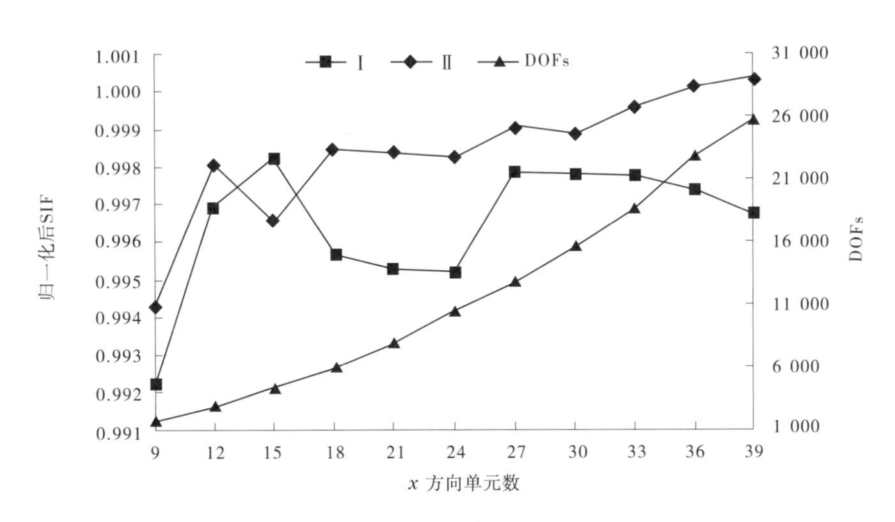

图 5-8　归一化后应力强度因子 K_{I} 和 K_{II} 随着网格密度变化

5.4.3.2　相对位置关系的影响

同 5.4.2 小节所述，在数学覆盖旋转过程中，针对 3 种情况，依然构造了各种不同的极端情况。如图 5-9 所示为混合型裂纹在数学覆盖旋转过程中的应力强度因子变化。对于第 1 种情况波动相对平缓，而对于第 2 种和第 3 种情况，波动稍微大一些。但是相对误

差仍在 0.8%以内。同样观测到了极小的网格依赖性。

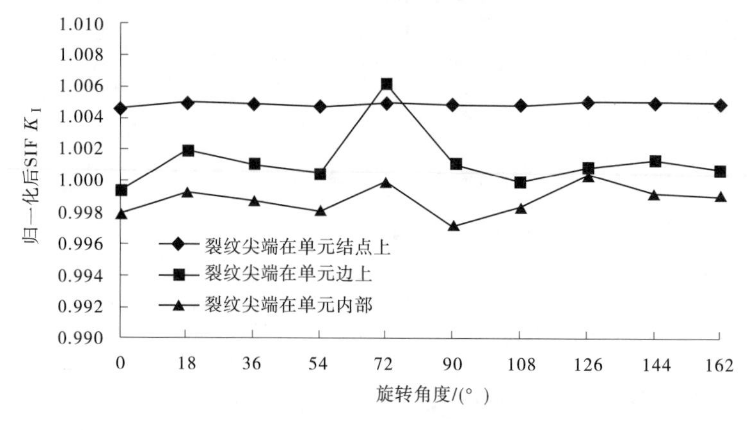

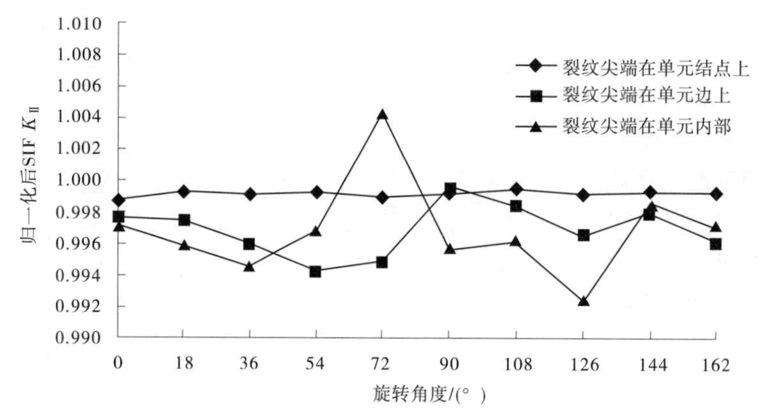

图 5-9　3 种情况下旋转过程中归一化后 K_{I} 和 K_{II} 变化

5.4.4　受拉作用下孔边斜裂纹

算例参数设置同第 2 章。

5.4.4.1　网格密度的影响

如图 5-10 所示,两个裂纹尖端的 K_{I} 或 K_{II} 表示了相同的变化趋势。右侧裂纹尖端的结果稍好于左侧。随着自由度的增加,K_{II} 的变化较 K_{I} 要更为平滑。虽然有些波动,但是波动范围极小,依然表现出了很好的网格无关性。

5.4.4.2　相对位置关系的影响

在此对右侧裂纹进行同 5.4.2 小节和 5.4.3 小节的操作。相对位置关系对应力强度因子的影响如图 5-11 所示。

由图 5-11 可知,相对误差仅在 0.6%以内,表明了网格的无关性。

对于扩展有限元,当不连续面两侧的面积或体积比非常大时,切割出来的单元矩阵是病态的,对网格表现出了极大的依赖性,这是引入的阶跃函数导致的。

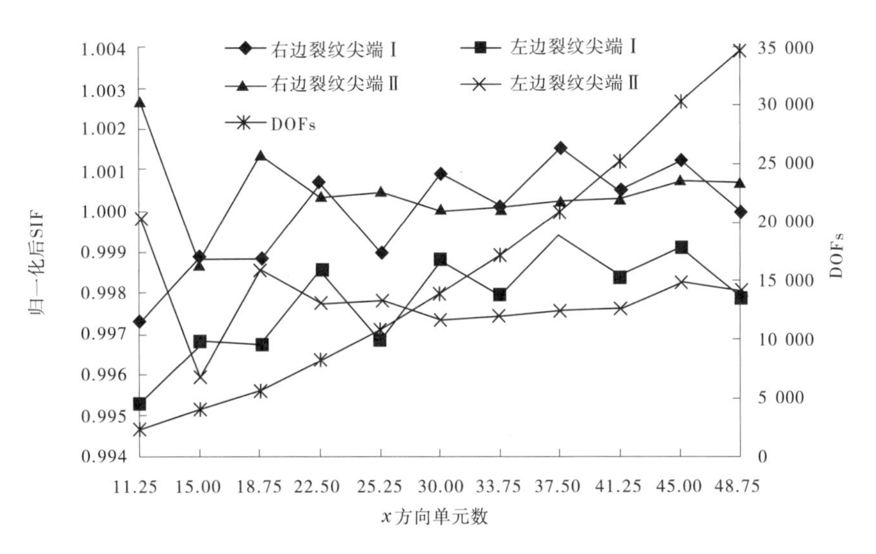

图 5-10　不同网格密度下归一化后的应力强度因子变化

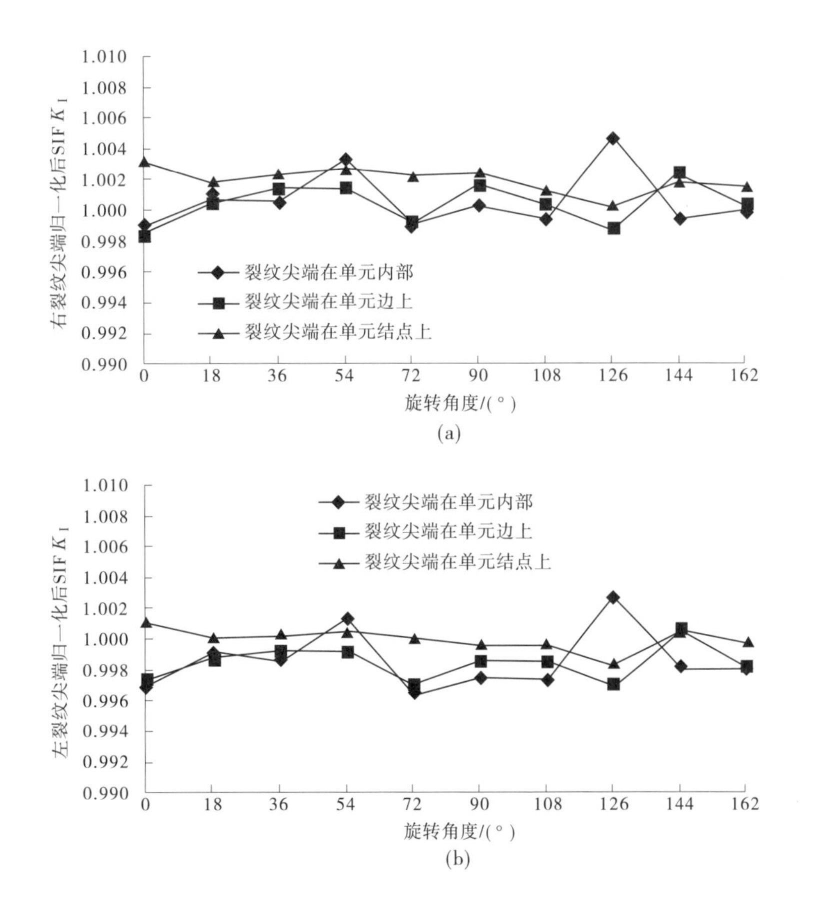

图 5-11　3 种情况下旋转过程中归一化后 K_{I} 和 K_{II} 的变化

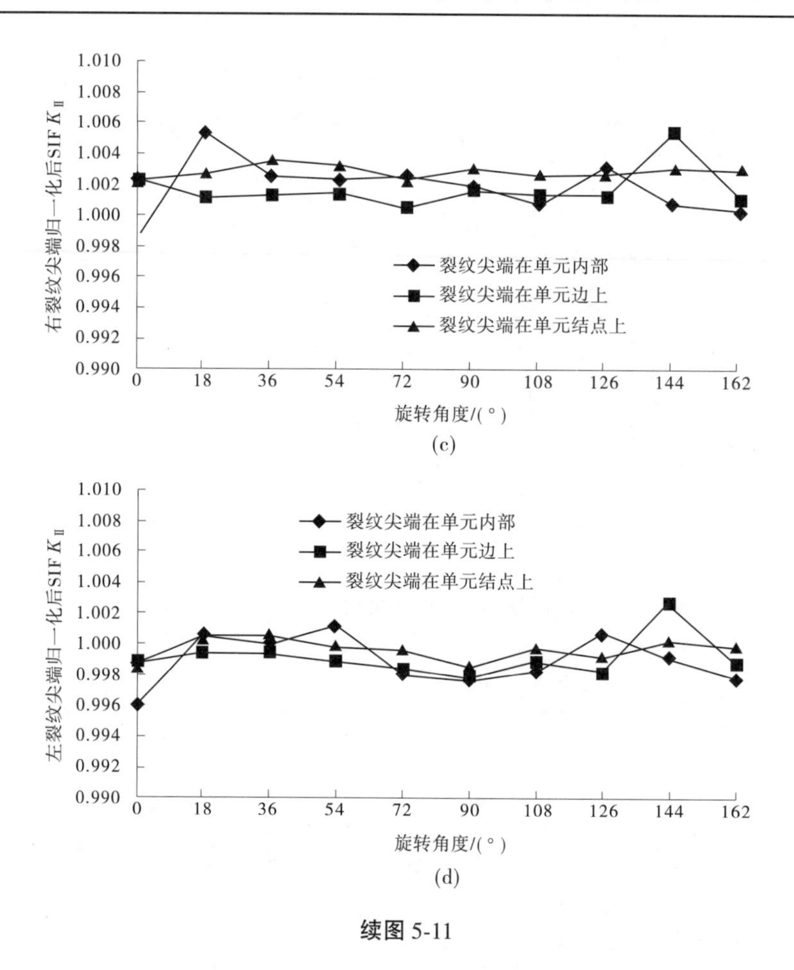

续图 5-11

在作者看来,XFEM 中被切割单元实际上变为一个复合单元,该单元上的传统自由度与扩充自由度纠缠不清,而这就是导致 XFEM 刚度矩阵病态的原因。例如,被切割单元的刚度矩阵采用如下形式

$$\begin{bmatrix} \boldsymbol{K}_{cc} & \boldsymbol{K}_{ci} \\ \boldsymbol{K}_{ic} & \boldsymbol{K}_{ii} \end{bmatrix}$$

其中,下标"c"对应于常规自由度;而"i"对应于扩充自由度。A 表示单元面积,A_b 表示被切割单元中较大的面积,而 A_s 表示较小的面积,$\boldsymbol{K}_{cc}$ 正比于面积 A,$\boldsymbol{K}_{ii}$ 的一部分正比于 A_b,且剩下的那部分正比于 A_s。若 $A_s \ll A_b$,那么有些 $\boldsymbol{K}_{ii}$ 将会远大于其他 $\boldsymbol{K}_{ii}$,这就导致了被切割单元刚度矩阵的病态。

然而,在 NMM 中,被切割单元分成了两个独立的流形单元,而且两个单元的自由度是完全不相干的,这就避免了刚度矩阵病态的情况。

5.5　本章小结

应用改进的高阶 NMM 来处理二维弹性裂纹问题。与零阶相比,一阶位移覆盖函数即便在更低的自由度下也达到了同样高的计算精度。同样对网格密度表现出了极小的依赖性,当然网格密度首先要达到某一合适的密度,这个密度较之零阶不会太大。对同样的裂纹,通过移动和旋转数学覆盖,构造出不同的裂纹与数学网格的相对位置关系,测试了另外一种网格依赖性。结果显示了同样的网格无关性。研究表明,NMM 即使在处理强奇异性问题时依然有着很好的网格无关性,进一步表明它在模拟裂纹扩展问题时的鲁棒性。因此,对于裂纹扩展问题的模拟,NMM 将是一个很好的选择。

第6章 基于数值流形方法的多裂纹扩展

6.1 引言

对工程材料在外载作用下的破坏过程预测,包括裂纹的萌生、扩展及交割等,一直以来备受研究者们的关注。鉴于NMM在模拟裂纹问题方面的优势,本章将其应用于模拟材料体由连续到非连续的变化过程。首先从简单的单裂纹扩展入手,进而转入复杂的多裂纹扩展问题中,最后进行简单的工程应用。

6.2 单裂纹扩展模拟

6.2.1 物理覆盖生成算法

对含裂纹的缺陷体,NMM前处理确定了初始裂纹存在时的流形单元、物理覆盖以及它与插值点间的相互对应关系。裂纹未扩展时,即便运动较大,这种对应关系也不会发生改变。但当达到材料破坏强度、裂纹扩展时,这种对应关系即要发生改变,就可用下列算法来确定新的流形单元及物理覆盖。

(1)对于初始流形单元系统,记录哪些流形单元的顶点由初始裂纹通过:若通过,PTBJ[n]=1,否则PTBJ[n]=0。其中,n表示整个流形单元系统的第n个顶点。

(2)找出每个物理片是由哪些流形单元组成的:若每个流形单元中都包含同一个物理片,那么此物理片必由这几个流形单元组成。

如图6-1所示,多边形内部表示物理片编号,外部表示数学网格结点编号;流形单元E1~E6中的物理片均包含7#,那么7#物理片由E1~E6组成;同理,8#物理片由单元E7~E9组成。

(3)找出扩展裂纹所通过的流形单元。

(4)扩展裂纹与流形单元切割,形成新的流形单元,同样如(1)用数组PTBJ来记录新生成的流形单元顶点是否由节理通过。新生成单元在原单元总数基础上依次向后编号,单元顶点同样也在原单元顶点总数基础上依次往后编号。

(5)对于新生成的流形单元系统,找出每个原物理片所覆盖到的流形单元:将被切割的原流形单元用新生成的流形单元代替。

(6)对原来的物理覆盖,通过是否共边且该边是否有节理通过来逐个判断是否有新的物理片生成。

如图6-2(a)所示,裂纹尖端停留在单元边界上,E1和E2共边且该边无节理通过;其他单元相互之间均满足共边且为非节理边;因此整个物理片仍是一个整体,未被切割成新

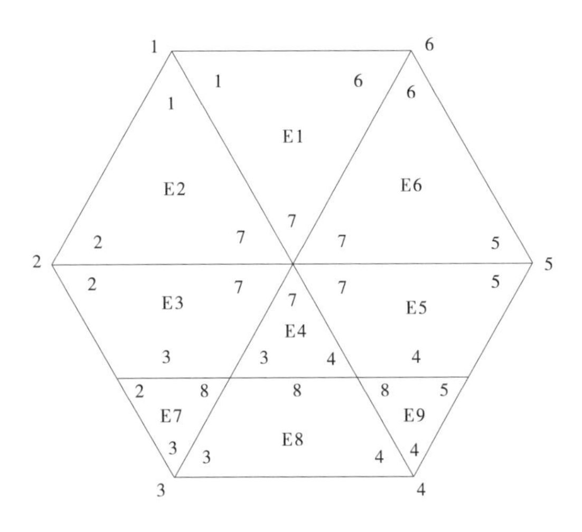

图 6-1　物理片编号

的物理片；有无节理通过用数组 PTBJ 来判断。

如图 6-2(b)所示，首先单元 E5 破裂为 E9 和 E10 两个新的流形单元；E1、E2、E3、E4、E6 和 E9 相互之间满足共边且为非节理边，它们形成一个新的物理片；E7、E8 和 E10 相互之间满足共边且该边无节理通过，因此它们形成另一个新的物理片。

如图 6-2(c)和图 6-2(d)所示，对于裂纹尖端停留在单元内部的情况，也同样按照上述方法确定。

若产生了新的物理片，则在原物理片总数基础上依次往后编号；很容易得知新生成的物理片包含哪些流形单元。至此已获知新的物理覆盖下每个物理片所包含的流形单元。

(7)根据(6)可以很容易地找出每个流形单元所对应的物理片。

(8)将被裂纹穿过的流形单元去除，并对流形单元、流形单元顶点、PTBJ 数组等重新编号。

6.2.2　算例验证

如图 6-3 所示为含单边裂纹的三角形板，顶部顶点处受与水平方向成 45°的拉力 F 作用，底部左右两个顶点固定约束。

如图 6-4 所示为初始时步物理覆盖及其所对应的插值点。其中，单元内部为其所对应的物理片编号，三角形网格结点上的数字为物理片所对应插值点编号。图 6-5 为小变形裂纹扩展后的物理覆盖及其所对应的插值点，显然 17 号与 22 号物理片均被切割为两个新的物理片，18 号与 23 号物理片未被完全切割，所以仍然为一个物理片。

大变形情况下，初始裂纹在拉力作用下张开，物理覆盖如图 6-6 所示。裂纹扩展后的物理覆盖如图 6-7 所示，可见构型发生了大运动，而依然生成了正确的物理覆盖。

6.2.3　单裂纹扩展数值试验

下面将上述算法应用于几种常见的单裂纹扩展数值算例中，其中裂纹尖端的应力强

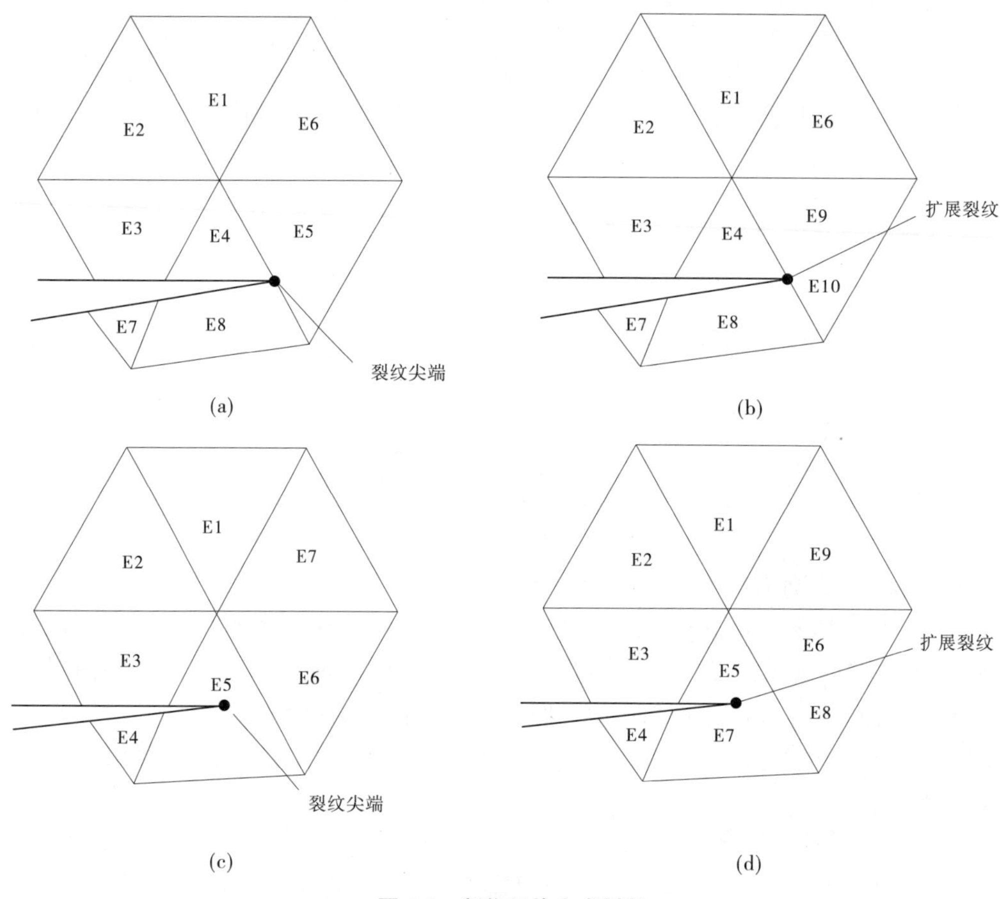

图 6-2　新物理片生成判断

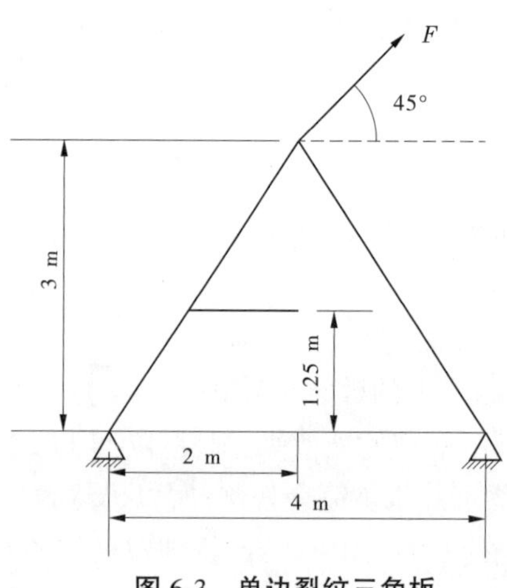

图 6-3　单边裂纹三角板

度因子计算均采用第 5 章讲述的交互积分法，并以最大周向应力准则(maximum circumferential stress criterion, MCS)来判断裂纹的扩展方向。

在裂纹扩展模拟过程中，通过试算来调整荷载乘子，使得每个时步材料体均处于平衡

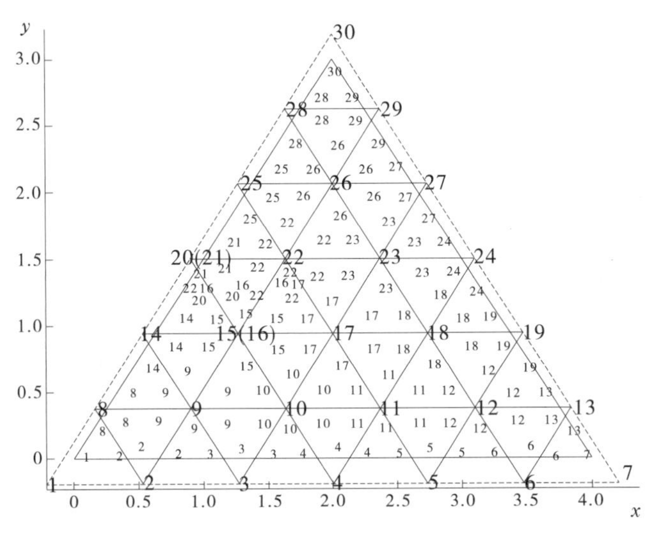

图 6-4　初始时步物理覆盖及其所对应的插值点

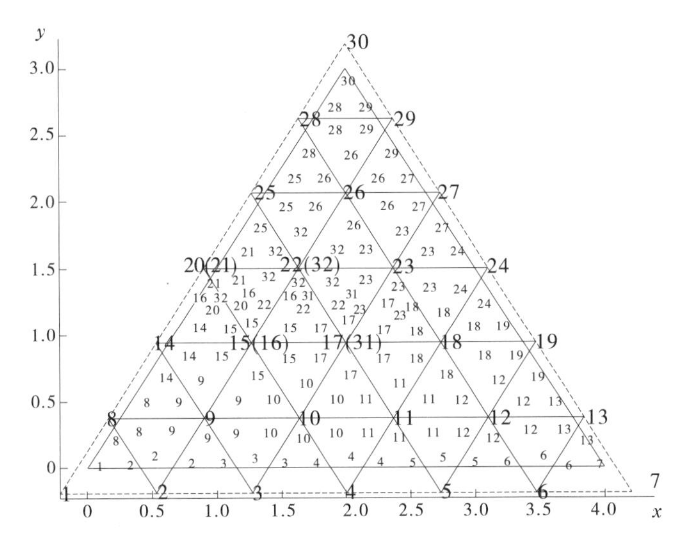

图 6-5　小变形裂纹扩展后的物理覆盖及其所对应的插值点

状态,即等效应力强度因子等于材料的断裂韧度。这遵循了最基本的力学机制。

6.2.3.1　顶部受剪单边裂纹扩展

如图 6-8 所示,含单边裂纹平板顶部受剪切荷载作用,底端固定约束。平面应变问题中,弹性模量 $E=3\times10^7$ N/cm^2,泊松比 $\nu=0.25$,$a=3.5$ cm,$H=8$ cm,$W=7$ cm。该算例由 Rao 和 Rahman 利用有限元-无网格耦合方法进行了模拟。

在小变形模拟时,顶部施加分布荷载为 1 N/cm^2,总合力为 7 N,裂纹扩展长度为 0.1 cm,断裂韧度 $K_{IC}=30$ N · cm$^{-3/2}$。

在大变形模拟时,顶部施加分布荷载增大为 3 000 N/cm^2,总合力为 21 kN,断裂韧度设为 1×10^5 N · cm$^{-3/2}$。

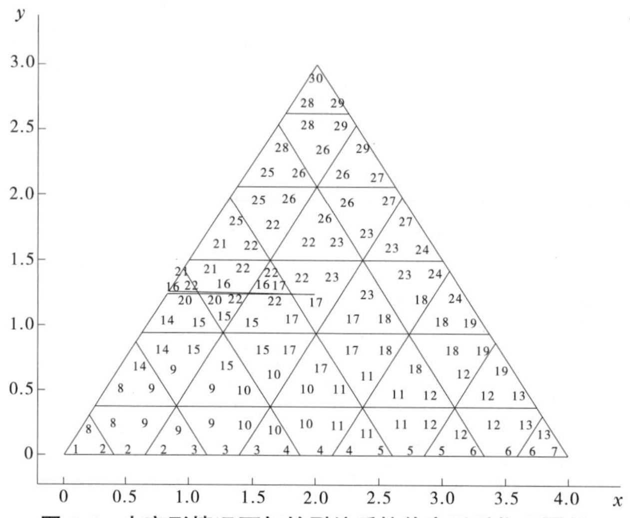

图 6-6　大变形情况下初始裂纹受拉伸变形后物理覆盖

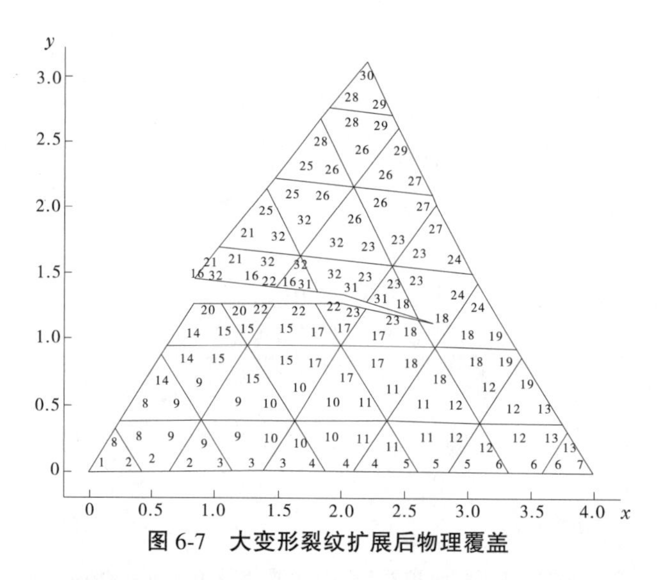

图 6-7　大变形裂纹扩展后物理覆盖

小变形情况下,初始时步计算得到裂纹应力强度因子:$K_{\mathrm{I}}=34.0841$,$K_{\mathrm{II}}=4.5576$,这与解析解 $K_{\mathrm{I}}=34.0$,$K_{\mathrm{II}}=4.55$ 的误差分别为 0.25%和 0.17%。裂纹扩展路径与文献[265]是一致的,如图 6-9 所示。随着裂纹不断扩张,荷载乘子 λ 越来越小,表明抵抗破坏的能力越来越弱,为维持平衡需更小的荷载即可让其继续破坏下去,如图 6-10 所示。

大运动情况下的裂纹扩展路径如图 6-11 所示,在增大剪切荷载的过程中,裂纹将张开一定距离,初始构型本身发生了大的变形,裂纹扩展路径的预测将比小变形情况下复杂得多。

由图 6-12 可见,初始时步裂纹尖端落在单元内部。其他基于 NMM 的模拟中,为了简化,仅将裂纹尖端停留在单元边上;有些数值方法则将裂纹尖端作为一个单元节点,局部加密网格,使得前处理复杂化。然而,图 6-12 中所示模型即为真实构型,而非简单地利用奇异函数来体现停留在单元内部的这段裂纹,也即每步更新后的构型中均包含停留在单元内部的这一小段裂纹,形成一个完整的环路。

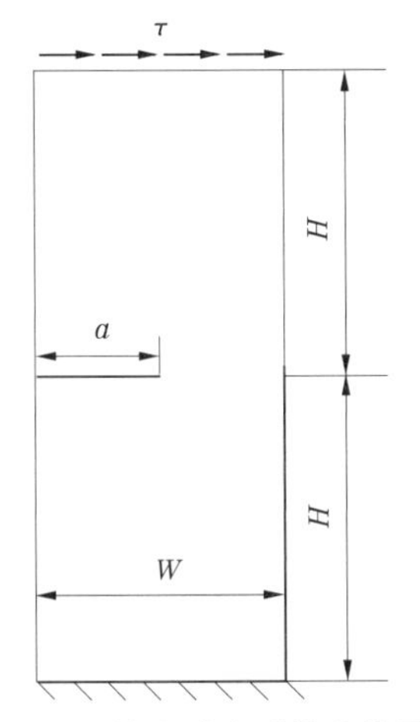

图6-8　单边裂纹受剪力作用

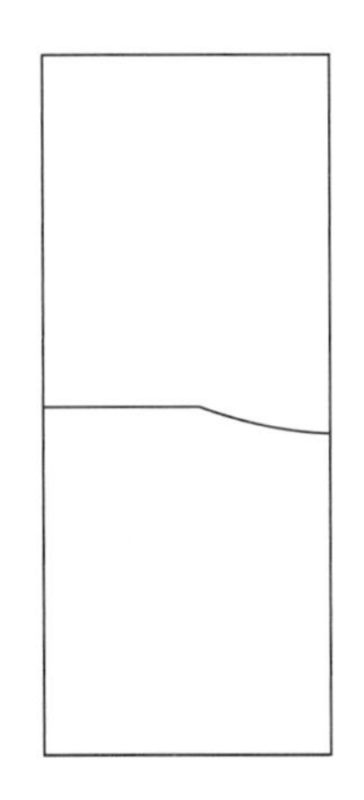

图6-9　小变形情况下裂纹扩展路径

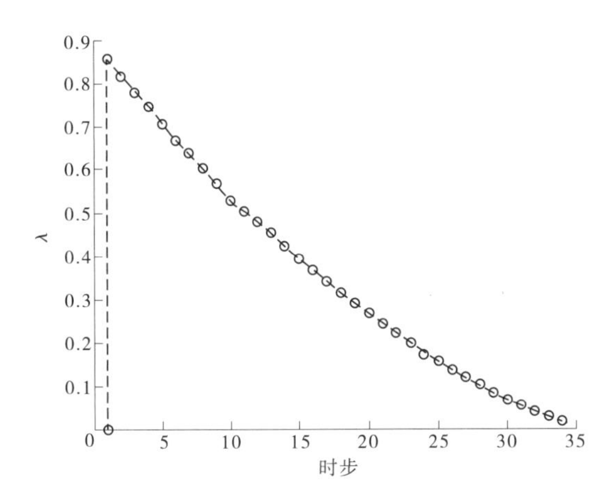

图6-10　裂纹扩展过程中荷载乘子变化曲线

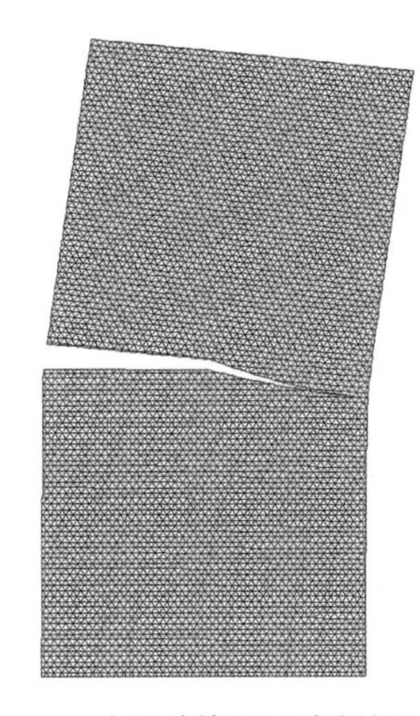

图6-11　大运动情况下裂纹扩展路径

如图6-13所示，同样小变形情况下，在裂纹扩展的任意时步，裂纹尖端可以随意地停留在单元的任何位置。

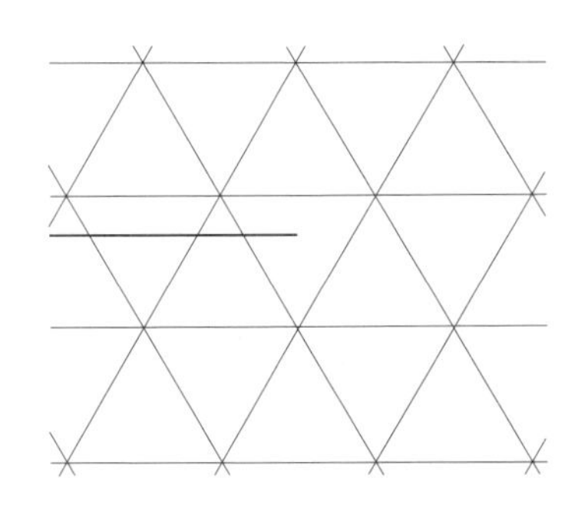

图6-12　初始裂纹尖端停留在单元内部

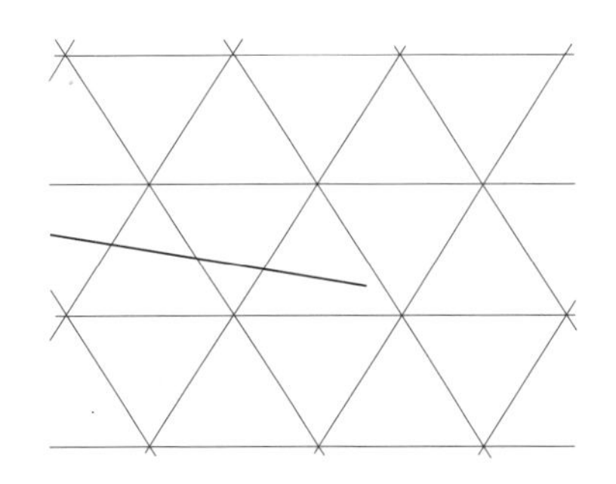

图6-13　小变形某时步裂纹尖端停在单元内部

如图6-14所示，大运动情况下，单元自身也可以开裂。较之扩展后在裂纹尖端附近加密网格的数值方法来说,前处理相对简单得多。

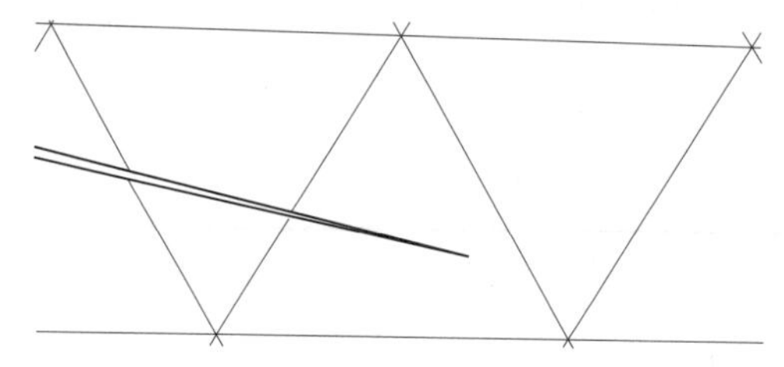

图 6-14 大变形情况下单元自身的开裂

6.2.3.2 PMMA 单边裂纹板

第 2 个算例为 PMMA 单边裂纹板,如图 6-15 所示,此算例由 Swenson 和 Kaushik 使用“remove-rebuild”的过程进行了模拟。尺寸大小为:$a=4$ mm,$c=5$ mm,$w=30$ mm,$h=45$ mm。裂纹距离左侧边界的距离为 d,d 分别设为 6 mm、10 mm、14 mm,以此来研究其对扩展路径的影响。平面应变问题,弹性模量 $E=3.86$ GPa,$\nu=0.31$。

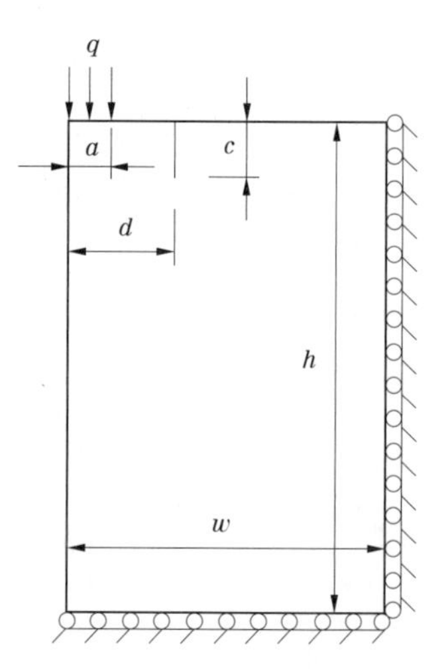

图 6-15 PMMA 单边裂纹板

小变形模拟时,施加分布荷载大小均为 $q=90$ Pa,总合力为 0.36 N。扩展长度分别为 1.37 mm、1.9 mm 和 1.19 mm,断裂韧度设为 $K_{\mathrm{IC}}=1\ \mathrm{Pa\cdot m^{1/2}}$。

大变形模拟时,断裂韧度均设为 $K_{\mathrm{IC}}=1\times10^5\ \mathrm{Pa\cdot m^{1/2}}$。施加荷载大小 q 分别为 5×10^6 Pa、3×10^6 Pa 和 5×10^6 Pa,总合力分别为 20 kN、12 kN 和 20 kN。

(1) $d=6$ mm 时裂纹扩展路径。$d=6$ mm 时,小、大变形裂纹扩展路径预测见图 6-16、图 6-17,裂纹扩展过程中荷载乘子变化曲线见图 6-18。

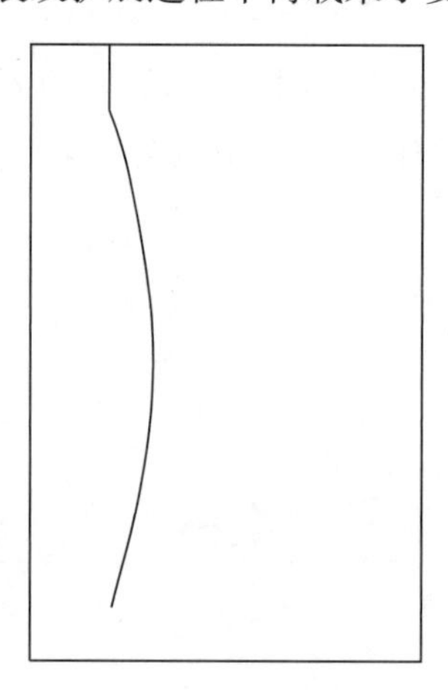

图 6-16 小变形裂纹扩展路径预测($d=6$ mm)

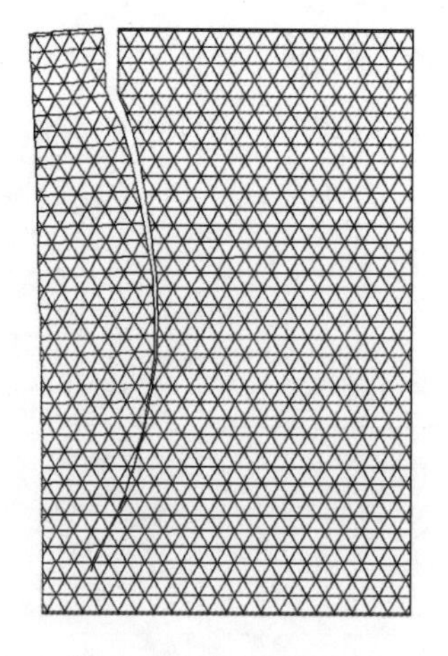

图 6-17 大变形裂纹扩展路径预测($d=6$ mm)

(2) $d=10$ mm 时裂纹扩展路径。$d=10$ mm 时,小、大变形裂纹扩展路径预测见图 6-19、图 6-20,裂纹扩展过程中荷载乘子变化曲线见图 6-21。

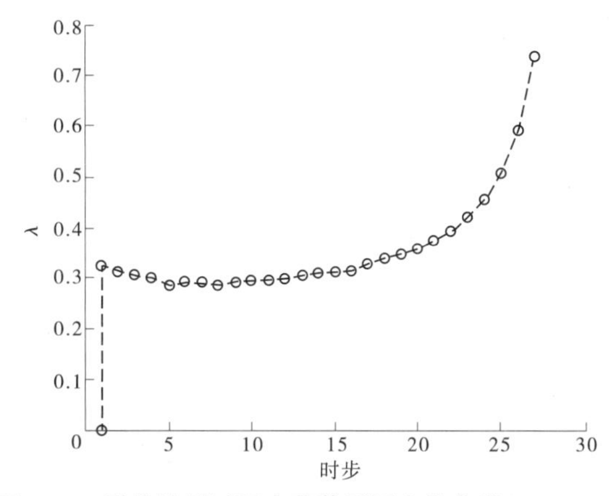

图 6-18 裂纹扩展过程中荷载乘子变化曲线(d=6 mm)

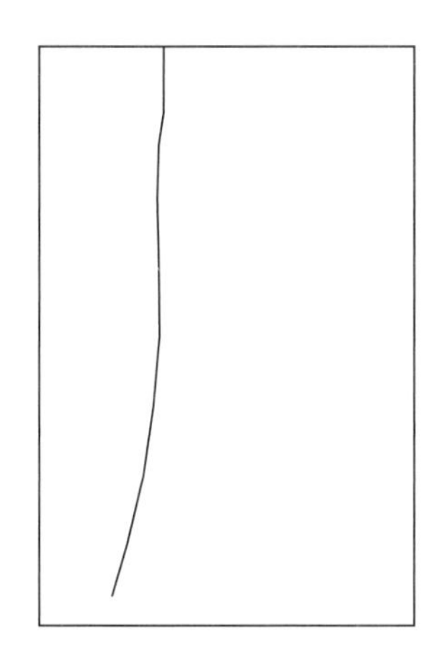

图 6-19 小变形裂纹扩展路径预测(d=10 mm)

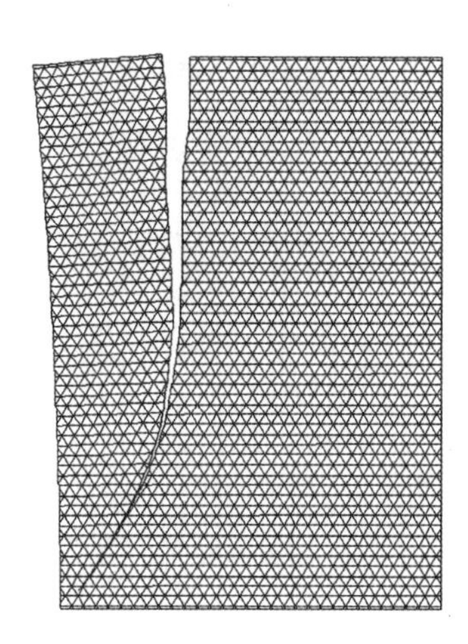

图 6-20 大变形裂纹扩展路径预测(d=10 mm)

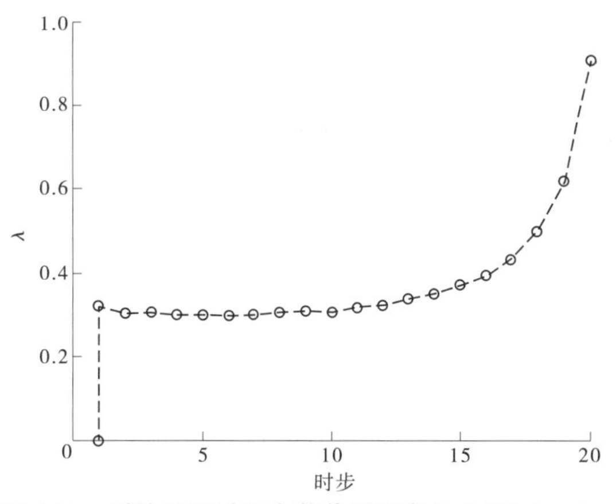

图 6-21 裂纹扩展过程中荷载乘子变化曲线(d=10 mm)

(3)d = 14 mm 时裂纹扩展路径。d = 14 mm 时,小、大变形裂纹扩展路径预测见

图 6-22、图 6-23，裂纹扩展过程中荷载乘子变化曲线见图 6-24。

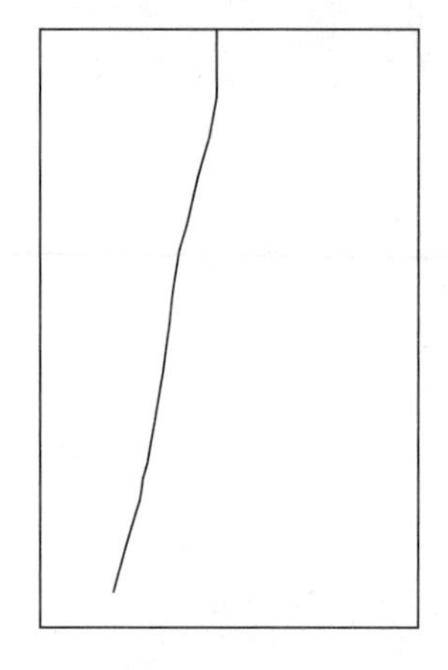

图 6-22　小变形裂纹扩展路径预测（d= 14 mm）

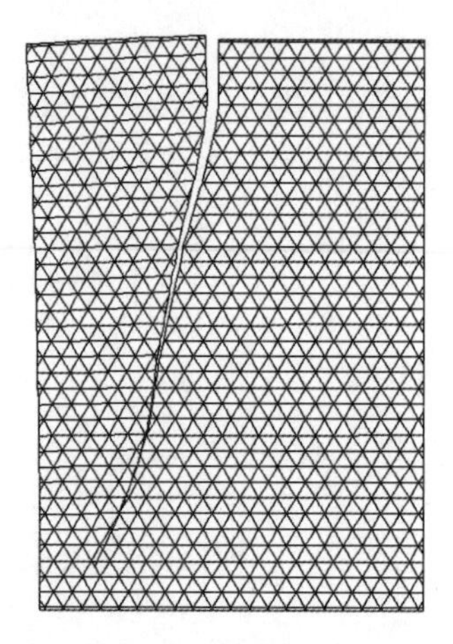

图 6-23　大变形裂纹扩展路径预测（d= 14 mm）

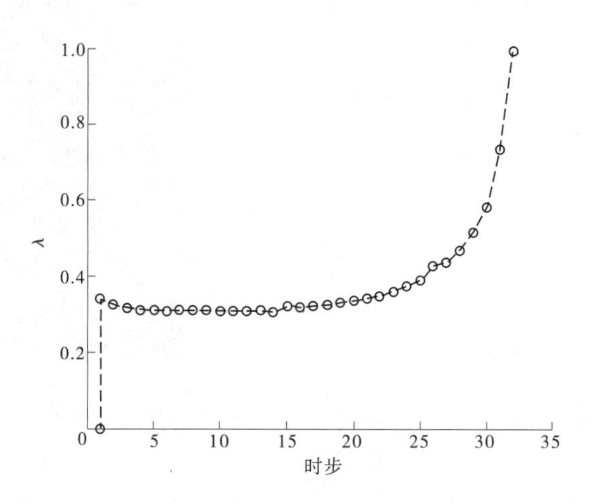

图 6-24　裂纹扩展过程中荷载乘子变化曲线（d= 14 mm）

如图 6-16～图 6-24 所示，3 种不同 d 的取值情况下，对裂纹扩展进行了模拟直至裂纹尖端接近底部边界。小变形情况下最终的扩展路径如图 6-16、图 6-19 和图 6-22 所示。很显然，裂纹扩展路径与裂纹的初始位置是有关联的。在裂纹到达底部边界前，3 种情况下的裂纹均朝着左侧边界扩展，与 Thouless 等试验结果一致。证实所提出的基于 NMM 的裂纹模拟方法是正确有效的。由图 6-18、图 6-21 和图 6-24 所示 3 种情况下的荷载曲线可知，裂纹在一个相对稳定的荷载下扩张到一定的距离，随着扩展的进行，构型抵抗破坏的能力增强。

大变形裂纹扩展路径如图 6-17、图 6-20 和图 6-23 所示，与小变形相比，构型本身发生了大的变形，导致材料体本身的加载条件或边界条件等发生变化，最终的破坏趋势与小变形稍有不同，但整体趋势一致。

6.2.3.3　构件倒角处的裂纹扩展

如图 6-25 所示,构件在倒角处有一水平短裂纹。虚线部分表示数值模拟所采用的区域。Sumi 等对一个相同的构件进行了试验,并分析了焊接残余应力以及底部梁弯曲刚度(通过改变梁的厚度达到不同的刚度)的影响。本书中做了简化,不考虑残余应力的影响,且只考虑底部梁非常厚(刚性梁)和非常薄(柔性梁)两种情况。假定为线弹性平面应变问题,杨氏模量 $E=200$ GPa,泊松比 $\nu=0.3$。施加荷载大小 $P=1.0$ N,倒角半径为 20 mm。初始裂纹长度 $a_0=5$ mm。裂纹的扩展长度为 3 mm,断裂韧度 $K_{\mathrm{IC}}=2\ \mathrm{Pa}\cdot\mathrm{m}^{1/2}$。

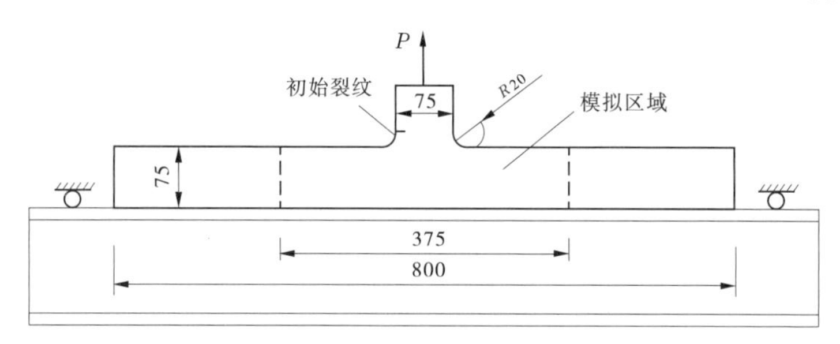

图 6-25　构件倒角处的裂纹　(单位:mm)

如图 6-26 所示,当底部梁为刚性梁时,裂纹几乎直接朝着对面的倒角扩展而去。而当底部梁为柔性梁时,裂纹曲线急剧向下朝着构件底部扩展,如图 6-28 所示。试验结果与文献[257]、文献[268]保持一致。

如图 6-27 和图 6-29 的荷载乘子曲线可知,无论刚性约束或者柔性约束,在拉力作用下,材料体随着裂纹的扩展抵抗破坏的能力越来越弱。

(1)刚性约束,见图 6-26、图 6-27。

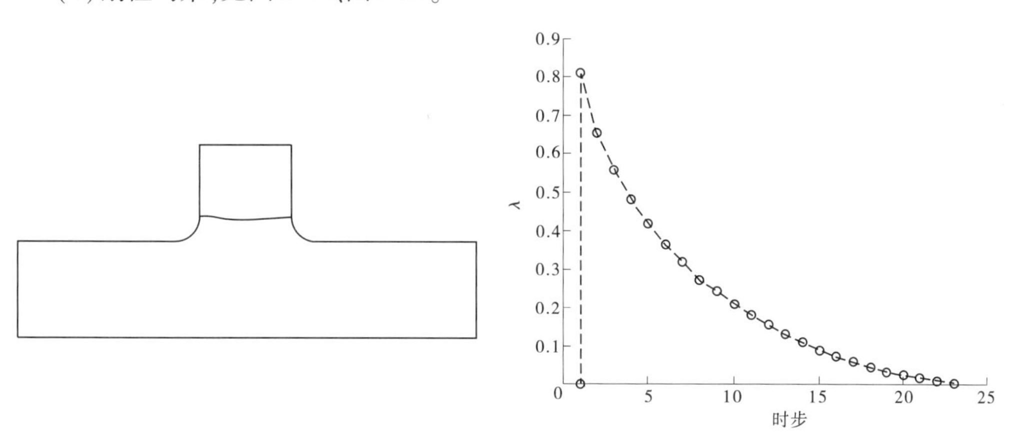

图 6-26　小变形情况下裂纹扩展路径预测(刚性约束)

图 6-27　裂纹扩展过程中荷载乘子变化曲线(刚性约束)

(2)柔性约束,见图 6-28、图 6-29。

6.2.3.4　四点单边开槽剪切梁

第 4 个算例为四点单边开槽剪切混凝土梁, 此算例由 Arrea 和 Ingraffea 首次测试分

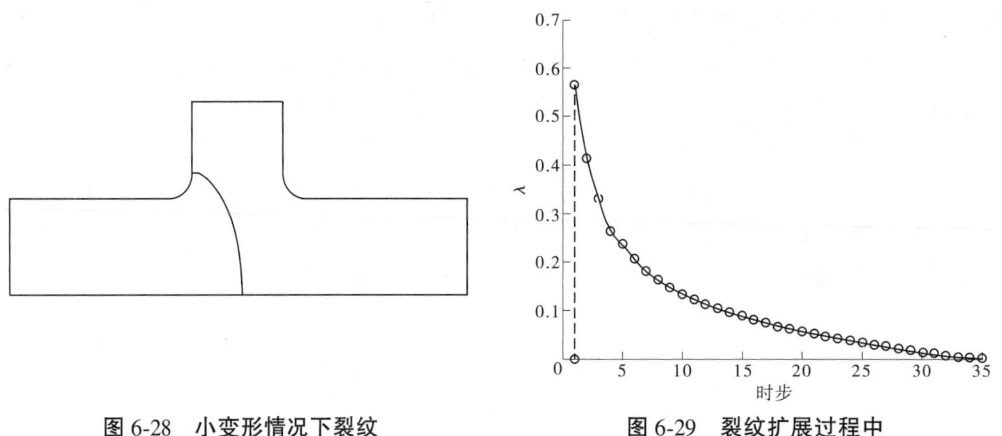

图 6-28　小变形情况下裂纹扩展路径预测(柔性约束)

图 6-29　裂纹扩展过程中荷载乘子变化曲线(柔性约束)

析。它已经成为基于线弹性断裂力学理论的混合型裂纹扩展的基准算例。梁的几何属性,边界条件如图 6-30 所示。平面应力问题,弹性模量 $E=24.8$ GPa,$\nu=0.18$。断裂韧度 $K_{\mathrm{IC}}=1\ \mathrm{Pa}\cdot\mathrm{m}^{1/2}$,裂纹扩展长度为 10 mm。施加荷载大小为 $F=0.72$ N。小变形情况下预测的裂纹扩展路径如图 6-31 所示,与试验结果吻合很好。同样随着裂纹不断扩展,破坏所需要的荷载会越来越小,如图 6-32 所示。

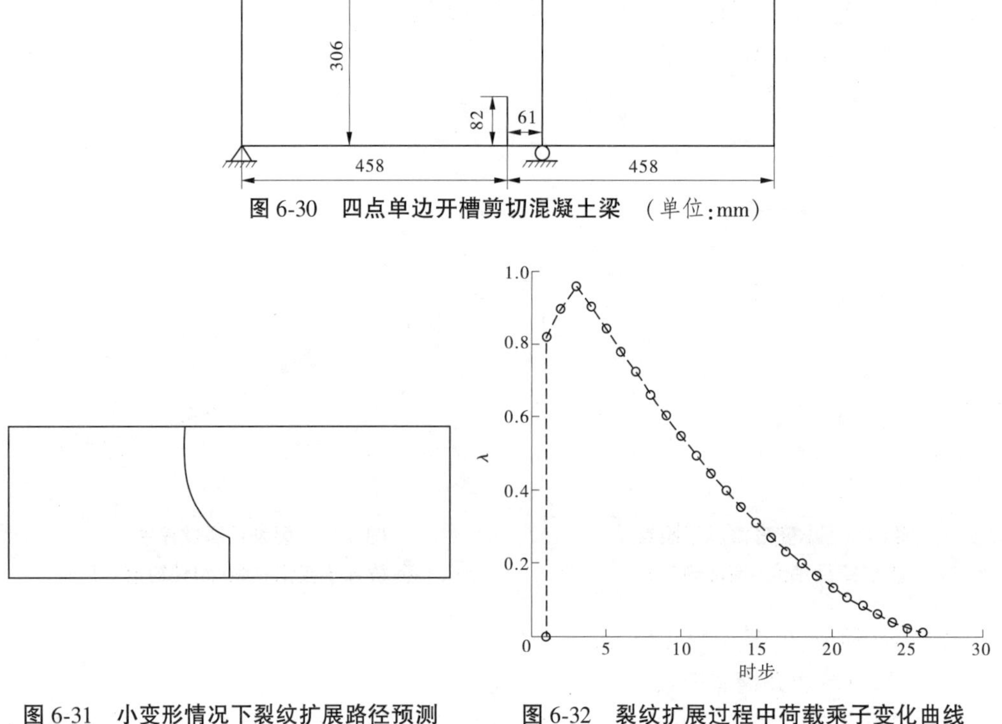

图 6-30　四点单边开槽剪切混凝土梁　(单位:mm)

图 6-31　小变形情况下裂纹扩展路径预测

图 6-32　裂纹扩展过程中荷载乘子变化曲线

6.2.4　小结

将前文提出的高阶扩展数值流形方法用于模拟工程材料体中的单裂纹扩展中，主要结论如下：

(1)一般数值方法在处理裂纹扩展方面，大多只针对小变形分析，仅简单地将新生成裂纹加入初始构型中，并未考虑初始构型的细微变化，这也是切实可行的。但对于初始构型发生大变形时，上述数值模拟过程将不再适用。本书中所提算法，无论大小变形，构型一直随着加载而变化，更为接近于实际的破坏过程。

(2)在裂纹扩展模拟过程中，通过试算来调整荷载乘子，裂纹尖端的等效应力强度因子与其断裂韧度始终都是相等的，也即在拟静力的模拟过程中始终满足力学上的平衡，并未违背基本的力学机制。通过荷载乘子曲线可以明确地观察到材料体在裂纹扩展后抵抗破坏的能力。

(3)真正意义地实现了将裂纹尖端停留在单元内部以及单元本身的部分开裂，较之文献[165]依然简单地将裂纹尖端停留在单元边界上，更为合理。

(4)需要指出的是，在本书中基于线弹性断裂力学理论的小变形分析中，裂纹扩展方向与加载大小和断裂韧度无关。因此，本书中调整了合适的荷载和断裂韧度取值，以便于给出合适的荷载乘子曲线。

6.3　多裂纹扩展模拟

6.3.1　多裂纹扩展控制算法

(1)如图 6-33(a)所示，在一个正方形平板中含有两条边裂纹，在顶部和底部受拉伸荷载 F 的作用，裂纹尖端分别记为 a 和 b。经数值计算后，若裂纹尖端 a 和 b 的等效应力强度因子与材料体断裂韧度有如下关系：$K_{eq}^{a}>K_{eq}^{b}$ 且 $K_{eq}^{a}>K_{\mathrm{I}C}$，那么认为裂纹尖端 a 处达到破坏强度，并扩展一定长度。

(2)如图 6-33(b)所示，a 尖端扩展后，重新试算扩展后的尖端 a' 和原来 b' 尖端的等效应力强度因子，然后通过公式：$\lambda=K_{\mathrm{I}C}/K_{eq}^{a'}$，调整荷载大小为 λF，使得 a' 尖端的等效应力强度因子等于材料的断裂韧度，即 $K_{eq}^{a'}=K_{\mathrm{I}C}$。此时调整荷载乘子后 b 尖端的等效应力强度因子与材料的断裂韧度有如下关系：$K_{eq}^{b}<K_{\mathrm{I}C}$，说明 a 尖端在扩展的过程中，b 尖端始终未达到材料的破坏强度，并不会发生扩展，那么在这一步的扩展过程中，两个裂纹尖端的等效应力强度始终小于或等于材料的断裂韧度，并没有违反基本的力学机制，满足了力学上的平衡，因此认为这步扩展是正确的。

(3)如图 6-33(c)所示，a 尖端扩展后，若试算后的等效应力强度因子有如下关系：$K_{eq}^{b}>K_{\mathrm{I}C}$。很明显，在 a 扩展的过程中，b 尖端也发生了破坏。说明这步仅 a 尖端扩展存在问题。

(4)对图 6-33(c)存在问题，进行修正，认为这个时步内裂纹尖端 a 和 b 同时扩展，也即图 6-33(a)→图 6-33(d)。扩展后试算新裂纹尖端 a' 和 b' 的等效应力强度因子，并调整

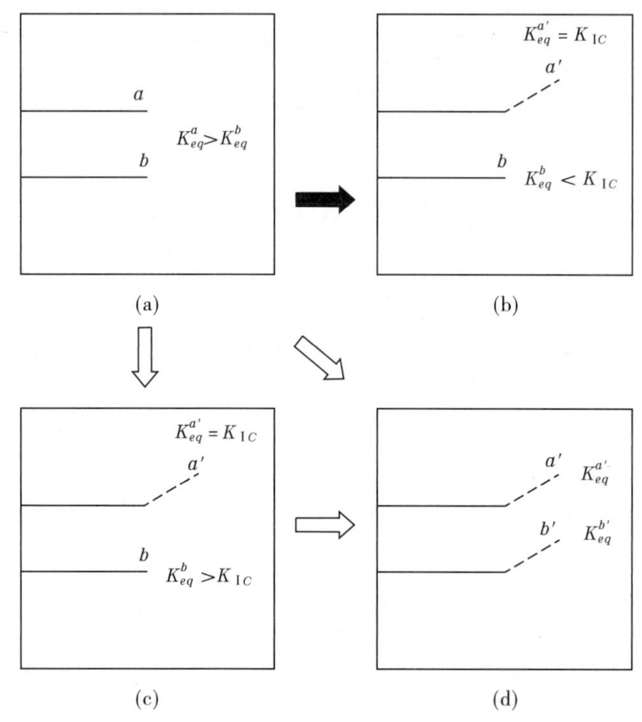

图 6-33　多裂纹扩展控制算法示意图

荷载乘子，$\lambda=K_{\mathrm{IC}}/\max(K_{eq}^{a'},K_{eq}^{b'})$，那么这个时步内也始终满足力学平衡。

6.3.2　多裂纹扩展数值试验

加载边的位移 $\bar{u}$ 定义为加载边上在外荷载 t 的作用下所有节点产生位移的平均值。$\bar{u}$ 和 t 用来描述材料体的整体响应。在如下所有算例中，名义应力和名义应变定义为

$$\varepsilon^{\mathrm{norm}}=\frac{\bar{u}}{H}$$

$$\sigma^{\mathrm{norm}}=\|t\|$$

式中，H 为材料体的高度。

6.3.2.1　中间短横裂纹

如图 6-34(a)所示，在平板中含一中间短横裂纹，该板的宽度为 2 in，高度为 7 in。平板顶部和底部受均匀拉伸荷载作用，底部左端点固定，右端点简支。数学覆盖如图 6-34(b)所示。弹性模量 $E=348\ 076$ psi，$\nu=0.35$，$K_{\mathrm{IC}}=910$ psi in$^{1/2}$，施加荷载大小为 2 000 psi。

Bazant 和 Cedolin 等认为两个裂纹尖端同时扩展时，路径是不稳定的。本书也认为两个裂纹尖端同时扩展，并不能满足力学平衡，有违反力学机制之嫌。根据本书所提多裂纹扩展调整算法，扩展过程如图 6-35 所示。图 6-35(a)裂纹右端点首先发生扩展，然后在新构型基础上，再进行一次试算，并以右侧端点的等效应力强度因子调整荷载乘子，使其达到平衡状态，然而却发现左侧的等效应力强度因子大于材料的断裂韧度，说明仅扩展右侧

裂纹是不合理的,所以在原构型的基础上,认为两个尖端均发生扩展。图 6-35(b)进一步的调整过程中,发现右侧裂纹尖端作为主导,一直扩展,直到与板的右侧边界交汇,与荷载曲线图 6-36 的第 11 时步相对应,此后荷载曲线斜率较此步之前明显减小,说明结构体的抗破坏能力大大削弱,只需更小的荷载即可发生更大的破坏。然后作为一条单边裂纹,左侧尖端一直扩展直到与板的左侧边界交汇,如图 6-35(c)所示。含中间短横裂纹平板的名义应力-名义应变曲线如图 6-37 所示。

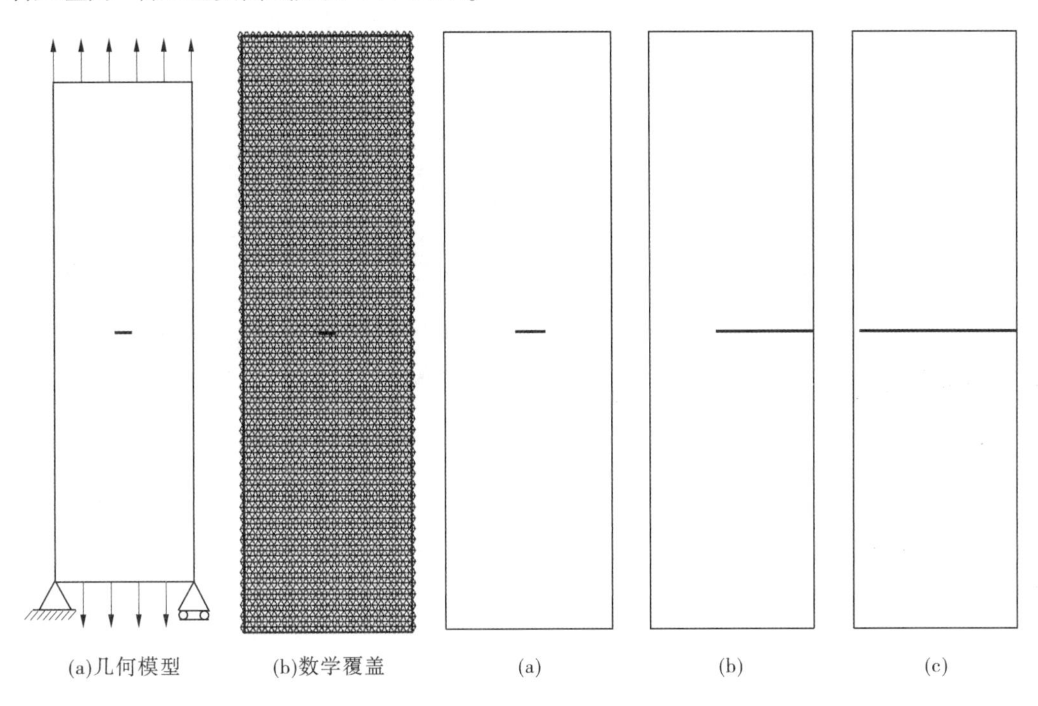

图 6-34　含中间短横裂纹平板

图 6-35　裂纹扩展路径(一)

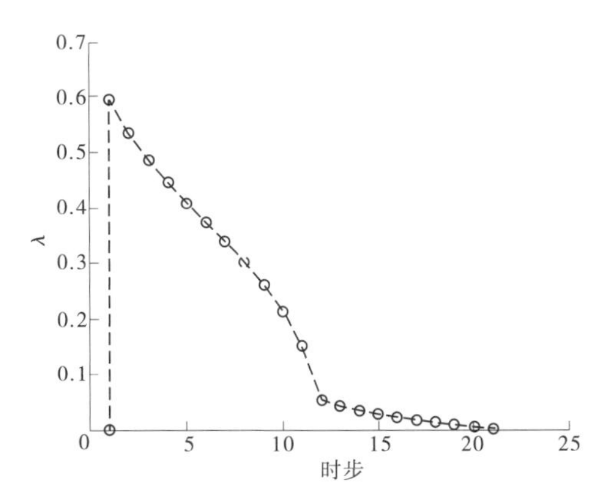

图 6-36　含中间短横裂纹平板的荷载乘子 λ 随时步变化曲线

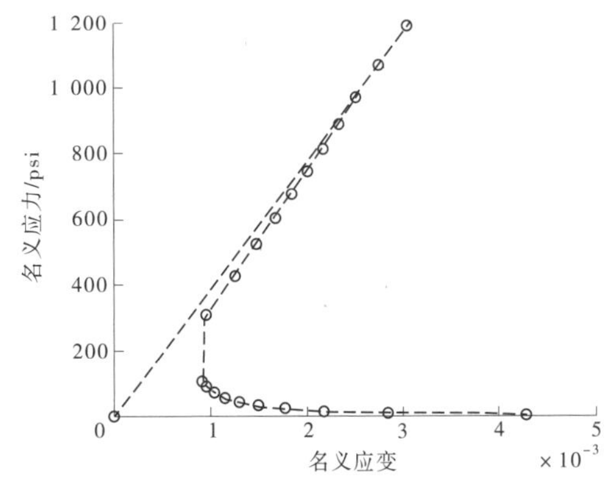

图 6-37　含中间短横裂纹平板的名义应力-名义应变曲线

6.3.2.2　裂纹交汇问题

如图 6-38(a)所示,宽度为 2 in 的正方形平板,含有 2 条裂纹。1 裂纹的中点坐标为(−0.14,0),长度为 0.384 7 in,与水平方向的夹角为 9°;2 裂纹的中点坐标为(0.46,0),长度为 0.385 8 in,与水平方向的夹角为 64.8°。数学覆盖如图 6-38(b)所示。该算例主要用来测试裂纹的交汇问题。板的顶部受到均布拉力的作用 $\sigma = 1\ 000$ psi,底部左端点两个方向约束,底部的其他结点只约束竖直方向。图 6-39 所示为 Budyn 等模拟的裂纹形态。弹性模量为 10^5 psi,泊松比为 0.3,断裂韧度 $K_{\mathrm{I\,C}} = 800$ psi $\mathrm{in}^{1/2}$。

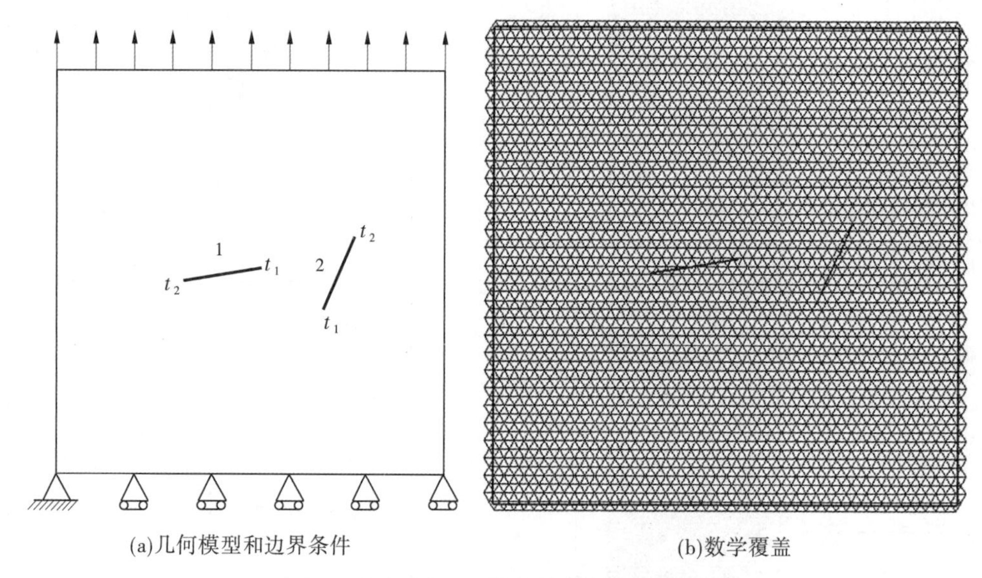

(a)几何模型和边界条件　　(b)数学覆盖

图 6-38　含两条裂纹平板

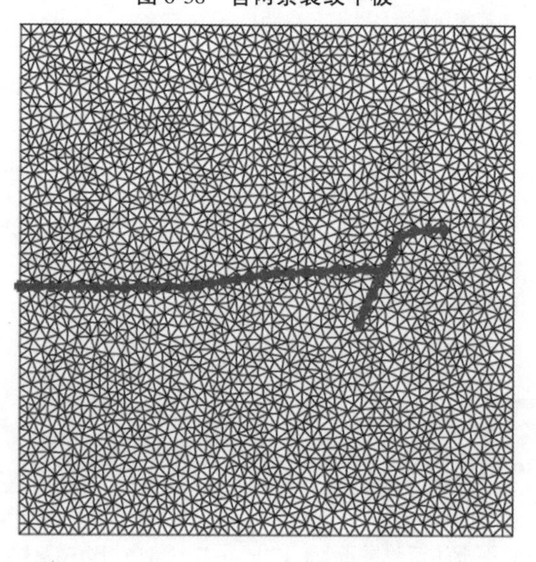

图 6-39　Budyn 模拟结果

裂纹扩展过程如图 6-40(a)~(d)所示。图 6-40(a)1 裂纹 t_1 尖端首先发生扩展,并扩展一定长度;图 6-40(b)1 裂纹 t_1 尖端与 2 裂纹发生交割,此时需确保裂纹尖端之间不相互影响，且交互积分的面积积分区域不受到其他裂纹尖端的影响，这样才能保证应力强度因子计算的正确性；这与荷载曲线图 6-41 中的第 9 时步相对应。图 6-40(c)1 裂纹 t_2 尖端向板左侧边界扩展，直到与板左侧边界交汇；这与荷载曲线中的第 22 时步相对应。与左侧边界交割后，整体结构发生了大的变化，所以荷载曲线自此也发生了转折，斜率变小，需要很小的荷载就可使得结构继续破坏直至分离开来。图 6-40(d)2 裂纹 t_2 尖端发生扩展，直到与板右侧边界交汇。含 2 条裂纹正方形平板的名义应力-名义应变曲线如图 6-42 所示。

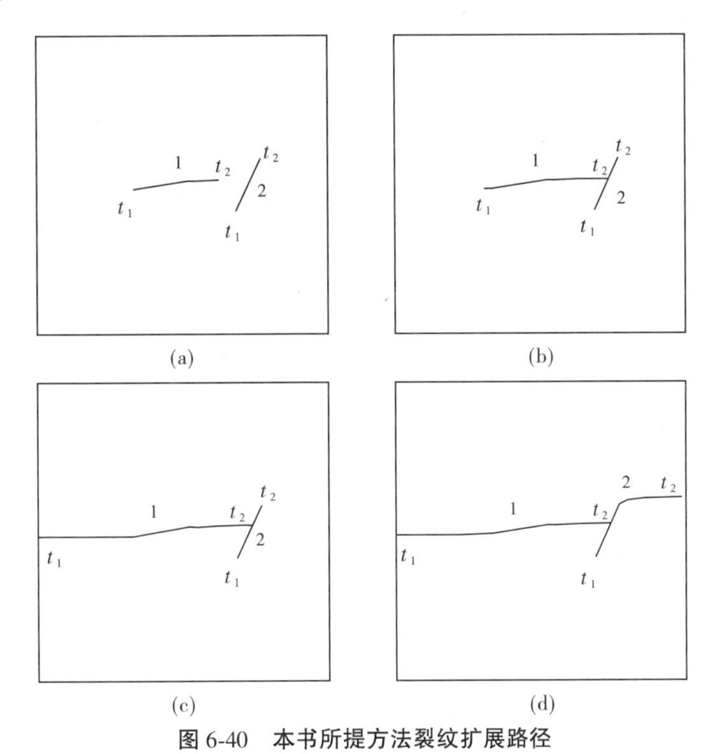

图 6-40　本书所提方法裂纹扩展路径

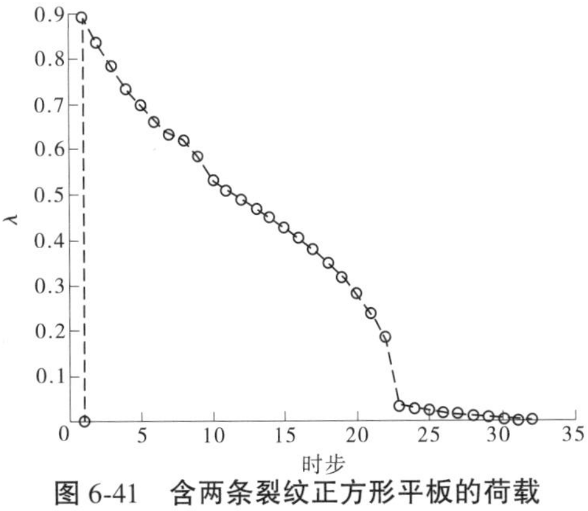

图 6-41　含两条裂纹正方形平板的荷载乘子 λ 随时步变化曲线

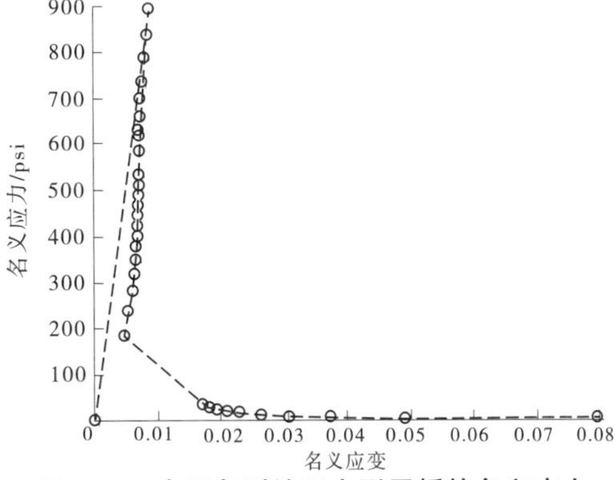

图 6-42　含两条裂纹正方形平板的名义应力-名义应变曲线

6.3.2.3 三分叉裂纹

如图 6-43(a)所示,在一个宽度为 10 m 的正方形平板中,含有一个三分叉裂纹。顶部受均布拉伸荷载作用,底部左端点固定,其他部分简支。3 条裂纹尺寸均为 1.0 m,右边两条裂纹与水平方向夹角为$\pm\pi/4$。数学覆盖如图 6-43(b)所示。弹性模量为 0.1 MPa,泊松比为 0.3,$\sigma=500$ Pa。图 6-44 为 Zhang 等令裂纹同时扩展的模拟结果,h 表示每步扩展长度,当 h 取 0.44 m 或 0.34 m 时为最终收敛的扩展路径。

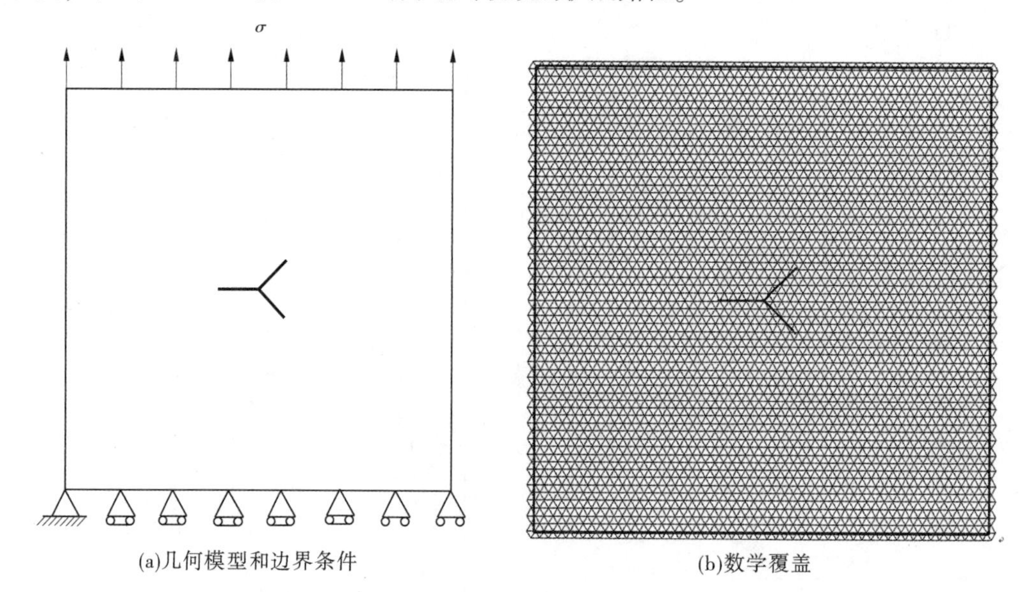

(a)几何模型和边界条件　　(b)数学覆盖

图 6-43　三分叉裂纹

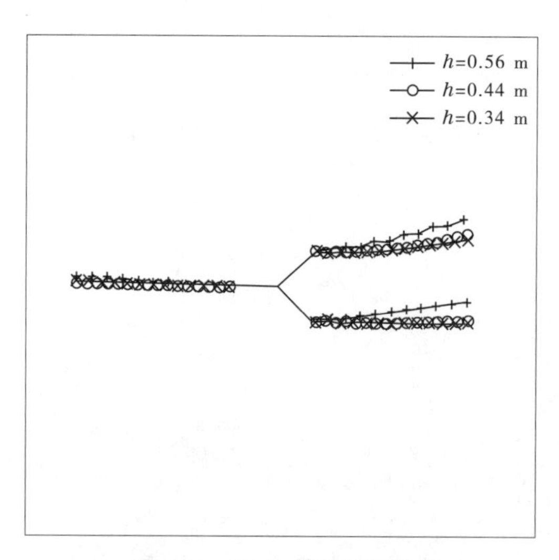

图 6-44　Zhang 等的模拟结果

如图 6-45(a)~(d)所示,为裂纹扩展路径。图 6-45(a) 左侧尖端首先发生扩展,并一直作为主导扩展裂纹。图 6-45(b) 左侧尖端扩展到板的左侧边界后,与边界交割,该尖端不再存在;这与荷载曲线图 6-46 中的第 20 时步相对应,此后观察到了曲线斜率发生了明显转折,只需更小的荷载即可使得材料体继续破坏直至分离。图 6-45(c)右上尖端开始作为主导裂纹一直扩展。图 6-45(d)右上尖端一直扩展到右侧边界。含三分叉裂纹正方形平板的名义应力-名义应变曲线如图 6-47 所示。

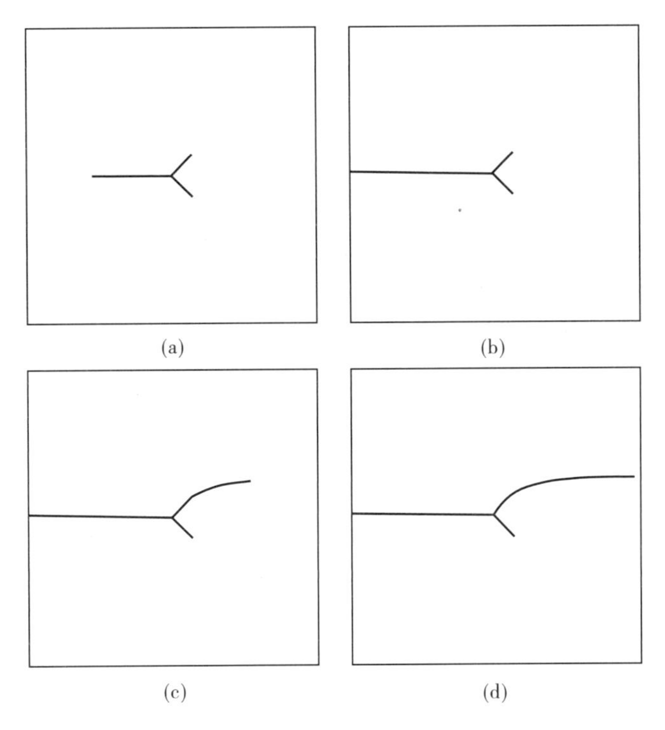

图 6-45　裂纹扩展路径(二)

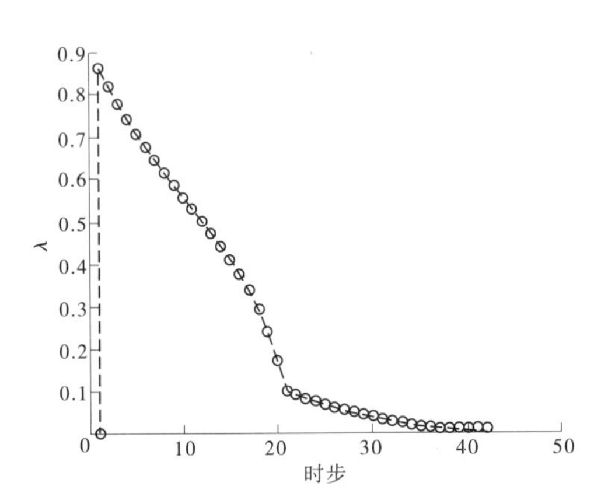

图 6-46　含三分叉裂纹正方形平板的荷载乘子 λ 随时步变化曲线

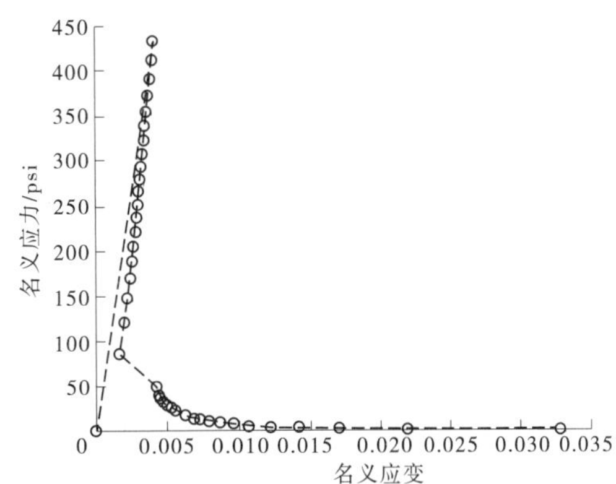

图 6-47　含三分叉裂纹正方形平板的名义应力-名义应变曲线

6.3.2.4　含两条边裂纹的双孔平板

如图 6-48(a)所示,为一矩形平板,含两个远离中心的圆孔以及两条边裂纹,尺寸单位为 mm;图 6-48(b)为数学覆盖。此算例由 Bouchard 进行过模拟,来验证他们提出的裂纹扩展过程中的网格重分技术的适用性。材料的弹性模量 $E=2\times10^5$ MPa,泊松比 $\nu=0.3$,断裂韧度 $K_{\mathrm{I\,C}}=1\ 300\ \mathrm{MPa\cdot mm^{1/2}}$。破坏准则同样为最大周向应力准则。图 6-49 为 Azadi 等的模拟结果。

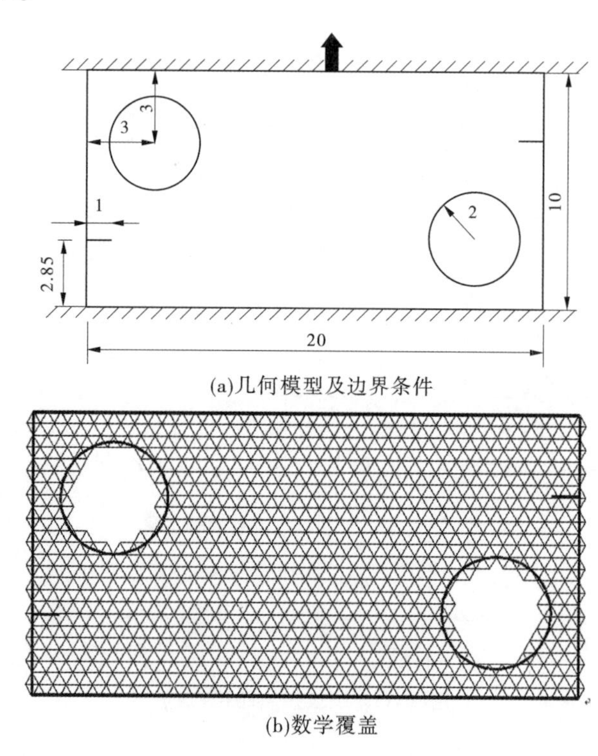

(a)几何模型及边界条件

(b)数学覆盖

图 6-48　含两条边裂纹双孔平板

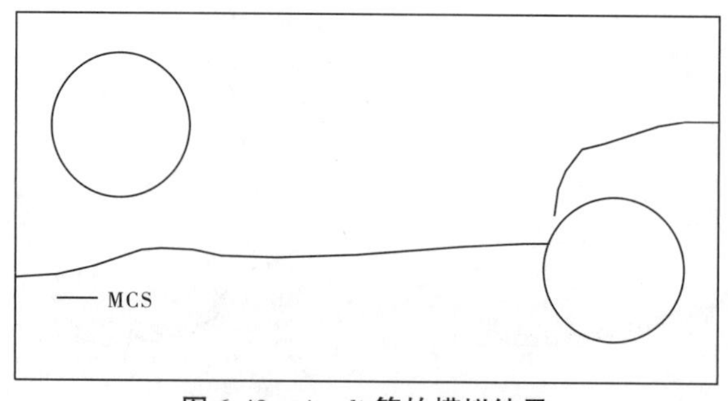

图 6-49　Azadi 等的模拟结果

如图 6-50(a)~(d)所示为本书的模拟结果。图 6-50(a)右侧边裂纹首先发生扩展,并扩展一定长度。图 6-50(b)左侧裂纹也开始扩展,两者都扩展到一定的长度。图 6-50(c)左侧裂纹作为主导裂纹一直扩展,直到与右下角圆孔交汇,而右侧裂纹始终保持稳定;同时可见,左侧裂纹在经过其上方圆孔时,有偏向圆孔方向扩展的趋势,体现出圆孔软弱了板的整体结构;从对应的荷载曲线图6-51中1~31时步,可见裂纹基本朝着更容易破坏的趋势发展直到与右侧圆孔交汇。图6-50(d)左侧裂纹开始单裂纹扩展,直到与其下面圆孔交汇;该处裂纹扩展路径转折较为明显,再次体现了圆孔的软化作用,也表明裂纹会朝着更易破坏的方向扩展。此处与荷载曲线的31步发生转折后的逐渐增大的荷载段相对应,裂纹扩展方向接近竖直,裂纹不易破坏,只有不断地增大荷载才能使其继续破坏直至与右侧圆孔交汇。

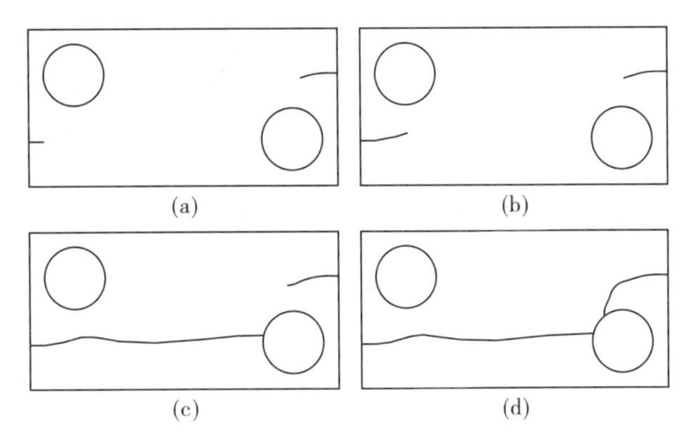

图6-50　本书所提方法的模拟结果

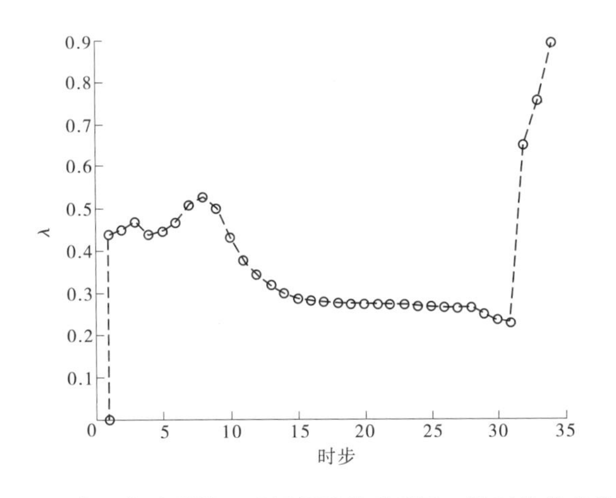

图6-51　含两条边裂纹双孔平板的荷载乘子 λ 随时步的变化曲线

6.3.2.5　含中间斜裂纹平板

如图6-52(a)所示,正方形平板的宽度为10 in,中间斜裂纹长度为2 in。平板的下边界两个方向均固定,上部边界仅固定水平方向,并受均布拉荷载作用;数学覆盖如图6-52(b)所示。材料为PMMA,弹性模量 $E=348\ 076$ psi,$\nu=0.35$,断裂韧度 $K_{IC}=910$ psi in$^{1/2}$。施加荷载大小为600 psi。Azadi等的模拟结果如图6-53所示。

裂纹扩展路径的第1种情况如图6-54所示。图6-54(a)在多裂纹扩展算法的调整下,两条裂纹同时扩展一定长度;图6-54(b)当扩展到一定程度时,左侧裂纹尖端将会变得更容易扩展;图 6-54(c)左侧尖端作为主导一直扩展到板的左侧边界,并与之交汇;也即荷载曲线图 6-55 中的第 27 时步,自此后荷载曲线发生转折,曲线的斜率要小于交汇之前,说明只需更小的荷载就能使得结构发生更大的破坏。图 6-54(d)右侧尖端一直扩展到右侧边界。含中间斜裂纹平板的名义应力-名义应变曲线如图 6-56 所示。

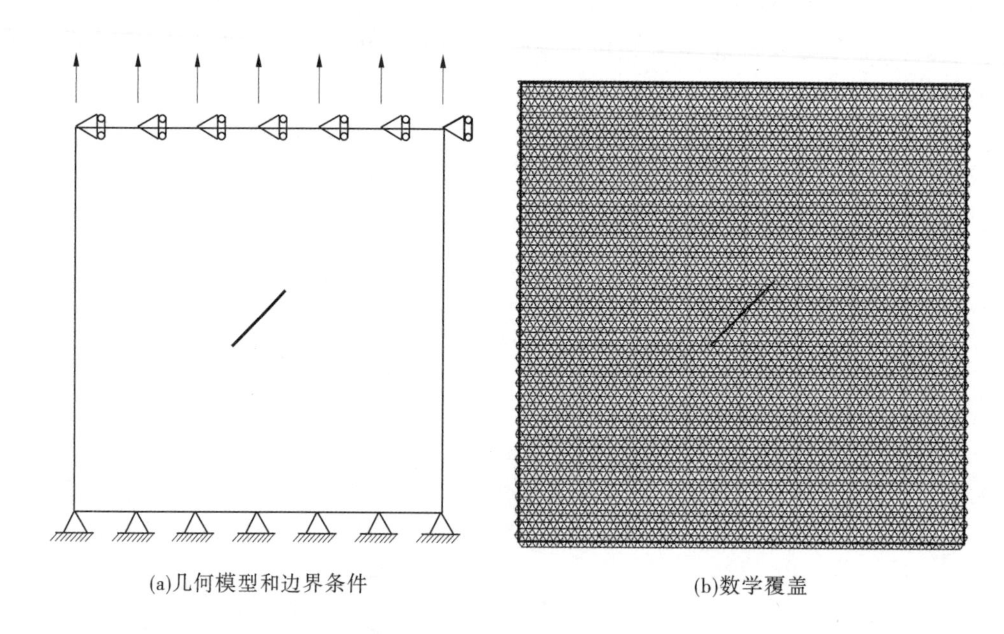

(a)几何模型和边界条件　　(b)数学覆盖

图 6-52　含中间斜裂纹平板

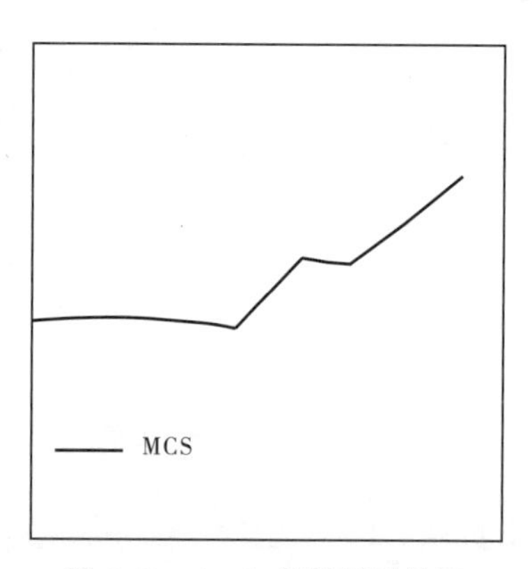

图 6-53　Azadi 等的模拟结果

裂纹扩展的第 2 种情况如图 6-57 所示。同样如图 6-57(a)所示两个尖端会同时扩展一定长度;但此时计算得出右侧尖端更容易扩展,直到与板右侧边界交汇,如图 6-57(b)和图 6-57(c)所示;然后左侧尖端一直扩展到左侧边界,如图 6-57(d)所示。

作者认为,在本书多裂纹扩展算法基础上,由数值误差导致的两种不同的扩展路径,均是正确的,在准静态裂纹扩展过程中,完全满足基本的力学平衡。

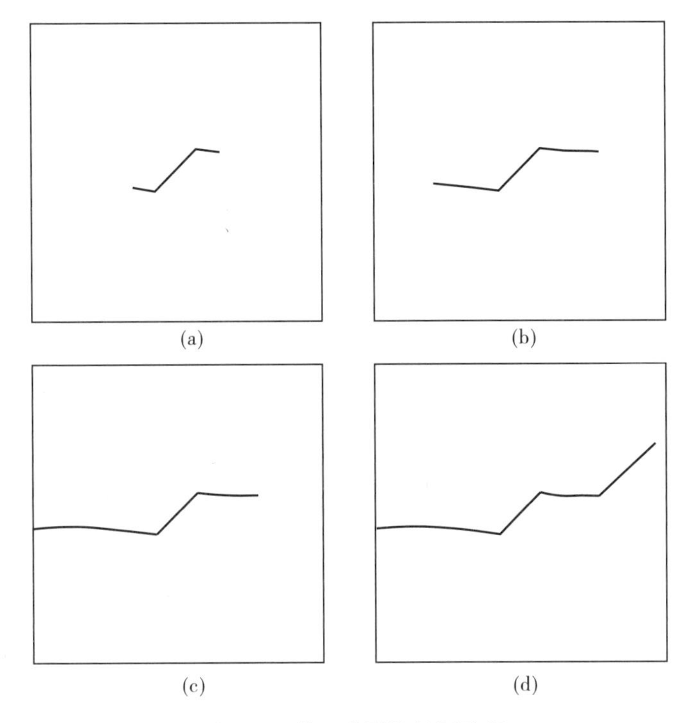

图 6-54　第 1 种裂纹扩展路径

6.3.2.6　含主导裂纹的多裂纹问题

如图 6-58(a)所示,宽度为 2 in 的正方形平板,内部含有 5 条初始裂纹。平板顶部受到大小为 1 000 psi 的均布拉荷载的作用,底部左端点完全约束,底部其他结点仅约束竖直方向。数学覆盖如图 6-58(b)所示。弹性模量为 10^5psi,泊松比为 0.3,断裂韧度 $K_{\mathrm{IC}}=$ 800 psi in$^{1/2}$。图 6-59 为 Budyn 等模拟的扩展路径。

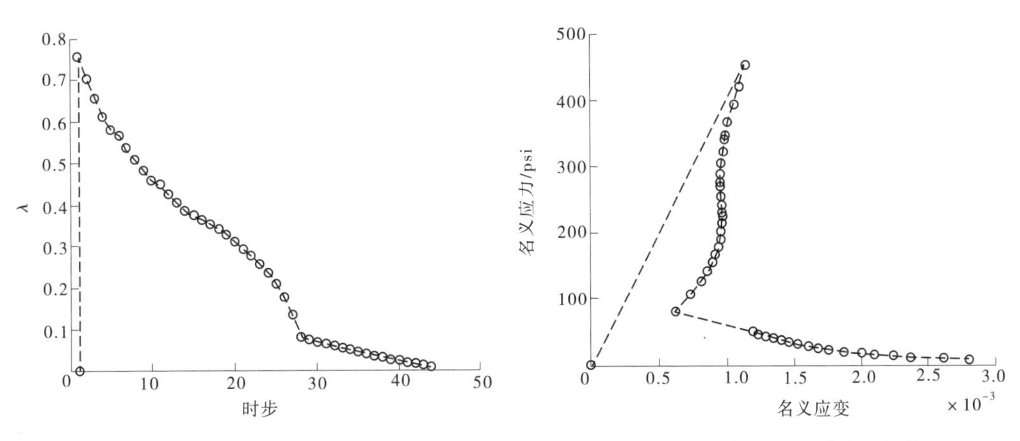

图 6-55　荷载乘子 λ 随时步变化曲线

图 6-56　含中间斜裂纹平板的名义应力-名义应变曲线

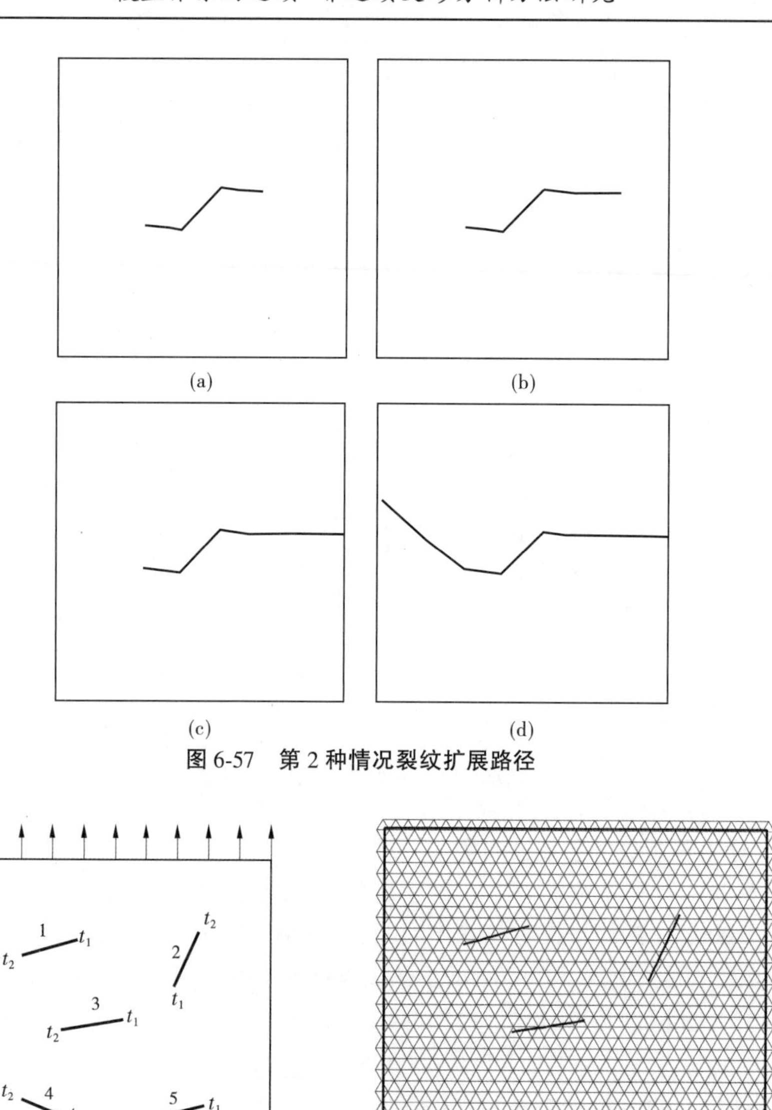

图 6-57　第 2 种情况裂纹扩展路径

(a)几何模型和边界条件　　(b)数学覆盖

图 6-58　含多裂纹平板

如图 6-60 所示，图 6-60(a)3 号裂纹 t_1 尖端首先发生扩展，并扩展一定长度；图 6-60(b)3 号裂纹 t_1 和 t_2 尖端同时扩展了几步；图 6-60(c)3 号裂纹 t_1 尖端继续扩展，直到板的右侧边界，t_1 尖端消失，这与荷载曲线图 6-61 的第 43 时步相对应，自此后荷载曲线发生转折，其斜率减缓，只需更小的荷载就能让平板发生大的破坏直至分离；图 6-60(d)3 号裂纹 t_2 尖端继续扩展，直到板的左侧边界。该过程中，虽然有 5 条裂纹，但实际上仅有一条裂纹作为主导裂纹在扩展，而其他裂纹不发生变化。它的总体破坏响应类似于仅含这条主导裂纹的破坏响应。其最终扩展路径与图 6-59 中 Budyn 等的模拟结果相同。含 5

条裂纹正方形平板的名义应力-名义应变曲线如图 6-62 所示。

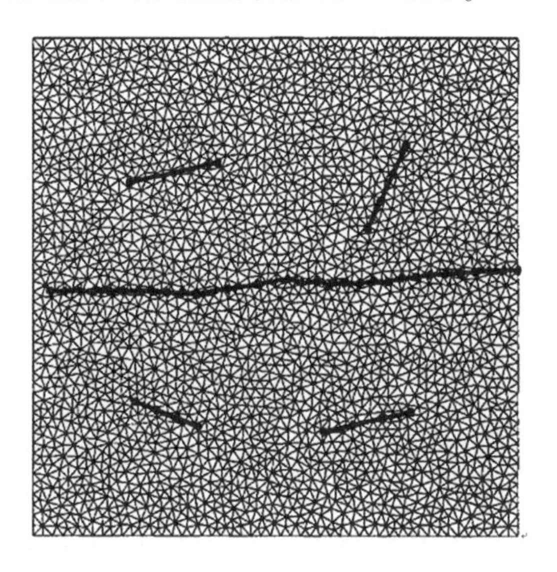

图 6-59　Budyn 等的模拟结果

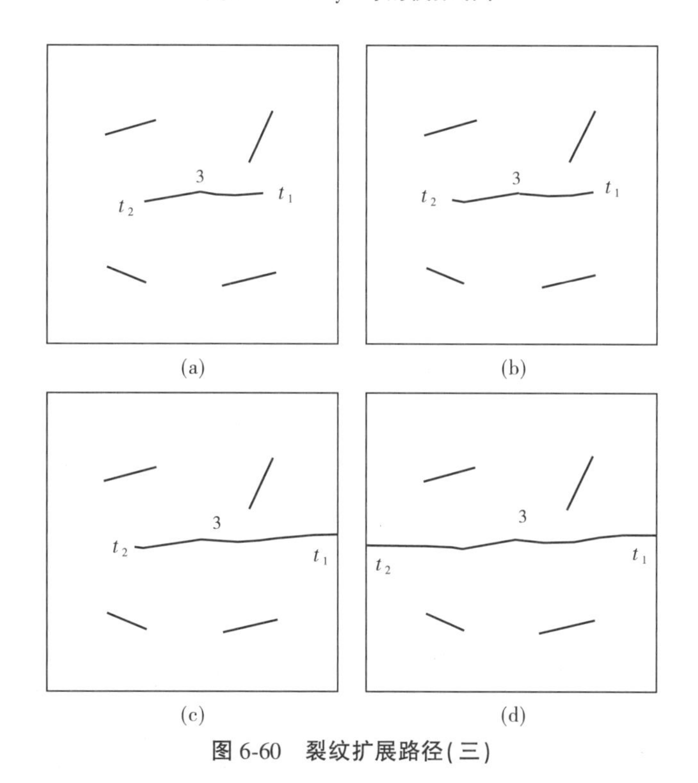

图 6-60　裂纹扩展路径(三)

6.3.2.7　含 5 条平行裂纹的 3 点弯曲梁

如图 6-63(a)所示,3 点弯曲梁,含有 5 条平行裂纹。梁的底部边界用钢筋箍住,即不考虑下侧裂纹尖端朝着底部边界的扩展。宽度为 1 m,高度为 0.2 m。每条裂纹的初始长度为 0.02 m,水平间距为梁宽度的 1/6。数学覆盖如图 6-63(b)所示。弹性模量为

35. 690 1 GPa,泊松比为0. 3。断裂韧度为204 441 Pa · $m^{1/2}$,P=150 000 N,施加到梁顶部中点上。底部左端点完全固定且右端点仅约束竖直方向。图 6-64 为 Budyn 等的模拟结果。

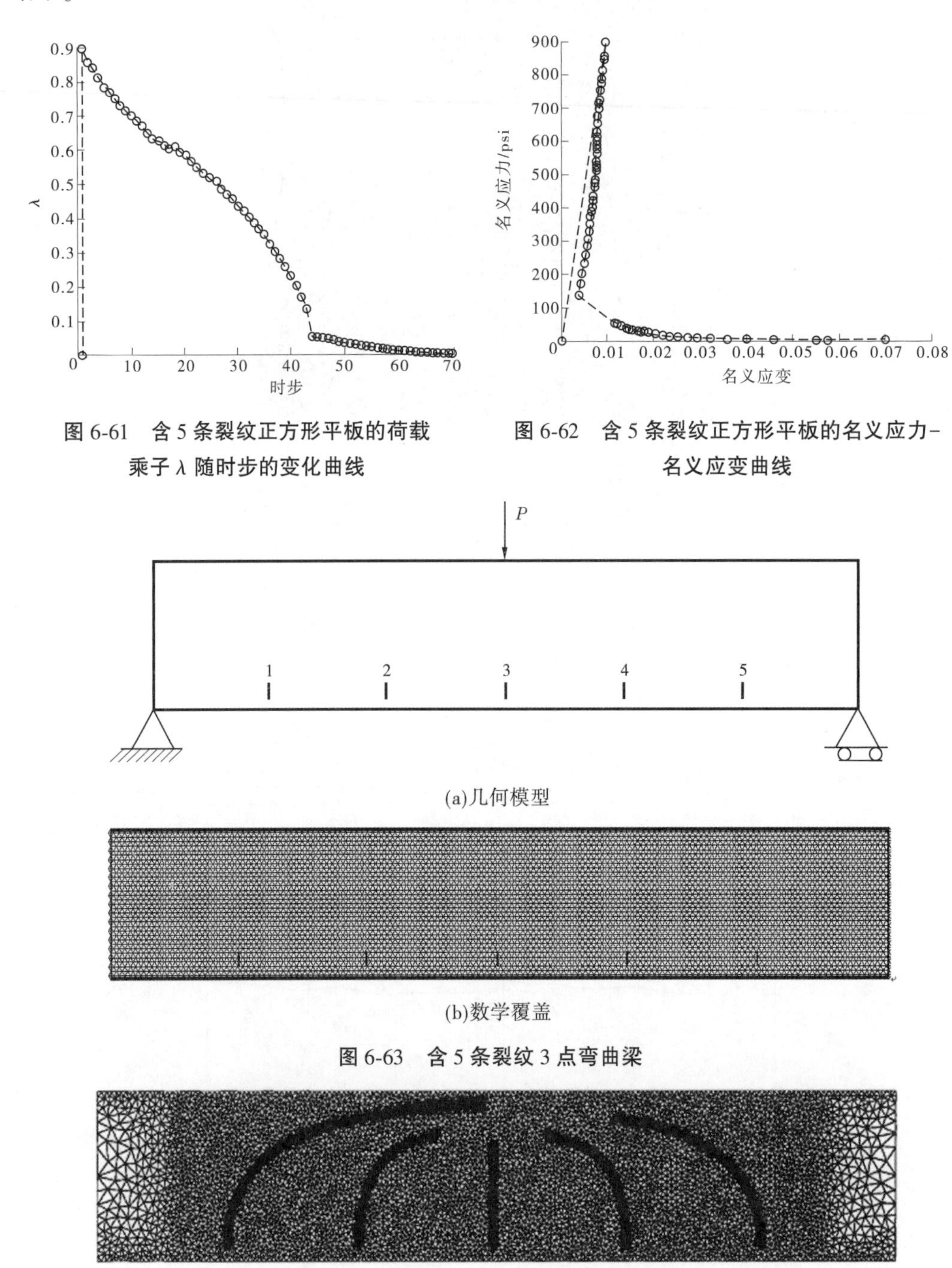

图 6-61　含 5 条裂纹正方形平板的荷载乘子 λ 随时步的变化曲线

图 6-62　含 5 条裂纹正方形平板的名义应力-名义应变曲线

图 6-63　含 5 条裂纹 3 点弯曲梁

图 6-64　Budyn 等的模拟结果

如图 6-65 和图 6-66 所示为本书扩展路径模拟结果和所对应的荷载曲线。图 6-65(a)在荷载作用下,中间 3 号裂纹首先扩展,当扩展到一定程度后不再扩展;荷载曲线中的第 1 个波谷,也即 1~16 时步与 3 号裂纹的扩展相对应,可知,荷载随着时步首先减小,达到波谷后又逐渐增大,说明 3 号裂纹经历了由较为容易扩展、不易扩展到暂时停止扩展 3 个过程。图 6-65(b)随之,4 号裂纹更为容易破坏,扩展到一定程度后也不再扩展;荷载曲线中的第 2 个波谷,也即 17~29 时步与 4 号裂纹的扩展相对应。4 号裂纹同样经历了与 3 号裂纹相似的扩展过程。图 6-65(c)2 号裂纹表现了与 4 号裂纹同样的趋势;与荷载曲线中的第 3 个波谷,也即 30~41 时步相对应。图 6-65(d)当 2 号~4 号裂纹同时发生扩

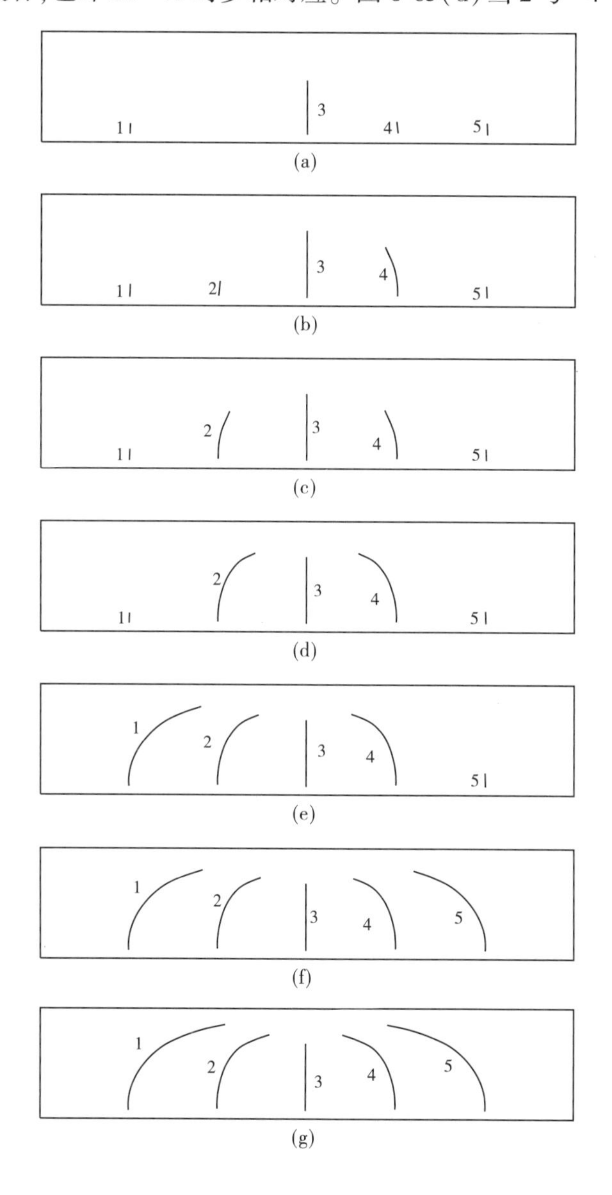

图 6-65　裂纹扩展路径(四)

展，并扩展到一定程度后保持平衡；与荷载曲线中的第 3 个波谷到第 4 个波谷过渡的这一荷载逐渐增大的区域相对应，也即 42~56 时步，可见只有不断地增大荷载才能保证 3 条裂纹的同时扩展。图 6-65(e)紧接着 1 号裂纹开始扩展，同样只扩展到一定程度就停下来；与荷载曲线的第 4 个波谷相对应，即 57~95 时步。扩展过程同 3 号裂纹等先易后难。图 6-65(f)与 1 号对称的 5 号裂纹表现了同样的趋势；与荷载曲线中的第 5 个波谷，也即 96~133 时步相对应，扩展过程同 1 号裂纹。图 6-65(g)除 3 号外的 4 条裂纹同时扩展一定时步，也即荷载曲线中第 5 个波谷后的荷载逐渐增大区域，即 133~142 时步，同样只有更大的荷载才能保证 4 条裂纹继续同时扩展。

由于算法未考虑接触，因此未继续扩展至与 Budyn 等同样的程度，但在此之前的扩展路径已经表现得极为接近，如图 6-66 所示。3 点弯曲梁的名义应力-名义应变曲线如图 6-67 所示。

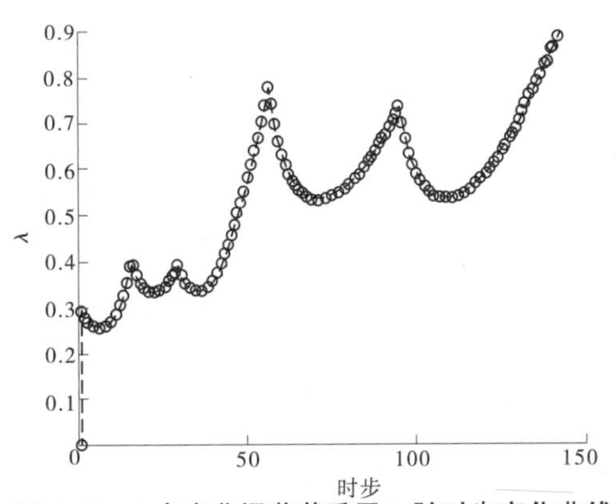

图 6-66 3 点弯曲梁荷载乘子 λ 随时步变化曲线

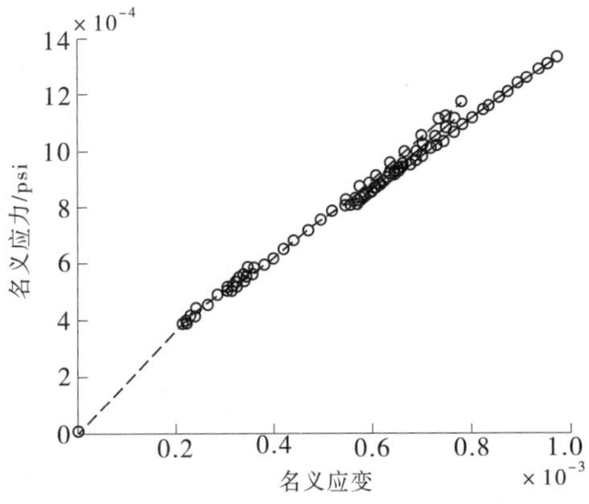

图 6-67 3 点弯曲梁的名义应力-名义应变曲线

6.3.2.8 含随机分布裂纹平板

如图 6-68(a)所示，长度为 2 in 的正方形平板，并包含 10 条随机裂纹。数学覆盖如图 6-68(b)所示。本书结果如图 6-69 所示。该算例最初由 Budyn 等利用 XFEM 进行了多裂纹扩展模拟，模拟结果如图 6-70 所示；接着 Azadi 在裂纹尖端重新划分网格也进行了模拟，模拟结果如图 6-71 所示。板的顶部与底部受均布拉伸荷载的作用，左下角完全固定，右下角仅约束竖直方向位移。材料的弹性模量 $E=10^5$ psi，泊松比 $\nu=0.3$。使用最大周向应力准则作为裂纹扩展的评判标准。加载大小为 1 200 psi，断裂韧度 $K_{\mathrm{I}C}=800$ psi。

由本书裂纹扩展最终构型图 6-69 可见，仅 1 号、2 号和 3 号裂纹发生了扩展，而其他 7 条裂纹保持稳定。需要特别注意，当裂纹与裂纹相割或裂纹与边界相割时，应力强度因子的计算需要满足两个要求：首先要保证两个裂纹尖端的扩展项不会发生相互影响，其次要保证交互积分的积分范围不会与裂纹发生交割。这两种情况有一种发生都会导致应力强度因子的计算失误，进而使得整个扩展趋势发生偏转。书中已避免这两种情况的发生。此结果与 Azadi 的模拟结果几乎完全一致，如图 6-71 所示，由于 Azadi 在模拟时裂纹尖端进行了网格细分处理，交互积分的面积路径范围较小，完全避免了上述两种情况。

与 Budyn 的结果相比总体一致，但有些偏差，如图 6-70 所示。Budyn 所撰文中很明确地提出在求解应力强度因子时，当两个裂纹尖端的 J 积分区域不发生重叠时，才能保证

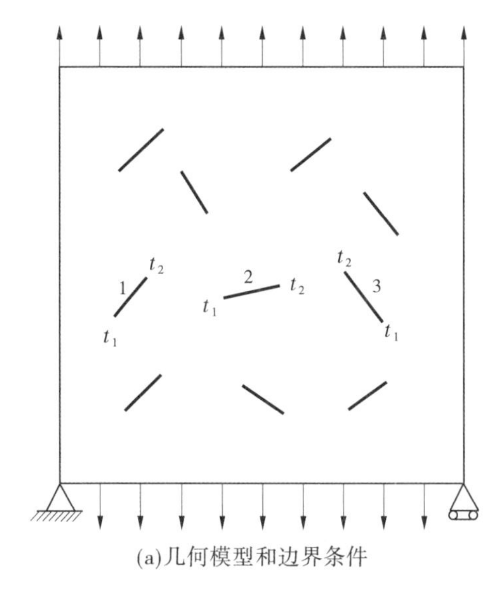

(a)几何模型和边界条件

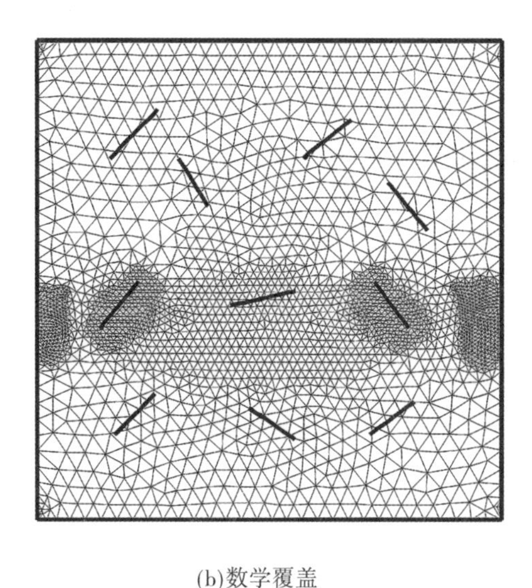

(b)数学覆盖

图 6-68　含随机分布裂纹的平板

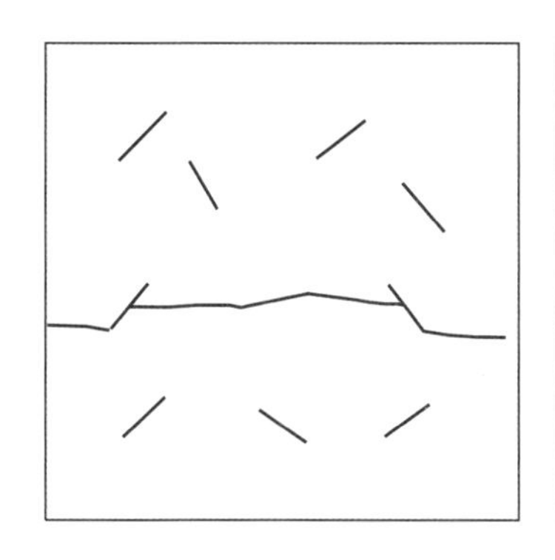

图 6-69　随机裂纹最终扩展图（本书）

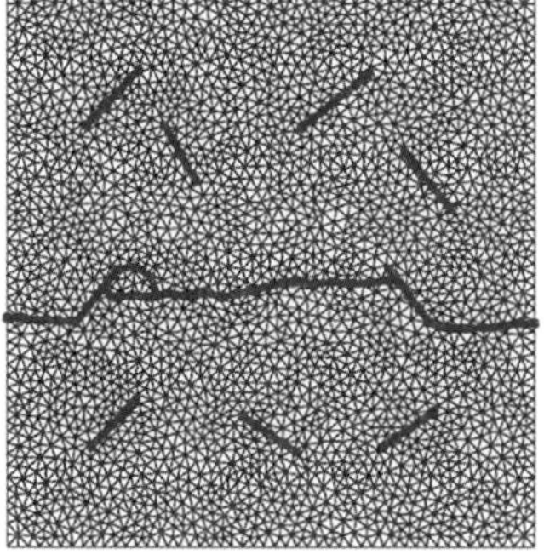

图 6-70　Budyn 等扩展路径模拟结果

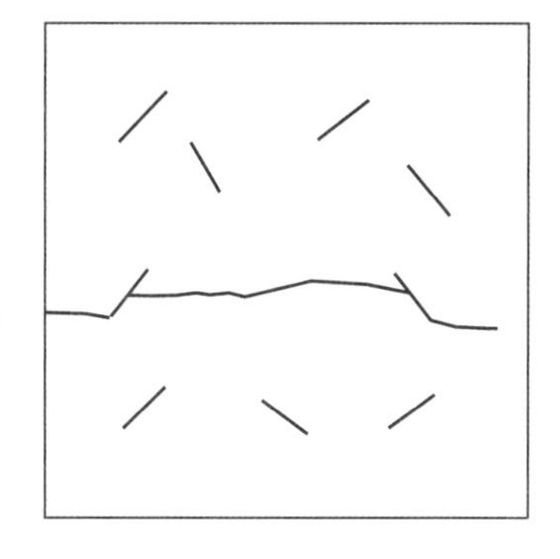

图 6-71　Azadi 等扩展路径模拟结果

应力强度因子求解的精度与正确性。同时指出 Bellc 与 Dolbow 给出了短裂纹尖端的扩充方式，但其并未在本章内采用。

图 6-72　裂纹尖端放大图

在 Budyn 所给裂纹扩展路径的放大图（见图 6-72）中，很明显可以发现，第 2 条裂纹的 t_2 尖端与第 3 条裂纹的 t_2 尖端在选取 J 积分的积分半径时，无论积分半径如何选取都将会与另一个裂纹尖端的积分区域发生重叠，也即会相互影响，那么如果未考虑这种情况，在此算例模拟过程中应力强度因子的计算有可能出现问题，进而可能得到错误的扩展路径。

如图 6-73 所示，此模拟中发生了 4 次裂纹或边界的交割。图 6-73（a）第 2 条裂纹的第 1 个裂纹尖端 t_1 与第 1 条裂纹发生了交割，与荷载曲线图 6-74 中的第 1~10 时步相对应,可见随着裂纹扩展,结构越来越容易破坏;图 6-73(b)第 1 条裂纹的第 1 个裂纹尖端 t_1 与平板的左边界发生了交割,与荷载曲线中的第 11～15 时步相应,此时结构整体性遭到破坏;图 6-73(c)第 2 条裂纹的第 2 个裂纹尖端 t_2 与裂纹 3 发生了交割;图 6-73(d)第 3 条裂纹的第 1 个裂纹尖端 t_1 与平板右边界交割,从而使得平板整体分离。含 10 条随机分布裂纹正方形平板的名义应力-名义应变曲线如图 6-75 所示。

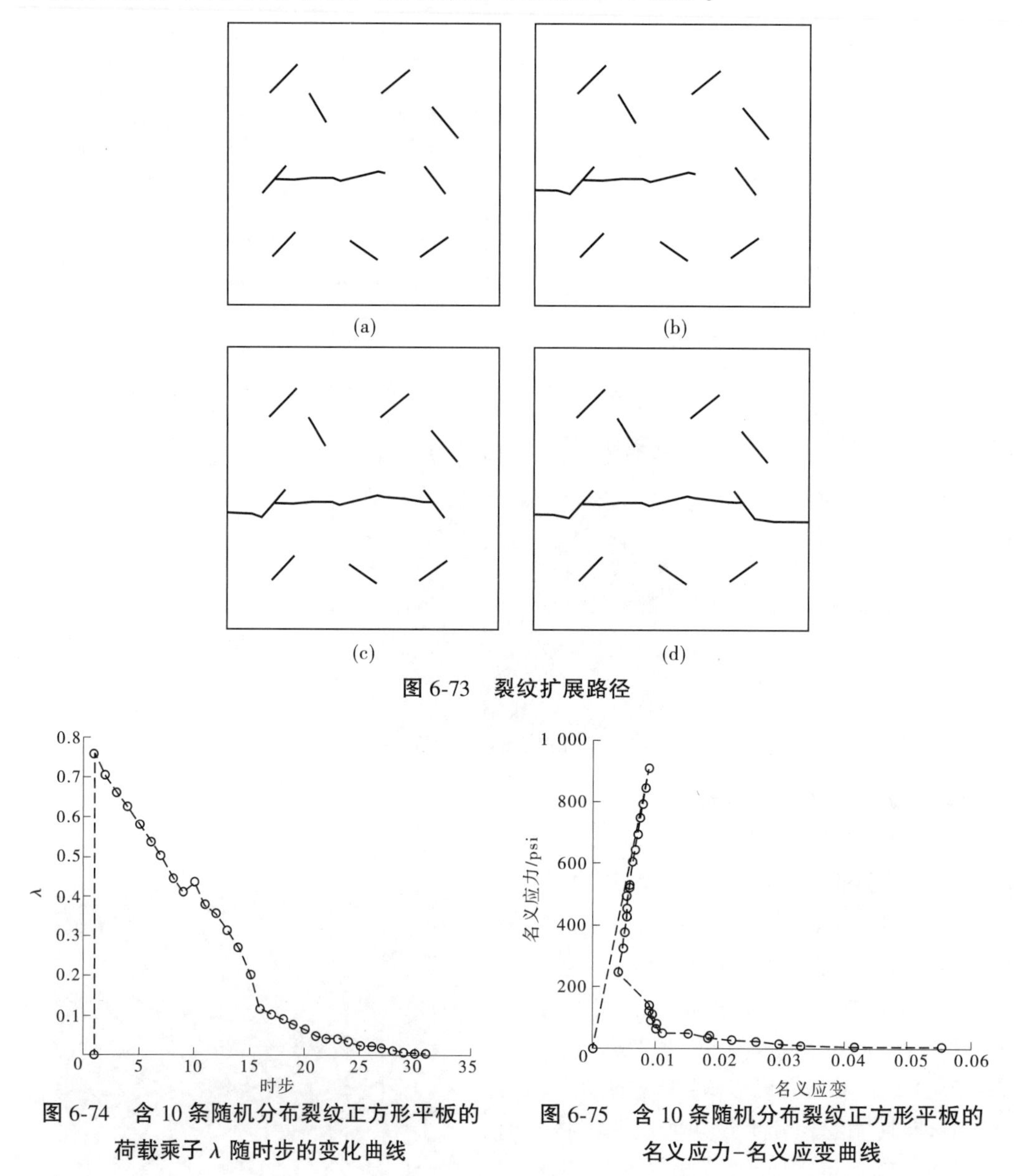

图 6-73　裂纹扩展路径

图 6-74　含 10 条随机分布裂纹正方形平板的荷载乘子 λ 随时步的变化曲线

图 6-75　含 10 条随机分布裂纹正方形平板的名义应力-名义应变曲线

6.3.2.9　小结

(1)提出了多裂纹扩展控制算法,每个时步通过调整荷载来满足力学平衡和断裂韧度条件。

(2)然后将其应用到 8 个典型的多裂纹扩展算例中,给出了裂纹扩展的过程图,最终的模拟路径与文献结果基本一致。同时给出了其荷载曲线与名义应力-名义应变的曲线,很容易直观地了解加载体的受力和变形情况。

(3)裂纹扩展过程中,考虑到裂纹的交汇问题及在应用交互积分求解应力强度因子时避免了裂纹尖端的相互影响,保证了计算的准确性。

6.4　工程应用

6.4.1　引言

Carpinteri 等、Pellegrini 等和 Renzi 等对混凝土重力坝的破坏进行了一系列的试验研究。如图 6-76 所示,为一混凝土重力坝模型,与实际尺寸比例为 1:40。针对该模型,已有学者通过基于黏聚裂纹模型的有限元法对其进行了数值分析。

坝的模型高度为 2.4 m,底部宽度为 2 m,厚度为 0.3 m。由传统混凝土材料制成,混凝土材料的弹性模量 $E=35.7$ GPa,泊松比为 0.1,材料密度为 2 400 kg/m^3。假定为平面应变问题。缺口长度为 1/10 W(0.15 m),位于坝的上游面靠近坝底处,W 为缺口所在高程坝的宽度。

如图 6-76 所示,作用在大坝上游面的水压力等效为 4 个集中力。需要指出的是,在试验过程中,坝的底部发生了旋转,这是我们所不期望发生的,因此需要对它重新修复和固定,才能将试验完成。

大坝发生结构性的破坏裂纹时,通常从表面裂纹或一些分布的表面缺陷处发展而成。它们可以概化为相互作用的多裂纹扩展问题。Shi 等在图 6-76 所示的坝基模型中加入人工预置裂纹,以此来研究多裂纹破坏问题。如图 6-77 所示,大坝模型的几何尺寸、材料参数和加载条件均同图 6-76。但设置了 3 个缺口,分别记为 A、B 和 C。其中,A 和 C 处的缺口长度固定为 0.1W,B 处缺口分别取不同的初始长度,即 0.1W、0.2W、0.3W 和 0.4W,以此研究其裂纹扩展情况。

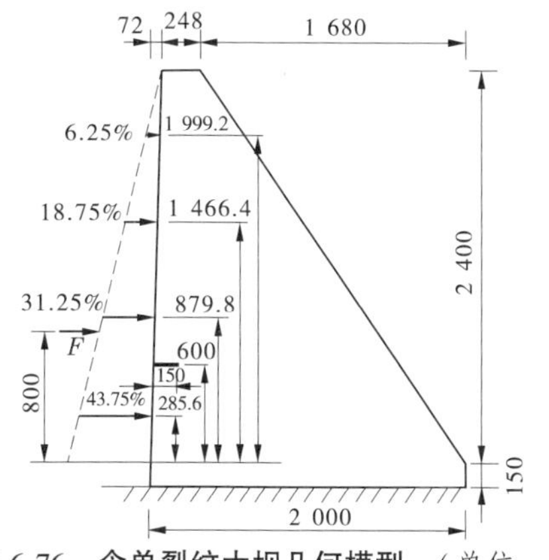

图 6-76　含单裂纹大坝几何模型　(单位:m)

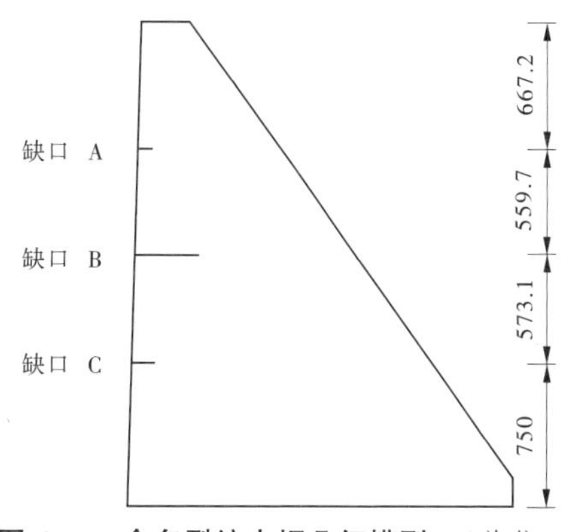

图 6-77　含多裂纹大坝几何模型　(单位:m)

6.4.2　大坝模型的单裂纹扩展

本小节对图 6-76 所示的单裂纹扩展进行研究。如图 6-78(a)~(c)所示,为了测试网格密度对扩展路径的影响,分别设置了 3 种网格,包括稀疏网格、中等网格和较密网格。它们所对应的流形单元数依次是 323、1 156 和 2 496。扩展后依次为 394、1 251 和 2 609。其裂纹扩展长度设定为 50 mm。

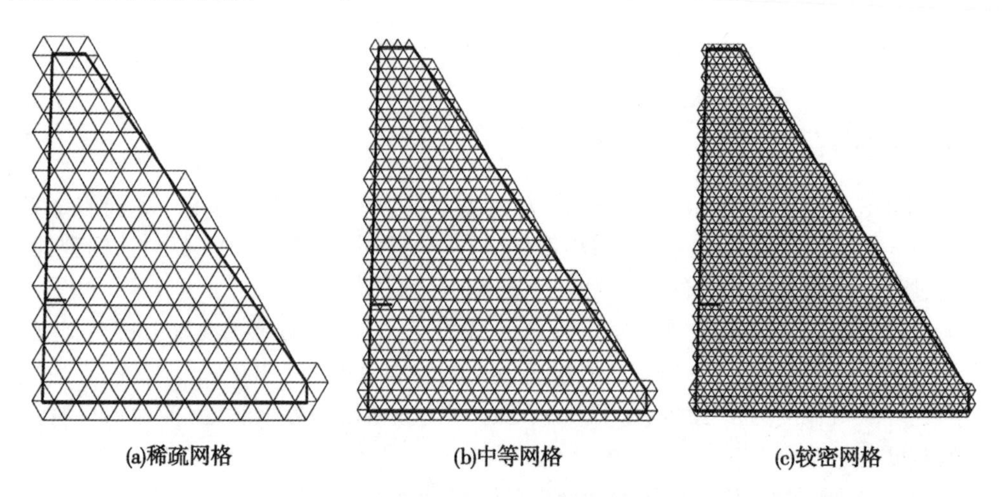

图 6-78　3 种不同密度的数学网格

如图 6-79 所示,为 3 种不同密度数学网格下的裂纹扩展路径。结果表明,不同数学网格下的扩展路径基本相同,证实了该方法对网格依赖性很小。

进而,基于中等数学网格,研究了不同裂纹扩展长度(包括 25 mm、50 mm 和 100 mm)对最终扩展路径的影响,如图 6-80 所示。结果表明,3 种不同扩展长度下的路径基本相同,仅有细微的差异,收敛性很好。

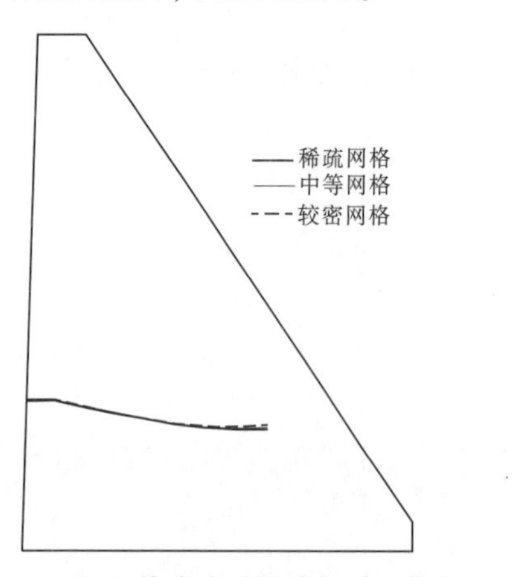

图 6-79　不同网格密度扩展路径对比曲线

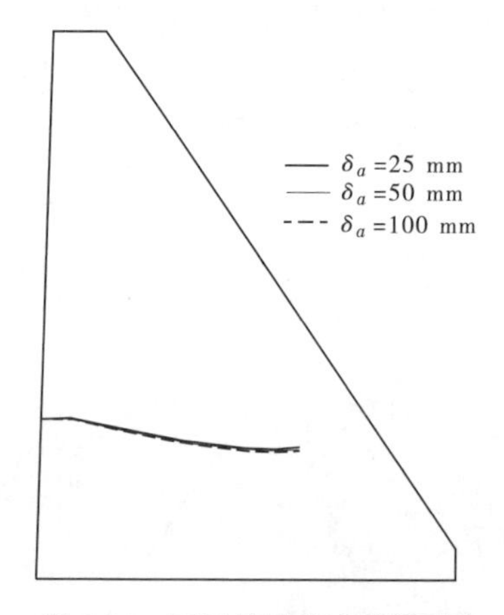

图 6-80　不同扩展长度路径对比

如图 6-81 所示,为中等密度网格下每步扩展长度取 50 mm 的荷载曲线,很明显,随着裂纹的扩张,其抵抗变形破坏的能力越来越弱。图 6-82 所示为同样情况下的荷载—名义应变曲线,发现了“回跳”现象(snap-back)。

综上,NMM 预测路径与文献[279]结果非常接近。

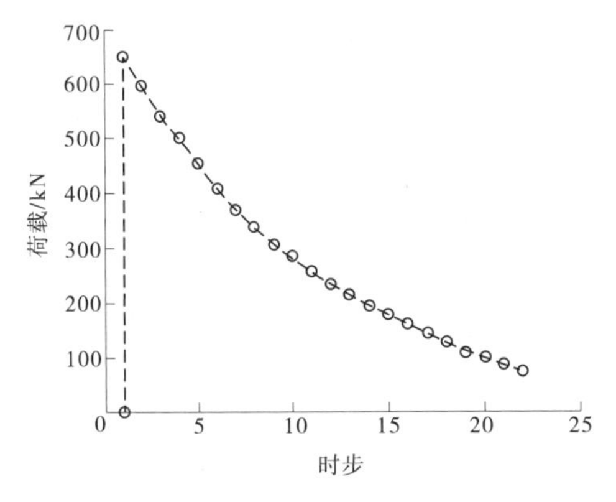

图 6-81　中等网格下每步扩展长度取 50 mm 的荷载曲线

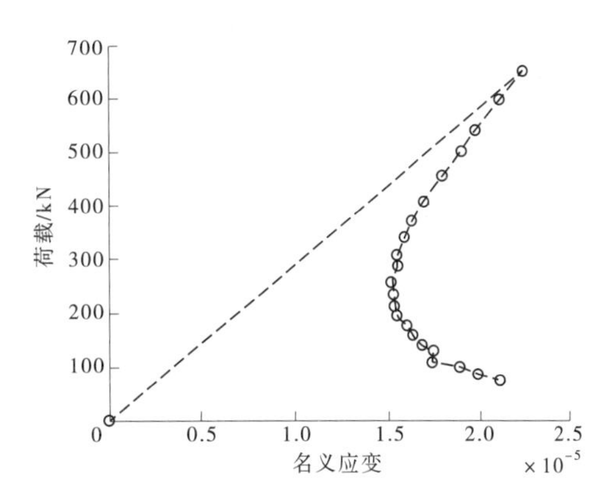

图 6-82　中等网格下每步扩展长度取 50 mm 荷载-名义应变曲线

6.4.3　大坝模型的多裂纹扩展

下面对前文所述多裂纹模型进行分析,4 种情况下裂纹扩展路径如图 6-83 所示。当 B 处缺口长度分别取 0.1W~0.3W 时,仅 C 处裂纹发生扩展,最终扩展路径非常相似。而

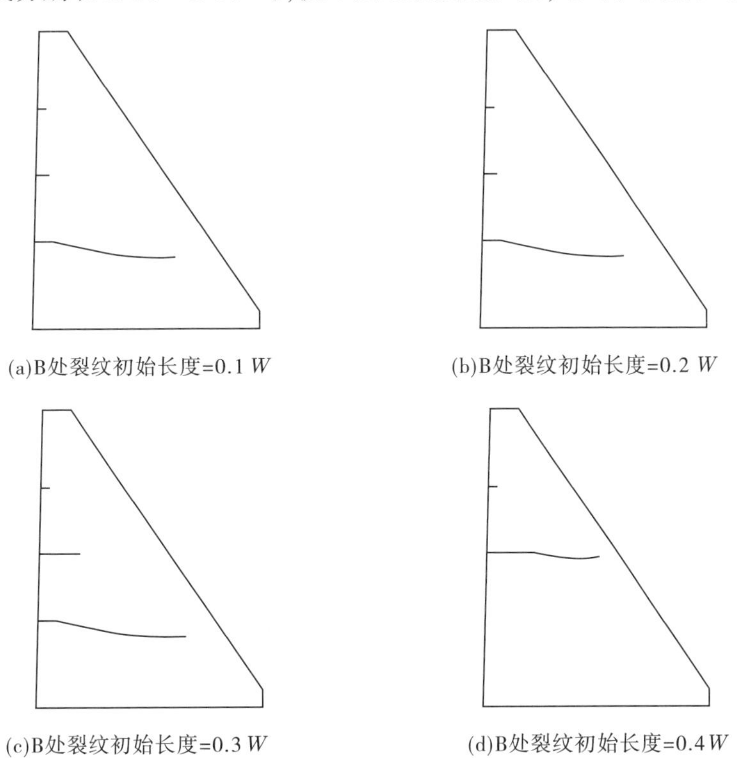

图 6-83　B 处缺口长度取不同值时的多裂纹扩展路径

当 B 处裂纹初始长度为 0. 4W 时,仅 B 处缺口发生扩展。由此可见,这种情况下, 仅有主导裂纹发生扩展,而其他裂纹保持不动。文献[279]为了使得 B 裂纹和 C 裂纹同时扩展,特意设置 B 处裂纹初始长度为 0. 3W,但 B 裂纹与 C 裂纹仅在第一时步发生了同时扩展,然后,B 裂纹处不再扩展,而 C 处裂纹作为主导裂纹一直扩展下去。两者结果基本相似,即便后者 B 裂纹扩展了一个时步,但始终改变不了 C 裂纹作为主导裂纹扩展的事实。如图 6-84 和图 6-85 所示为 B 处裂纹初始长度为 0. 3W 时的荷载曲线与名义应力和名义应变曲线,很明显随着裂纹的扩展,坝体抵抗破坏的能力越来越弱,同样的规律也可在如图 6-86 和图 6-87 的 B 处裂纹初始长度 0. 4W 的荷载曲线和名义应力-名义应变曲线中观察到。

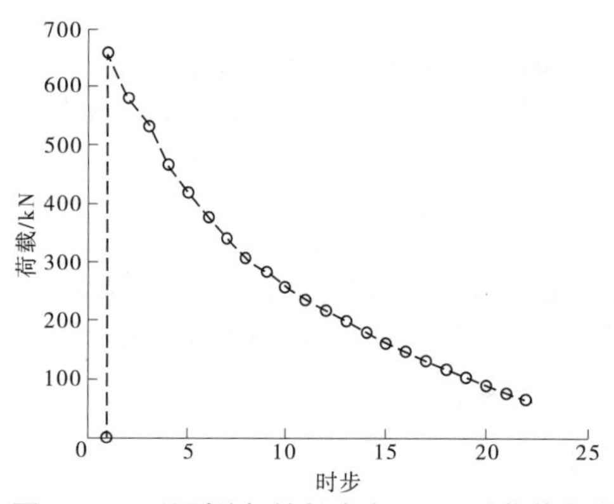

图 6-84　B 处裂纹初始长度为 0. 3W 时荷载曲线

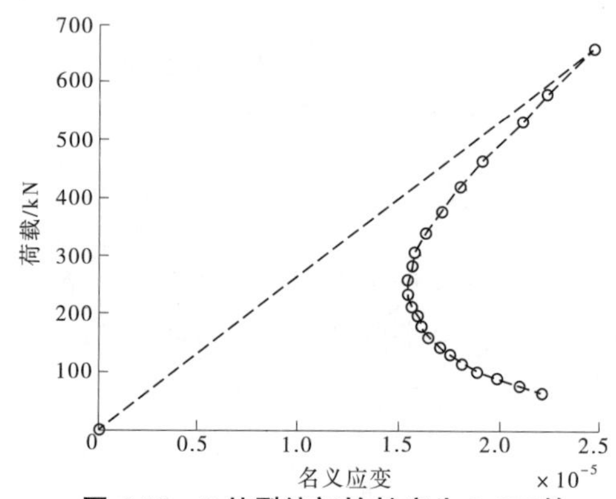

图 6-85　B 处裂纹初始长度为 0. 3W 的荷载-名义应变曲线

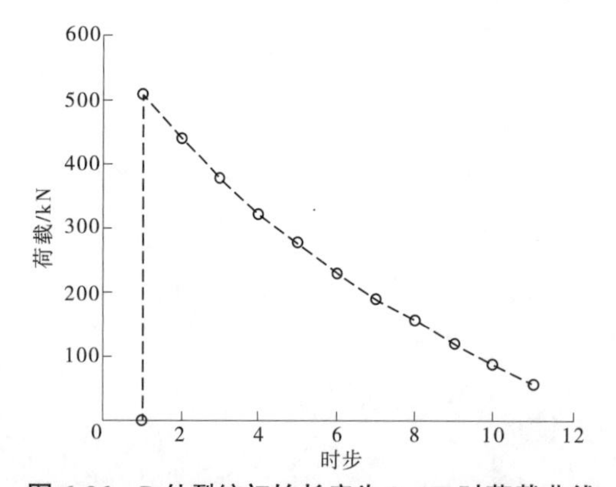

图 6-86　B 处裂纹初始长度为 0. 4W 时荷载曲线

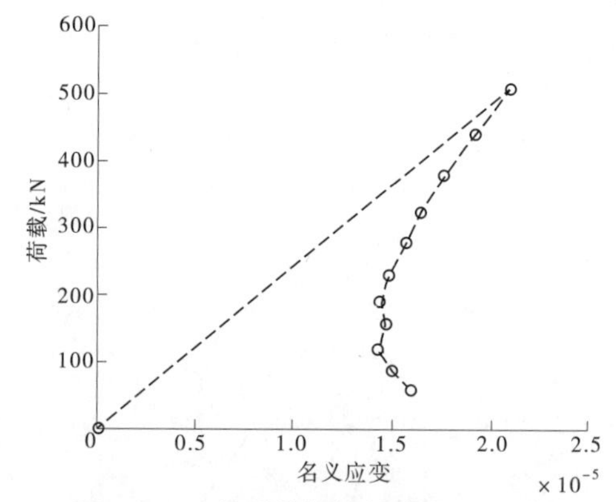

图 6-87　B 处裂纹初始长度为 0. 4W 的荷载-名义应变曲线

6. 4. 4　漫顶高度对 Koyna 大坝裂纹扩展的影响

Koyna 混凝土重力坝位于印度的 Koyna 河上,在 1967 年该坝坝址区域遭受了一次 6. 5 级强烈地震作用,地震后坝体发生了开裂。作为少数几个在强震中发生破坏且有着比较完整记录的重力坝之一，Koyna 坝一直是个很好的动静力稳定分析的研究对象。Gioia 在坝的上游面加入一条预置裂纹，使用数值方法对其进行了破坏分析。

首先假定为平面应力问题。预置裂纹的长度为 1.93 m，距离坝底的高度为 66.5 m。其几何模型如图 6-88 所示。数学覆盖如图 6-89 所示，包含 1 886 个流形单元和 1 021 个物理片。混凝土材料的参数：弹性模量 $E=25$ GPa，泊松比 $\nu=0.2$，密度为 2 450 kg/m^3。断裂韧度 $K_{IC}=1\times10^6$ $Pa\cdot m^{1/2}$。考虑的荷载包括：坝自重，固定漫顶高度下的水荷载。

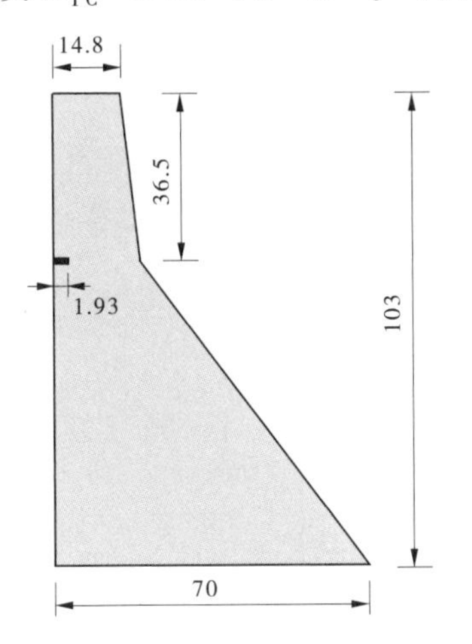

图 6-88　Koyna 重力坝的几何模型　（单位：m）

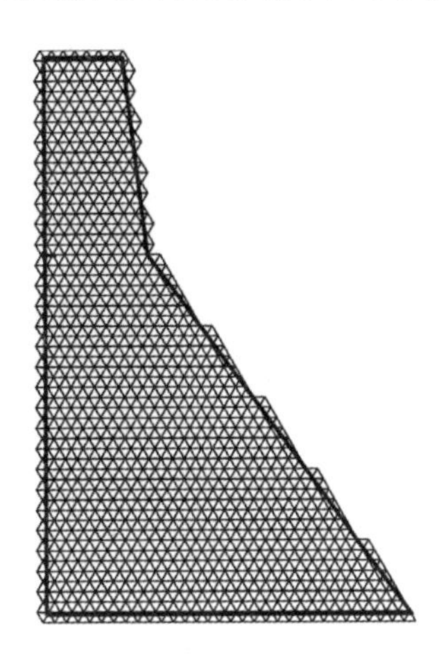

图 6-89　Koyna 坝数学覆盖

同样，对不同扩展长度（包括 1 m、2 m 和 3 m）进行了敏感性分析，结果表明它们的扩展路径非常相似。下面取扩展长度为 1 m 进行其他分析。

下面研究了不同的漫顶高度（包括 5 m、7.5 m、10 m、12.5 m 和 15 m）对于坝体破坏趋势的影响。具体结果如图 6-90（a）~图 6-90（e）所示。如图 6-90（a）所示，漫顶高度为 5 m 时，裂纹朝着坝底方向扩展，但水荷载无法抵抗坝体自身重力的影响，仅扩展几个时步就停了下来。图 6-90（b）漫顶高度为 7.5 m，扩展趋势与图 6-90（a）相似，但其水荷载增大且合力作用点上移，扩展长度也变大。当漫顶高度达到 10 m 时，图 6-90（c）中扩展路径转折点前的部分，较图 6-90（a）和图 6-90（b）没那么陡峭，更为平缓。转折点后朝着偏向竖直的方向扩展，最终因无法提供足够大的水荷载来抵消重力的影响而停止。如图 6-90（d）所示，漫顶高度为 12.5 m 时，水荷载作用点上移，使得坝体更容易破坏，裂纹扩展路径较图 6-90（c），更为平缓。同样漫顶高度达到 15 m［见图 6-90（e）］时，随着水荷载作用点进一步上移，扩展路径更趋于水平方向，更易发生破坏。综上，漫顶高度的增加，使得作用在坝体上的总水荷载增加，同时等效水荷载的作用点不断上移，使得相对于裂纹开裂处的力矩不断增大，这也不可避免地改变了裂纹的最终扩展路径，总体规律为朝着更容易破坏的方向扩展。

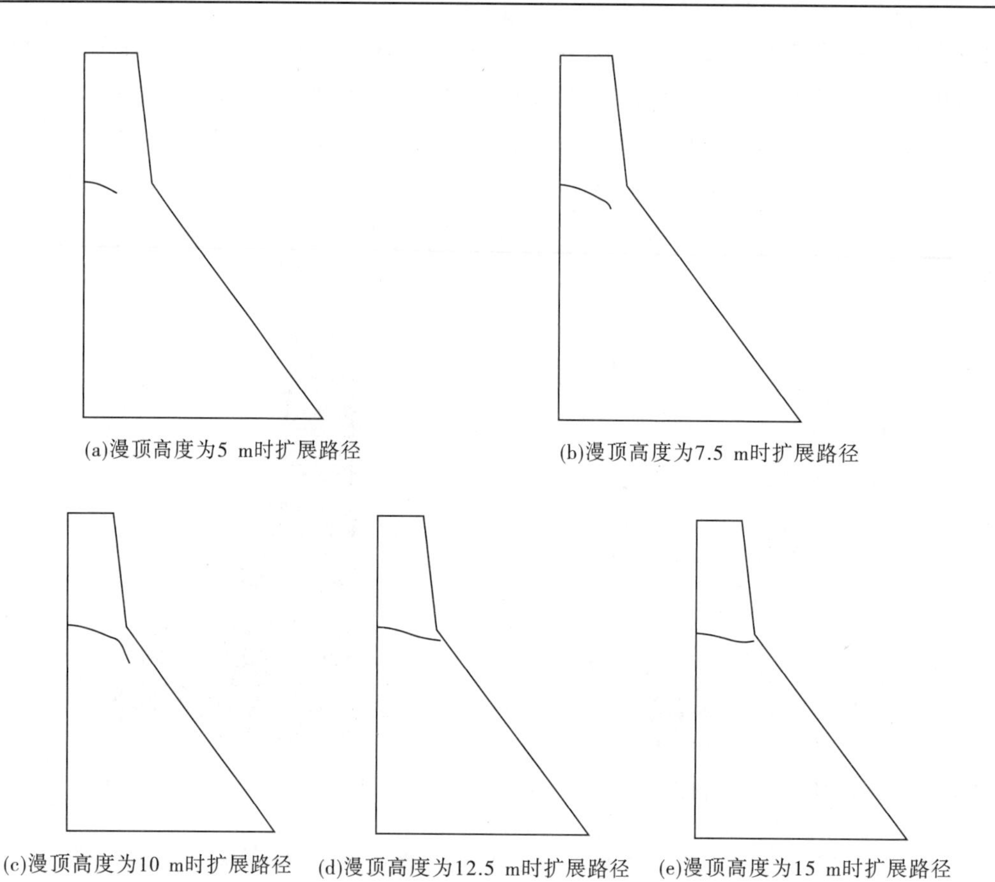

图 6-90　不同漫顶高度下的裂纹扩展路径

如图 6-91 所示,为漫顶高度为 10 m 时的荷载和位移的曲线。结合图 6-90(c),如图 6-91(a)所示,在转折点之前,荷载一直变小,说明坝体越来越容易破坏;转折点之后,荷载不断增大,说明需要更大的荷载才能使得坝体发生破坏,此时,坝体由于自重的作用以及裂纹形态的原因,抵抗破坏的能力变大。从图 6-91(b)的荷载-名义应变曲线中,也可看出相同的规律。由图 6-91(c)的坝体左肩位移曲线也可看出,首先左肩位移不断增大,曲线斜率较大,而后发生转折,位移增长趋势变缓,最终趋于不变,说明裂纹扩展停止。

如图 6-92 所示,为漫顶高度为 12. 5 m 的荷载和位移曲线。如图 6-92(a)所示的荷载曲线,随着裂纹的扩展,坝体抵抗破坏的能力越来越弱。在图 6-92(b)中的荷载-名义应变曲线也有体现。由图 6-92(c)的坝体左肩位移曲线可知,位移一直增大,而且增长趋势越来越快,直到坝体完全破坏。

需要指出的是,算例中并未考虑作用在裂纹面上的水荷载作用。本书中研究侧重于模型试验与数值试验结果的比对。

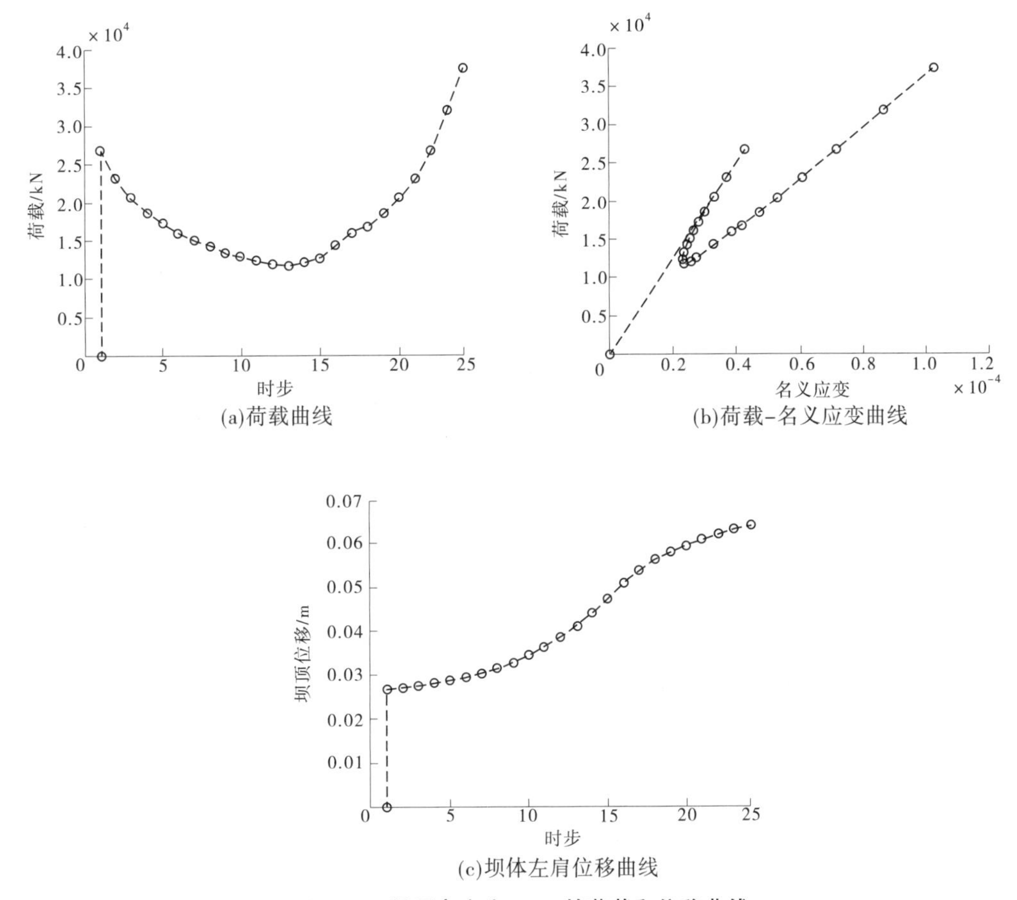

图 6-91　漫顶高度为 10 m 的荷载和位移曲线

6.4.5　小结

前文首先对一大坝模型进行了裂纹扩展分析,进而又将算法应用于印度 Koyna 重力坝的裂纹分析中,得到以下结论:

(1)针对大坝模型的单裂纹扩展分析,进行了扩展长度和网格密度的敏感性分析,扩展路径均与文献一致。

(2)大坝模型的多裂纹扩展分析结果显示,B 缺口初始长度为 0.1W~0.3W 时,仅 C 处裂纹扩展;B 缺口初始长度为 0.4W 时,仅 B 处裂纹发生扩展。总之,仅有一条主导裂纹发生扩展。

(3)针对 Koyna 重力坝,通过设置不同的漫顶高度,研究了其裂纹扩展路径的变化。结果显示,随着漫顶高度的增大,裂纹扩展路径更趋于向水平方向发展,且坝体抵抗破坏的能力减弱。

(4)证实了 NMM 在求解实际问题时,依然具有很好的数值稳定性及鲁棒性。

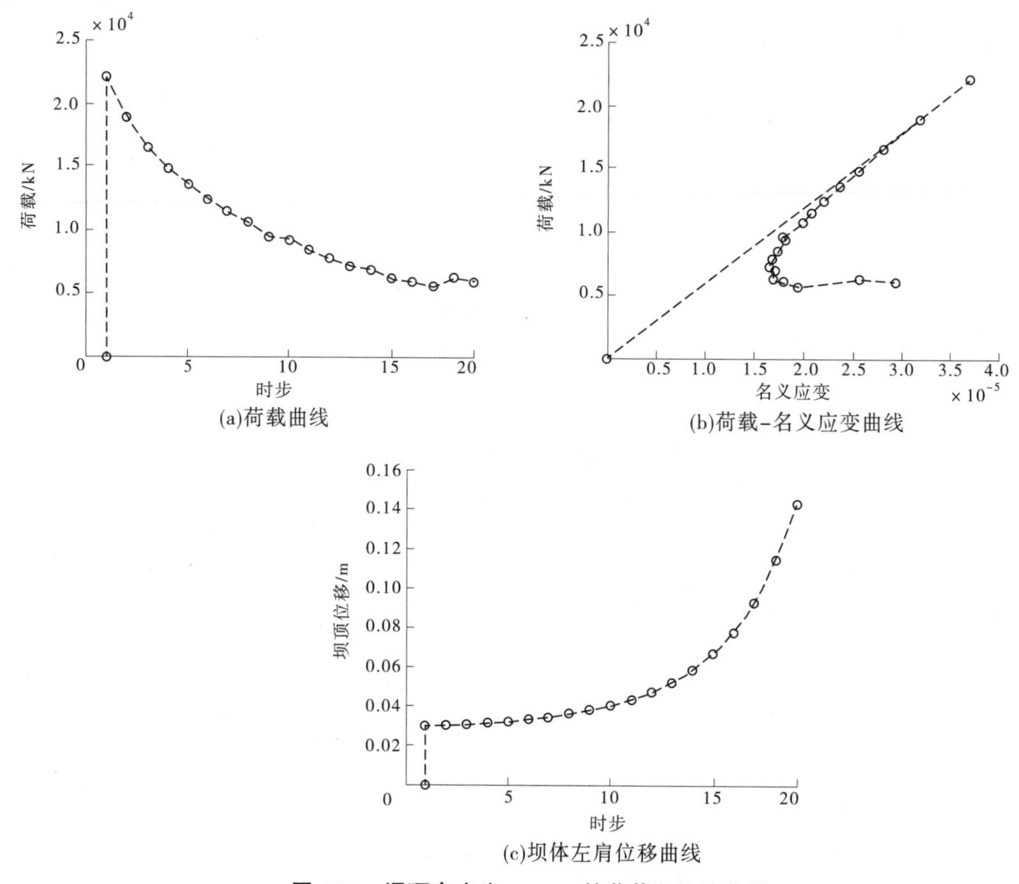

(a)荷载曲线

(b)荷载-名义应变曲线

(c)坝体左肩位移曲线

图 6-92　漫顶高度为 12.5 m 的荷载和位移曲线

6.5　本章小结

本章将改进的 NMM 应用到了材料体由连续到非连续的破坏过程分析中。在单裂纹和多裂纹扩展模拟中,每步通过调整荷载来满足力学平衡和断裂韧度条件。通过 12 个典型算例证实了方法的正确性。最后将其应用到 Koyna 重力坝裂纹扩展分析,通过设置不同的漫顶高度研究了其裂纹扩展路径的变化。

第 2 篇　非连续变形分析方法

第 7 章　非连续变形分析方法研究现状及分析

非连续变形分析方法(DDA)是石根华博士(1988)提出的一种用于分析块体系统运动变形的数值方法。它基于最小势能原理,将块体本身变形和块体间的接触问题统一到矩阵求解中,块体间严格遵守无嵌入和无拉伸条件,理论严密,精度较高。与上述基于连续介质方法相比,DDA 方法可以用来模拟岩体的非连续性和大变形性。与 DEM 相比,DDA 允许相对较大的时步,而且 DDA 方法是对真实时间的模拟。因此,DDA 方法在岩石工程失稳破坏演化全过程的数值模拟研究方面具有与生俱来的优势。由于实际问题都是三维问题,显然三维 DDA 方法较二维 DDA 方法更适合应用于岩石工程中由连续到非连续的破坏演化的全过程模拟。

为了提高 DDA 方法在解决实际问题时的能力,学者们在石根华博士所发布的二维 DDA 源代码程序基础上,进行了很多改进工作。目前,DDA 方法已经取得了丰硕的成果,本章对 DDA 的研究成果进行简要综述。

7.1　二维 DDA 的块体接触改进

块体接触问题是 DDA 方法的一个关键问题。石根华博士最初采用罚函数法处理接触。张勇慧和郑榕明采用不同的切向与法向刚度系数改进了传统 DDA 方法的开-闭迭代,扩大了 DDA 方法在接触处理方面的适用范围。Cheng 等使用一种具有法向和切向弹簧的节理模型处理接触,并提出以最大位移增量作为 DDA 每步收敛的判断标准,达到了不错的效果。张旭和于建华认为采用其所定义的柔性弹簧和原刚性弹簧共同作用的方式才能更真实地模拟接触问题。不少学者认为拉格朗日乘子法可以提高块体间接触的计算精度。如 Cai、Liang 等提出拉格朗日非连续变形分析方法(LDDA),以拉格朗日乘子法处理接触,可用来模拟块体系统动力非连续变形问题。张伯艳和陈厚群在 LDDA 的基础上,提出了一种计算动接触力的改进的 Uzawa 迭代算法,进一步提高了收敛速度。但拉格朗日乘子法会增加支配方程的数量。因此,很多学者进一步采用增广拉格朗日乘子法来代替罚函数法,如 Amadei 等、Lin 等和 Bao 等。为了避免 DDA 方法的开闭迭代过程以及不引入人工弹簧参数,Zheng 等提出了基于混合非线性互补的 DDA 方法,但它需要引入特殊的矩阵求解算法。

另外一种针对接触问题的改进侧重于接触对检索,如 Bao 和 Zhao 指出原 DDA 方法中角角接触时以嵌入距离来判断进入线,但当两个角处于接触状态但又不相互嵌入时,该方法失效。因此,提出了两种改进措施:第 1 种通过引入所谓的连接接触弹簧进行了改进,可以更为准确地确定进入线;第 2 种当移动块体顶点要嵌入目标块体时,根据该顶点在该时步内的运动轨迹来确定进入线。

7.2　二维 DDA 裂纹扩展方面的研究

Ke 和 Koo 等在模拟裂纹扩展时，将 DDA 块体细分为一定量的小块体，使得裂纹沿着块体边界扩展，这样处理使得最终的扩展路径非常依赖块体的剖分形式。Tian 等在 ND-DA(DDA 块体划分有限单元+沿用 DDA 接触)中引入一种双重最小化处理方法进一步改善了应力精度，进而实施了破坏过程模拟分析，但裂纹仍是沿着单元边界扩展。焦玉勇和张秀丽等提出的岩体破裂非连续变形分析方法(DDARF)将计算区域剖分成三角形块体单元，单元边界分为真实节理边界和虚拟节理边界。按照界面破裂准则判断裂纹是否扩展，且扩展沿虚拟节理进行；同时实现了块体自身破裂算法，在一定程度上减弱了子块体剖分对最终扩展方式的影响。王士民和朱合华等将非连续子母块体理论模型引入 DDA 方法中，解决了连续到非连续的破坏问题。通过石拱桥破坏的工程实例，验证了方法的有效性。该算法与焦玉勇等提出的 DDARF 方法有异曲同工之妙。Lin 等通过划分出来的子块体模拟大块体的应力分布；加入子块体自身破裂算法，可实现块体破碎过程模拟。马永政在 DDA 块体内部进行无网格插值，所获得的应力状态更为精确，并实现了块体内部的裂纹扩展，克服了对子块体剖分形式的依赖性。但由于无网格方法在构造形函数时计算量太大这一固有的缺陷，限制了它的进一步推广。另外，Cai 和 Zhu 等通过在 DDA 块体间设置连接单元进行改进，并应用到拉裂纹扩展模拟中。

7.3　三维 DDA 的研究进展

综上，二维 DDA 的接触改进方面主要侧重于拉格朗日乘子法系列和互补理论，但作者认为罚函数方法更为简单，更容易被工程师所接受。二维 DDA 方法在裂纹扩展研究方面已经取得了如上很多优秀的成果，裂纹扩展方式主要侧重于沿着子块体单元边界扩展和改进后的块体自身破裂，主要努力方向为力求消除裂纹扩展对于网格的依赖。实际工程问题为复杂的三维问题，因此发展三维 DDA 方法迫在眉睫；纵观二维 DDA 取得的重大研究成果，它为三维 DDA 方法的发展奠定了扎实的理论基础并提供良好的契机。三维 DDA 方法也已取得很多好的成果，但是仍比较初步。就下面几个方面做详细的介绍。

7.3.1　改善三维块体内部精度方面

Shi、Jiang 等、Yeung 等和 Wu 等所提出的三维 DDA 方法中均使用线性位移函数，也就意味着常应力和常应变，这对于体积较大的块体来说，块体内部的应力状态描述过于粗糙。关于改进应力精度的方法主要分为两类：第一类是用划分而成的有限元网格改善应力精度，如 Grayeli 和 Hatami、Liu 等使用四节点四面体单元来改善三维 DDA 的精度。Beyabanaki 等则在 3D-DDA 中加入了 8 节点六面体单元，可更为准确地模拟块体内部的应力状态。姜清辉和周创兵等通过对三维 DDA 块体进行有限单元网格剖分，采用有限元法来求解块体内部的位移场及应力分布，块体边界之间的接触则沿用原 DDA 接触理论，基于最小势能原理建立了三维 DDA-FEM 耦合方法的求解体系，并应用于模拟分析混凝土基础与地基相互作用,证实了该耦合方法的有效性。第二类是采用高阶位移函数,如张杨和邬爱清等建立了三维连续结构的高阶 DDA 的求解方法,并验证了三维高阶 DDA 方法在处理连续结构静力计算中的可行性。Beyabanaki 等发展了高阶位移函数的三维 DDA。

7.3.2　块体切割方面

离散块体系统的生成是 DDA 方法的基石。Shi 最早提出二维块体的几何识别方法。但三维块体切割比二维复杂,它将二维 DDA 搜索有向边环路升级为搜索有向面环路。三维块体切割方面,Warburton 假定裂纹面无限大,因此仅适用于生成简单的凸形块体。Lin 基于代数拓扑理论提出了三维块体几何识别的数学方法。石根华博士给出了切割三维块体和搜索关键块体的一般方法。张奇华和邬爱清提出了三维块体全空间搜索的一般方法,并给出了检验块体搜索正确与否的标准,算例证实了方法的通用性和可靠性。另外,彭校初、Jing、Song 等以及李海枫和张国新等在块体切割方面也做出了巨大的贡献。在诸多学者的共同努力下,现在已经发展出较为成熟的三维块体切割技术,它能够生成任意复杂形状的块体,如凹形块体或复连通块体等。

7.3.3　块体的接触检索方面

接触检索是关系到后续计算正确与否的关键所在。接触判断最直观的方法是直接法,但它计算量太大,并不实用。Cundall 于 1988 年提出的公共面法是利用假设的无厚度面来确定块体的接触关系,计算效率较前者高。但是公共面的位置需要通过不断搜索迭代确定,计算量不确定;而且它并不能保证总能找对接触关系。Nezami 等对公共面法进行了改进,检索效率加快,但并未彻底解决公共面法遇到的难题。陈文胜和郑宏等针对直边凸多面体提出了一种三维块体接触判断的侵入边法,该方法基于两个块体接触时会有公共部分的基本思想,将凸多面体的接触归纳为七种容易识别的接触形式,以充分反映块体局部几何形状的特征,可弥补公共面法的不足。王健全等对进一步改进了公共面法和侵入边法,提出了适用于凸形块体的切割体法。罗海宁和焦玉勇将直接法与公共面法结合起来提高了接触检索的效率。同样刘新根和朱合华等基于直接法和公共面法的思想,对接触类型进行了归纳,并结合块体的外包围盒、块体切割面和接触继承进一步改进了块体的接触检索,该算法具有很好的适应性和鲁棒性,而且也适用于凹形块体。另外,Keneti 等提出了一种三维 DDA 中凸形块体间的接触形式判别算法。

7.3.4　块体接触力计算

块体间接触力的准确捕捉,对离散块体系统的总体发展走势具有重要的意义。Jiang 等发展了三维 DDA 的点-面接触模型。进而,与张煜合作又提出了三维离散块体单元的边-边接触模型,给出了边-边接触进入面的判定方法和嵌入准则。Yeung 等和 Wu 也给出了三维 DDA 中边-边接触处理方法。Beyabanaki 将三维 DDA 中的六种类型的接触转换为简单的点-面接触,该算法简单有效且容易编程实现。Wu 等发展了一种新的接触搜索算法用来处理无摩擦点面接触问题,给出了法向接触力的三维 DDA 公式。Beyabanaki

等在这方面做了很多的工作:①给出了三维 DDA 中的一种新的点面接触算法;②提出了修正的高阶三维 DDA 中的接触约束,并推导了相应的公式;③将三维 DDA 应用到模拟颗粒介质行为,并推导了球形块体的三维 DDA 相应公式。针对特定问题给出的特定模型并不能宽泛地应用到求解各类问题中,因此亟须提出一种适用性更强的三维离散块体间接触力的计算方法。

二维 DDA 方法在接触理论方面、裂纹扩展研究以及工程应用方面已经相对成熟。但实际问题的本质为复杂的三维问题,并不总能简化为平面应力或平面应变问题。这已经超出了二维 DDA 的适用范围。三维 DDA 在块体接触处理、改善块体内部精度、接触检索技术以及块体间接触力的计算方面已经取得了不少的优秀成果,但这仍仅仅是初步的。而且关于三维 DDA 应用到裂纹扩展模拟的文献相对很少,在这方面仍有极大的开发空间。

三维 DDA 中的块体形状较为复杂,比如凹形体、复连通体等。针对这些复杂的问题,提出了很多适用性接触模型,但这些接触模型的适用面很窄,都是针对几类小问题而展开。能否考虑通过将这些复杂形状的体离散为某一种块体性态,所有的接触判断简化为对这些小的离散体的判断,用无数小的离散体的接触处理,从细观到宏观地反映整个块体的接触情况。

第 8 章　三维块体系统切割算法及工程应用

8.1　基于计算机辅助技术(CAE)的三维块体系统切割方法

切割计算在通用的有限元程序中,已经较为成熟。而且一般的地质模型都是较为复杂的,在没有任何 CAE 辅助技术的支撑之下,是不可能建立的。出于这种考量,发展了基于 CAE 辅助技术的三维块体系统切割方法。下面进行简要的介绍。

首先,基于无限结构面对于初始模型的凸化切割,获得第一手最为简单的点、线、面和体的几何信息,为了规避数值误差带来的计算失败,往往需要最大限度地保留有效数字的位数。然后,根据不同的结构面属性(真实结构面或虚拟结构面)将切割的凸形块体进行分类和黏合。进而,通过自行编制的鲁棒性极强的环路搜索算法确定真实的切割块体。通过该算法生成的体,首先它为块体理论的分析单元;然后,将块体信息进一步分解分类,就可得到三维 DDA 的模型信息。只需要将其按照三维 DDA 的文件格式输出即可。该方法适用于任意复杂的模型,包括凹体或孔洞等。它从构思上已经尽力将最为普遍的情况包含在内,算法理论上的普适性是可以保证的。

如图 8-1 所示,利用上述切割算法,生成了这样一个既包含孔洞又包含凹形外表面的复杂三维 DDA 模型。同样的,图 8-2 为利用所提出的切割算法生成的一个圆弧边坡的三维 DDA 模型,它的原型是石根华先生所公布的二维 DDA 计算程序。该模型看似简单,但实际上圆弧坡面是一系列的小平面连接而成,使得建模复杂程度加大。但在 CAE 辅助支撑下,利用本书的算法,建立这个模型还是较为方便的。

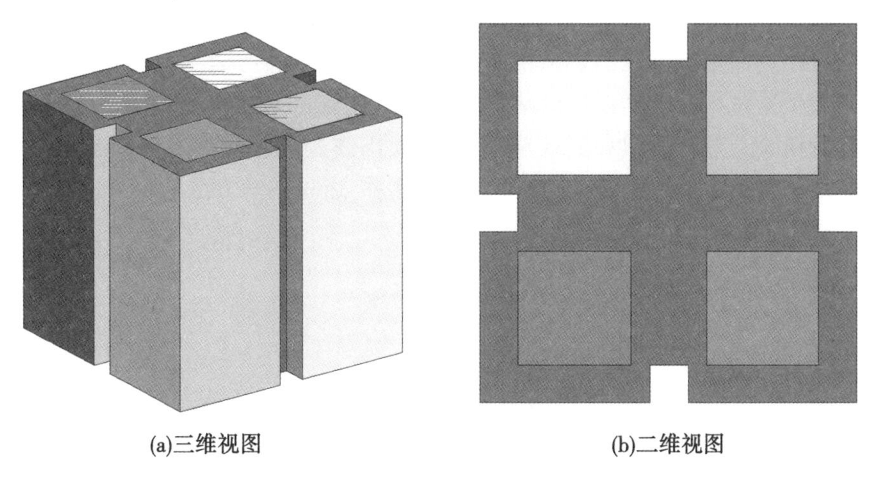

图 8-1　凹外壳孔洞模型

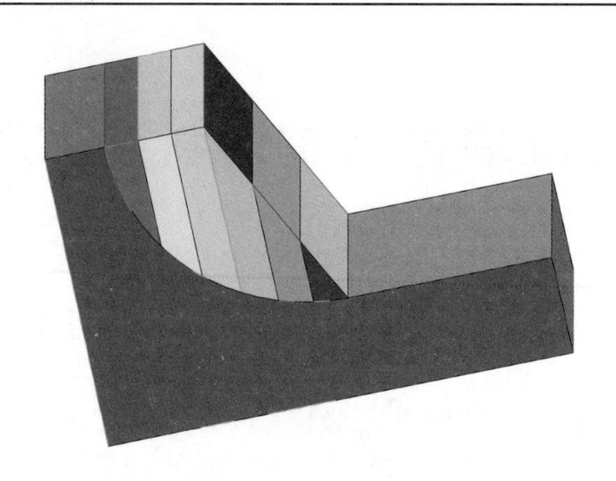

图 8-2 圆弧边坡模型

8.2 三维切割算法的工程应用

8.2.1 工程背景

所在团队承担了吉林省中部城市引松供水工程总干线 TBM 施工段隧洞Ⅱ类围岩不衬砌研究(关键块体部分)的工作。项目组在对引水隧洞地质条件和 TBM 成洞特点进行研究的基础上,提出了基于双激光照准技术的结构面信息获取技术,通过现场测试获得了两个洞段 4.2 km 长度近 400 条结构面的基础信息;经由数学处理实现了 TBM 隧洞结构面出露迹线网络的计算机重建。在此基础上,开展了 TBM 隧洞定位块体稳定性分析以及基于岩体随机结构面网络模拟技术的三维岩体结构特征研究和随机块体稳定性分析工作。

本技术是针对 TBM 开挖的圆形隧洞开发的,但对于其他类型的隧洞类型,如城门洞形等,在该技术基础上适当推广发展也可应用。现场地质人员采用激光照射的方式顺次选取待测量结构面出露迹线的若干特征点,特征点的数量不少于 3 个,且应包括迹线的端点。测试人员通过操控全站仪将全站仪射出的激光斑点指示特征点的激光点重合时,锁定全站仪的镜头并进行读数和记录,获得结构面出露迹线特征点的局部坐标。获取结构面出露迹线的特征点信息后,再转换至全局坐标系,通过数学方法拟合可以计算出结构面的空间产状。

8.2.2 真实节理系统的计算机重建

8.2.2.1 不同设站方式下局部坐标系

首先,在全站仪设站时假定镜头的正向是由大桩号指向小桩号方向。将全站仪调整水平归零以后,旋转镜头向左侧隧洞洞壁连续打几个点,通过不断的重复试探,找到距离镜头最小的一个点,将该点的坐标信息及距离记录;然后旋转镜头至另一侧洞壁,采用同样的方法,找到距离另一洞壁距离最小的点,两点的连线就确定了全站仪的水平轴。在这种情况下,全站仪内部的坐标系定义如下:左手为 x 轴正方向;y 轴为从大桩号指向小桩号与洞轴线平行的方向;z 轴竖直向上,如图 8-3(a)所示。注意:全站仪里面的坐标系并不遵循右手法则。

另一种建站方式如图 8-3(b)所示,也就是由小桩号指向大桩号。同样,坐标系定义为:左手为 x 轴正方向;y 轴为从小桩号指向大桩号与洞轴线平行的方向;z 轴竖直向上。

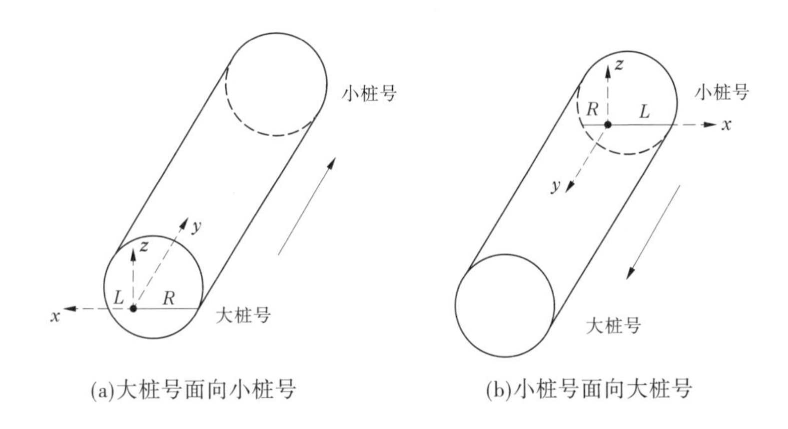

图 8-3　圆形隧洞内部不同设站方式下的局部坐标系

为了编程的方便,在实际操作时统一使用从大桩号到小桩号定义的坐标系;当采用小桩号到大桩号的设站方式时,只需要将距离左右边墙的距离对换以及 x 轴和 y 轴反向即可。

8.2.2.2　结构面产状计算

(1)将全站仪坐标系转换到右手直角坐标系下。针对两种设站方式下获取的原始测量数据,只需要将 y 方向的数据取反,即可将其转换到如图 8-4 所示的右手直角坐标系下。

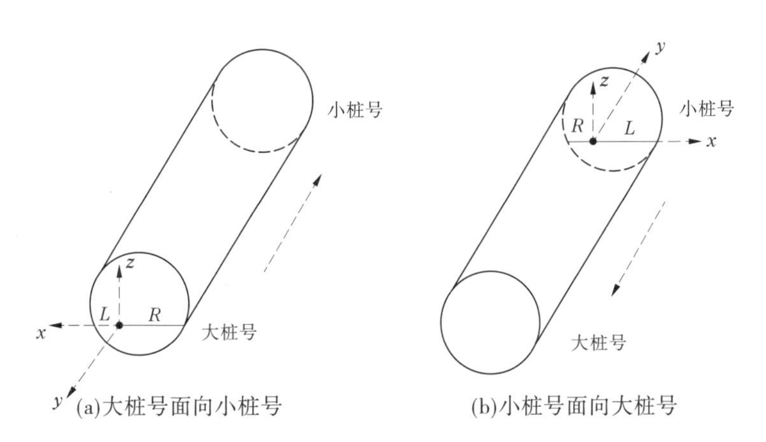

图 8-4　全站仪坐标系转换到右手直角坐标系

(2)这里以图 8-4(a)所示的由大桩号指向小桩号建立的右手直角坐标系为例进行说明。$y=0$ 的隧洞端面如图 8-5 和图 8-6 所示,其中 xoz 为基于全站仪的修正后的右手直角坐标系;而 XOZ 为基于圆形隧洞圆心建立的全局坐标系,圆心为原点,水平向左为 X 轴,竖直向上为 Z 轴,根据右手法则即可确定 Y 轴方向(洞轴线方向)。针对同一隧洞,可能设站多个,而且设站的方式也各有不同,因此需要将基于 xoz 坐标系下的测量数据统一转换到 XOZ 坐标系下,以便于数据的统一处理。

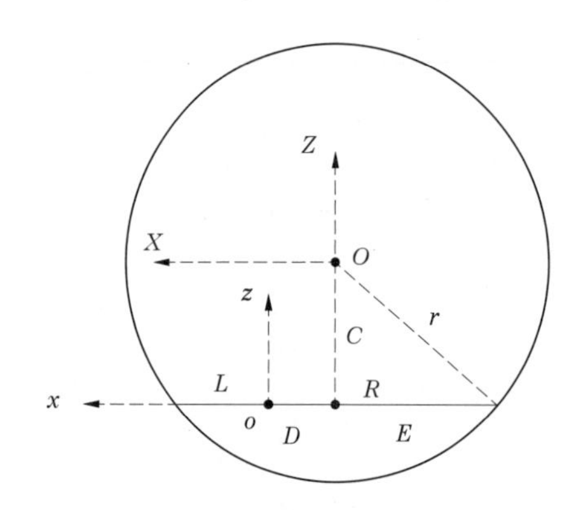

图 8-5　$L<R$ 时的局部和全局坐标系

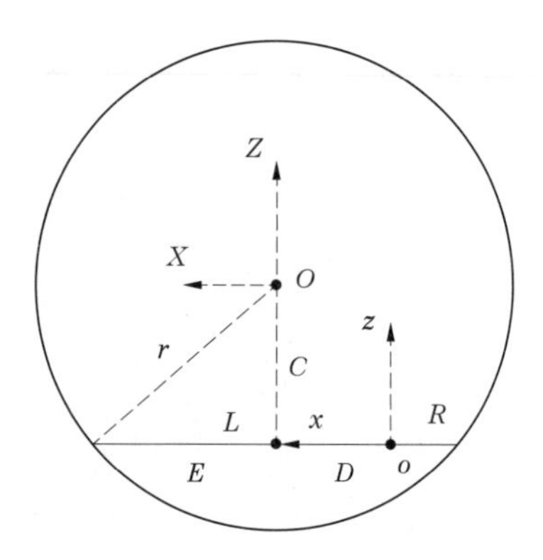

图 8-6　$L>R$ 时的局部和全局坐标系

如图 8-5 所示,L 为全站仪镜头距离左侧洞壁的最小距离,R 为全站仪镜头距离右侧洞壁的最小距离,且已知 $L < R$,那么

$$E = \frac{L + R}{2} \tag{8-1}$$

$$D = R - E = \frac{R - L}{2} \tag{8-2}$$

$$C = \sqrt{r^2 - E^2} = \sqrt{r^2 - \left(\frac{L + R}{2}\right)^2} \tag{8-3}$$

很明显,xoz 坐标系下一点 $P(x,y,z)$ 与 XOZ 坐标系下的点 $P'(X,Y,Z)$ 转换关系为

$$\left.\begin{aligned} X &= x + D \\ Y &= y \\ Z &= z - C \end{aligned}\right\} \tag{8-4}$$

针对同一端面,如果 $L > R$,如图 8-6 所示,那么

$$E = \frac{L + R}{2} \tag{8-5}$$

$$D = L - E = \frac{L - R}{2} \tag{8-6}$$

$$C = \sqrt{r^2 - E^2} = \sqrt{r^2 - \left(\frac{L + R}{2}\right)^2} \tag{8-7}$$

那么,xoz 坐标系下一点 $P(x,y,z)$ 与 XOZ 坐标系下的同一个点 $P'(X,Y,Z)$ 转换关系为

$$\left.\begin{aligned} X &= x - D \\ Y &= y \\ Z &= z - C \end{aligned}\right\} \tag{8-8}$$

综合式(8-4)和式(8-8),可知无论 L 与 R 大小,最终的变换公式都是相同的,表达式如下:

$$\left.\begin{aligned} X &= x + \frac{R - L}{2} \\ Y &= y \\ Z &= z - \sqrt{r^2 - \left(\frac{L + R}{2}\right)^2} \end{aligned}\right\} \tag{8-9}$$

(3)根据测量点拟合平面方程,确定倾向和倾角信息。

根据不共线的 3 个特征点的坐标即可得到结构面所在平面的法向矢量,记为 (l,m,n) 。当结构面特征点的个数多于 3 个时,采用最小二乘法进行平面方程的拟合,具体计算过程如下:

设某结构面有 N 个特征点,将其转换至全局坐标下,并记作 $P_i(X_i,Y_i,Z_i)$ 。结构面所在的平面方程为

$$AX + BY + CZ + D = 0 \tag{8-10}$$

其中,A、B、C 和 D 为待定系数。

记数据点 $P_i(X_i,Y_i,Z_i)$ 到平面的距离为 d_i ,则

$$d_i^2 = \frac{(AX_i + BY_i + CZ_i + D)^2}{A^2 + B^2 + C^2} \tag{8-11}$$

令 $L = \sum\limits_{i=1}^{n} d_i^2$ 为目标函数,现欲使得 L 最小化,则需满足以下必要条件:

$$\frac{\partial L}{\partial A} = 0, \frac{\partial L}{\partial B} = 0, \frac{\partial L}{\partial C} = 0, \frac{\partial L}{\partial D} = 0 \tag{8-12}$$

将式(8-11)代入式(8-12)可得:

$$\frac{\partial L}{\partial A} = \sum_{i=1}^{N} \frac{2X_i(AX_i + BY_i + CZ_i + D)}{A^2 + B^2 + C^2} \tag{8-13a}$$

$$\frac{\partial L}{\partial B} = \sum_{i=1}^{N} \frac{2Y_i(AX_i + BY_i + CZ_i + D)}{A^2 + B^2 + C^2} \tag{8-13b}$$

$$\frac{\partial L}{\partial C} = \sum_{i=1}^{N} \frac{2Z_i(AX_i + BY_i + CZ_i + D)}{A^2 + B^2 + C^2} \tag{8-13c}$$

$$\frac{\partial L}{\partial D} = \sum_{i=1}^{N} \frac{2(AX_i + BY_i + CZ_i + D)}{A^2 + B^2 + C^2} \tag{8-13d}$$

写成矩阵形式如下:

$$\begin{bmatrix} \sum_{i=1}^{N} X_i^2 & \sum_{i=1}^{N} X_iY_i & \sum_{i=1}^{N} X_iZ_i & \sum_{i=1}^{N} X_i \\ \sum_{i=1}^{N} Y_iX_i & \sum_{i=1}^{N} Y_i^2 & \sum_{i=1}^{N} Y_iZ_i & \sum_{i=1}^{N} Y_i \\ \sum_{i=1}^{N} Z_iX_i & \sum_{i=1}^{N} Z_iY_i & \sum_{i=1}^{N} Z_i^2 & \sum_{i=1}^{N} Z_i \\ \sum_{i=1}^{N} X_i & \sum_{i=1}^{N} Y_i & \sum_{i=1}^{N} Z_i & N \end{bmatrix} \begin{Bmatrix} A \\ B \\ C \\ D \end{Bmatrix} = 0 \tag{8-14}$$

由式(8-14)可求得待定系数 A、B、C 和 D。

由 A、B、C 和 D 可求得结构面的法向矢量如下：

$$l = A/\sqrt{A^2 + B^2 + C^2} \tag{8-15a}$$

$$m = B/\sqrt{A^2 + B^2 + C^2} \tag{8-15b}$$

$$n = C/\sqrt{A^2 + B^2 + C^2} \tag{8-15c}$$

若 $n < 0$，则将 l、m 和 n 同时取反，即让法向矢量指向上半空间。

记结构面的产状为 (α,β)，α 为倾向，β 为倾角，则有

$$l = \sin\beta\sin\alpha \tag{8-16a}$$

$$m = \sin\beta\cos\alpha \tag{8-16b}$$

$$n = \cos\beta \tag{8-16c}$$

可以得到

$$\beta = \arccos n \tag{8-17}$$

$$\alpha = \begin{cases} \arctan(|l/m|) & (l > 0, m > 0) \\ \pi - \arctan(|l/m|) & (l < 0, m > 0) \\ \pi + \arctan(|l/m|) & (l < 0, m < 0) \\ 2\pi - \arctan(|l/m|) & (l > 0, m < 0) \end{cases} \tag{8-18}$$

8.2.2.3　**测量点坐标修正**

如图 8-7 所示，假定测量点 M 的坐标为 (X_M, Z_M)，调整后的测量点为 M'，坐标为 $(X_{M'}, Z_{M'})$，那么

$$\begin{cases} X_{M'} = r\cos\theta \\ Z_{M'} = r\sin\theta \end{cases}，其中 \begin{cases} \cos\theta = X_M/\sqrt{X_M^2 + Z_M^2} \\ \sin\theta = Z_M/\sqrt{X_M^2 + Z_M^2} \end{cases} \tag{8-19}$$

已知平面方程为：$AX + BY + CZ + D = 0$，那么调整后点 Y 方向的坐标可以表示为

$$Y_{M'} = -(AX_{M'} + CZ_{M'} + D)/B \tag{8-20}$$

用修正后的点重新拟合的平面方程是一致的，因为所有的操作仍然是在最初拟合的平面基础上进行的，因此修正点措施不会影响结构面的产状。

8.2.2.4　**隧洞出露迹线的重建**

获得结构面的产状之后，将空间结构面与隧洞切割即可得到完整的椭圆形交线，对于闭合的迹线，该椭圆形交线就是实际出露的迹线；而对于非闭合的迹线，则可通过拾取点的起

始点、中间任一点以及终止点确定实际出露的迹线,它实际上只是闭合椭圆形交线的一段。

1. 利用空间离散的点和线表征隧洞

利用空间离散的点和线来表征三维光滑的隧洞面,在此基础上进行出露迹线的搜索。首先,将隧洞起始端面圆和终止端面圆,按照一定的角度间隔(比如 5°)进行离散。然后将这些离散点按照逆时针或顺时针顺序依次连接,进而构造出两个近似的圆形。而洞壁面则可以通过首尾端面具有相同角度的对应离散点之间的连线进行表征,如图 8-8 所示。注意:角度间隔的设定原则是越小越好,但角度间隔过小时,将会降低计算效率,尤其是当结构面的数量过多时;对于本书的研究来说,5°以内的角度间隔已足够满足工程尺度上对计算精度的要求。

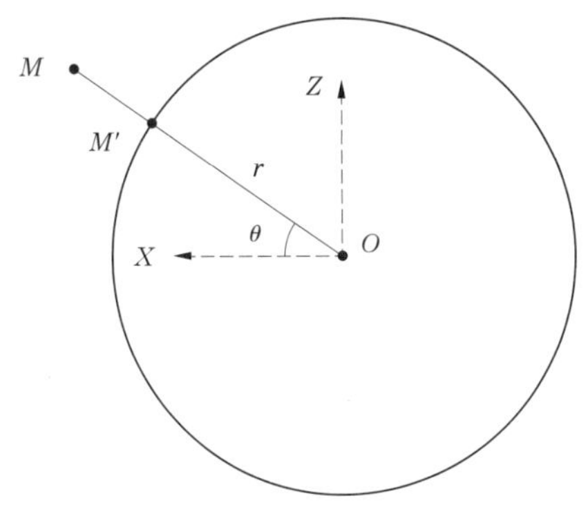

图 8-7　调整测量点至洞壁面上

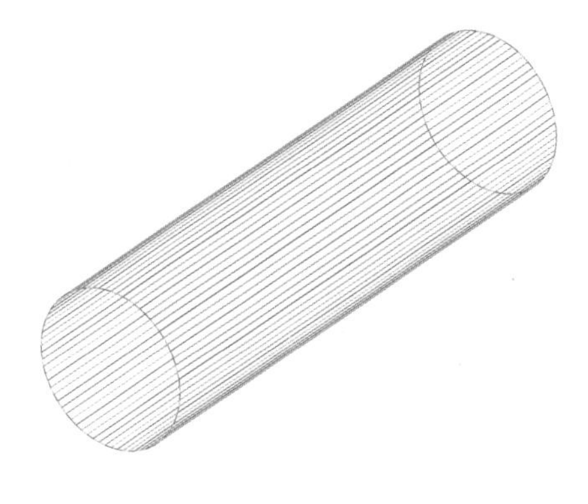

图 8-8　三维隧洞的空间离散展示

2. 计算表征洞壁面的直线与拟合平面的交点

为了便于理解,可将拟合平面看作一张白纸(见图 8-9),而表征隧洞壁面的若干直线可认为是一簇长细的绣花针,如图 8-10(a)所示;这一簇绣花针扎过白纸后留下的点,就是表征洞壁面的线段和拟合平面的交点,如图 8-10(b)所示。直线段的起点坐标和终点坐标是已知的,方向矢量与隧洞的轴线保持一致,那么这条线段就可以直观地表达出来,直线与平面的交点坐标的计算较为简单,不再赘述。

3. 将修正后的测量点以及交点投影到拟合平面上

(1)任意选取 3 个修正后的测量点,如:$P_1 = (X'_1, Y'_1, Z'_1)$,$P_2 = (X'_2, Y'_2, Z'_2)$,$P_3 = (X'_3, Y'_3, Z'_3)$。

(2)以 P_1 作为矢量起点,确定 2 个矢量分别为:$\boldsymbol{V}_a = \boldsymbol{P}_2 - \boldsymbol{P}_1$,$\boldsymbol{V}_b = \boldsymbol{P}_3 - \boldsymbol{P}_1$。令 $\boldsymbol{V}_x = \boldsymbol{V}_a$ 作为平面局部坐标系的 x 轴。令 $\boldsymbol{V}_z = \boldsymbol{V}_a \times \boldsymbol{V}_b$ 作为新坐标系的 z 轴。令 $\boldsymbol{V}_y = \boldsymbol{V}_z \times \boldsymbol{V}_x$ 作为新坐标系的 y 轴。然后,将 $\boldsymbol{V}_x$、$\boldsymbol{V}_y$ 和 $\boldsymbol{V}_z$ 3 个矢量单位化,分别记为 $\boldsymbol{e}_1$、$\boldsymbol{e}_2$ 和 $\boldsymbol{e}_3$。

(3)对于空间平面上的任一点 P_x,为了求其在新坐标系下的投影点坐标 $\boldsymbol{P}'_x$,令 $\boldsymbol{P}_t = \boldsymbol{P}_x - \boldsymbol{P}_1$,然后 $\boldsymbol{P}'_x = (\boldsymbol{P}_t \cdot \boldsymbol{e}_1, \boldsymbol{P}_t \cdot \boldsymbol{e}_2, \boldsymbol{P}_t \cdot \boldsymbol{e}_3)$,其中 z 方向的坐标必为 0。这样就将三维空间点投影到了拟合平面上。

(4)按照上述步骤,即可将上述 3 种数据(包括测量点组成多边形的形心点、测量点本身、拟合平面与壁面表征线段的交点)投影到拟合平面上,投影后的效果如图 8-11 所示。

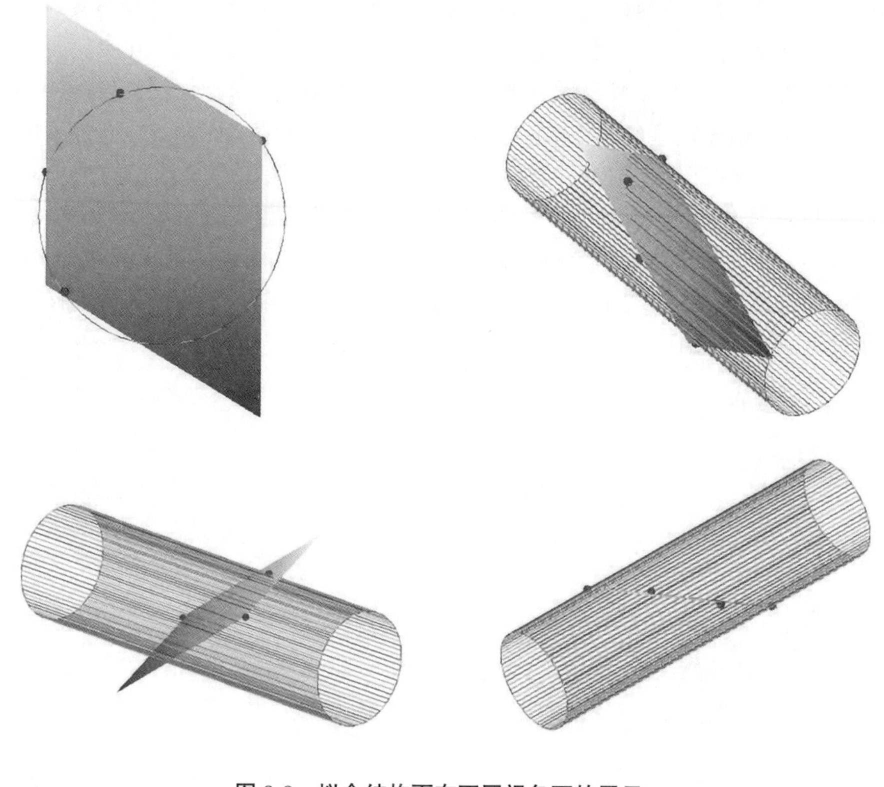

图 8-9　拟合结构面在不同视角下的展示

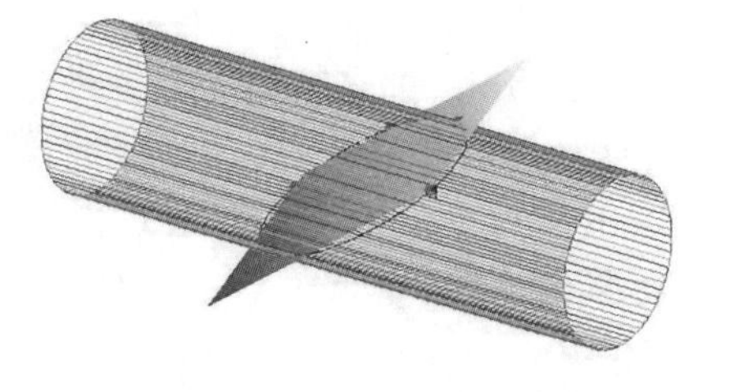

(a)拟合平面去切割隧洞壁面

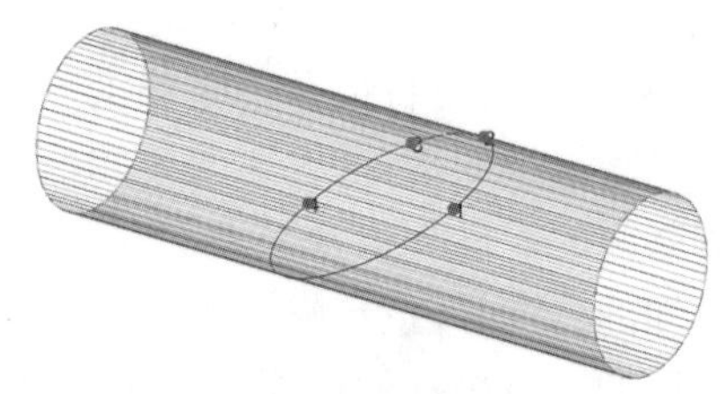

(b)切割后的交点连线

图 8-10　拟合平面与隧洞壁面的切割

4. 根据起止测量点和任一其他测量点确定真实迹线

在测量过程中,我们规定测量点的选取必须按照迹线走向的方向连续采集。因此,按照这一规则,第一个和最后一个测量点必定为真实出露迹线的起点和终点,在这些信息的基础上即可将真实出露的迹线段从切割出的完整椭圆上截取出来。

以图 8-11 所示的 4 个投影点 Q_1、Q_2、Q_3 和 Q_4 为例进行说明,其中 Q_1 为起点,Q_4 为终点。简单来说,测量时首先从 Q_1 点开始,然后依次历经 Q_2、Q_3,最后到 Q_4 点迹线结束。

假设 4 个测量点组成的多边形 $Q_1Q_2Q_3Q_4$ 形心点用 Q_c 表示。那么,在当前投影平面局部坐标系下,Q_1Q_c、Q_2Q_c、Q_3Q_c 和 Q_4Q_c 连线与 x 轴的夹角很容易可以求得。假定 Q_1Q_c 与 x 轴的夹角为 A_1,Q_4Q_c 与 x 轴的夹角为 A_4。

首先,根据 A_1 和 A_4 先确定测量点可能落在的两组角度范围。通过 Q_1 和 Q_4 的直线,将完整迹线投影得到的椭圆形一分为二。当由 P_1 逆时针转向 P_4 时:若 $A_1>A_4$,也就是这段弧线的起始角度大于终止角度,表明它跨越了 x 轴,也即跨越了 360°,那么可确定一组角度范围为(A_1,360°)和(0°,A_4);若 $A_1<A_4$,那么可确定的一组角度范围为(A_1,A_4)。

那么,剩余的一段圆弧应是由 Q_2 逆时针转向 Q_1,此时,若 $A_4>A_1$,说明剩余这段圆弧的起始角度大于终止角度,角度范围为(A_4,360°)和(0°,A_1);若 $A_4<A_1$,可确定一组角度范围为(A_4,A_1)。

至此,即可确定两组可能的角度范围,它们刚好是互补的,共同组成了(0,360°)。很明显,对于除迹线的起始测量点外的任一测量点,只要判定它所对应的角度所在的角度范围,即可确定这一角度范围内的迹线就是实际出露的迹线。以第2个测量点为例,若它与 x 轴的夹角刚好在由 P_1 逆时针指向 P_4 确定的角度范围,那么真实出露迹线段就是由 P_1 逆时针转到 P_4 的这一段。编程实现时,由于完整迹线上的每个点与形心点连线均有一个角度,当它落在上面所确定的范围内部时,就确定了真实迹线的一系列离散点,将这些离散点按照统一的顺序连接起来即可画出真实迹线,如图8-12所示。

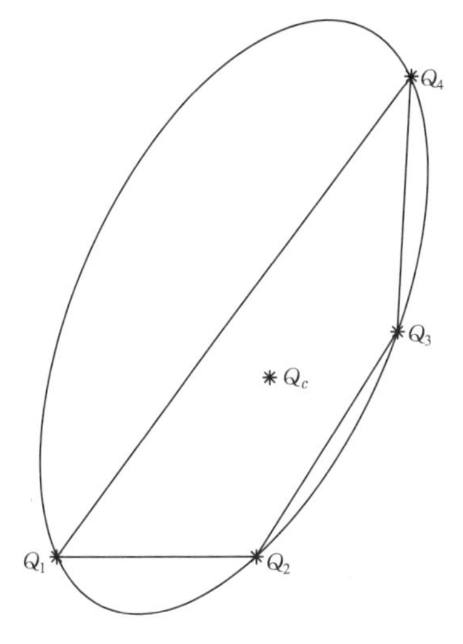

图8-11　3种数据点在拟合平面的投影

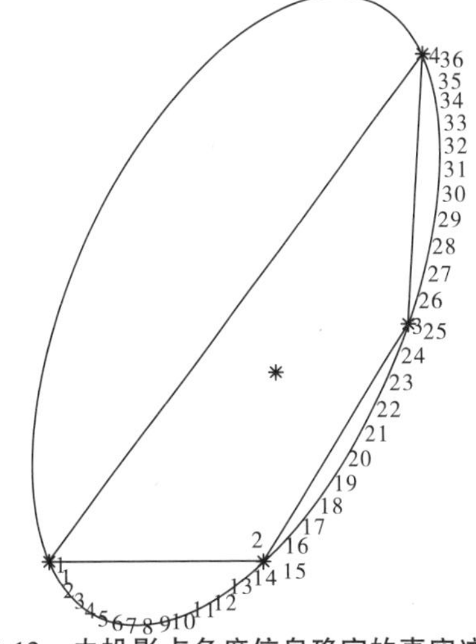

图8-12　由投影点角度信息确定的真实迹线段

5. 真实迹线的三维空间展示

由于真实迹线的投影点与三维空间的测量点是一一对应的,很容易就可以将三维的空间点通过将离散点连接的方式在三维空间进行展示,具体效果如图8-13所示。

通过上述方法,本书获得了TBM开挖两个标段近400条结构面出露迹线信息的获取,并通过计算机程序实现了结构面空间产出状态的拟合求解和出露迹线模型的重建。

8.2.3　基于统计信息的岩体结构特征分析

8.2.3.1　结构面迹线分布特征

在隧洞现场测绘所得定位结构面基础上,通过统计窗方法获得了该标段的随机结构面的统计信息。通过经验判别,统计窗取于隧洞正左侧,其长度为1 310 m,宽度为2 m。

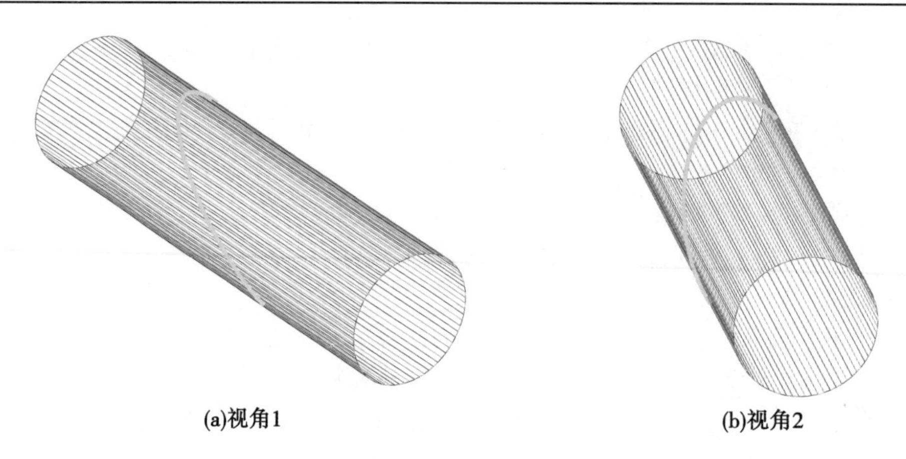

(a)视角1　　(b)视角2

图 8-13　真实迹线的展示

如图 8-14 所示，分 7 段对该统计窗内部的迹线进行了展示，包括 0～200 m、200～400 m、400～600 m、600～800 m、800～1 000 m、1 000～1 200 m 和 1 200～1 310 m。迹线总条数共计 124 条。

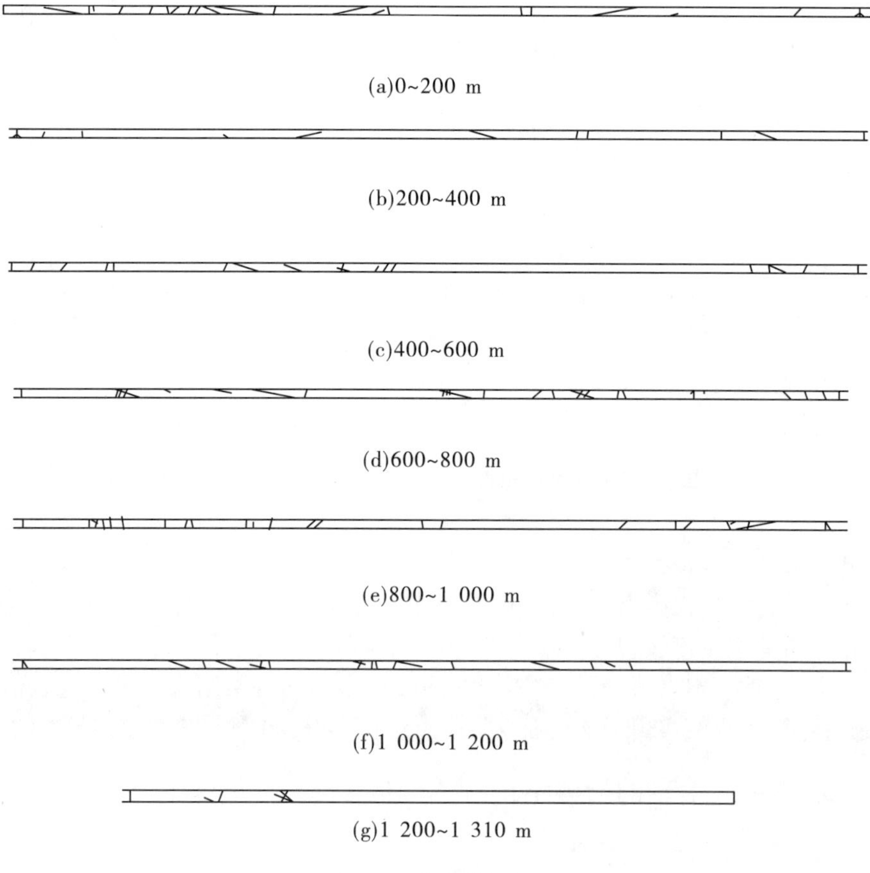

(a)0~200 m

(b)200~400 m

(c)400~600 m

(d)600~800 m

(e)800~1 000 m

(f)1 000~1 200 m

(g)1 200~1 310 m

图 8-14　节理统计窗

根据岩体统计学理论,结合优势结构面分组信息,可计算得到随机结构面统计信息,如表 8-1 所示。可见,倾角均值在 17.4°~89.6°,倾向均值在 60.6°~259.8°,迹线长度均值在 13~36 m,迹线间距均值为 8~21 m。倾角和倾向的分布类型为正态分布,迹线长度和迹线间距的分布类型为负指数分布。

表 8-1　节理统计信息

结构面分组	倾角			倾向			迹长			间距		
	类型	均值/(°)	均方差	类型	均值/(°)	均方差	类型	均值/m	均方差	类型	均值/m	均方差
第 1 组	2	89.6	15.0	2	209.5	126.5	1	28.9	0	1	20.5	23.2
第 2 组	2	17.4	11.7	2	60.6	40.4	1	36.1	0	1	8.6	9.7
第 3 组	2	81.5	7.5	2	103.2	90.9	1	13.0	0	1	11.0	15.0
第 4 组	2	60.4	13.2	2	259.8	22.4	1	20.0	0	1	14.2	17.5

注:类型 1 表示负指数分布;类型 2 表示正态分布。

在岩体结构面统计信息基础上,结合统计学理论,共获得随机结构面 422 条。如图 8-15 所示,为其在不同视角下的展示图。随机结构面切割洞壁后形成的节理展布图如图 8-16 所示。

8.2.3.2　开挖面关键块体搜索及分析

将随机结构面产状及位置作为基本信息,输入到所提出的三维裂隙网络切割系统中,即可在开挖面迹线网络图中搜索出由结构面切割形成的关键块体,如图 8-17 所示。然后,可对关键块体的分布特征进行研究。

依据所提出的三维裂隙网络块体切割算法,可生成三维 DDA 块体系统。它已经包含了块体几何形态的方方面面。在此基础上,可直接计算得到关键块体理论分析所需的产状、位置和上下盘等相关信息,不需要人为地指定关键块体的任何信息,可直接通过计算机编程一键生成,极大地提高了计算分析效率。可以说本项研究成果,不限于三维 DDA 计算自身,而且将关键块体分析的关键也笼络在内,具有较大工程应用价值。

由于切割块体数量较多,在此仅以 Block578 块体为例,对三维切割的算法的应用做一个简单的展示。依据 Block578 块体的三维 DDA 几何信息,可直接获得每个面的产状、位置以及上下盘信息(0101 型),如表 8-2 所示。然后根据全空间赤平投影分析结果(见图 8-18),可判断块体有限但不可动。同样地,也可得到块体的形态,如图 8-19 所示,其体积为 1.43 m^3。

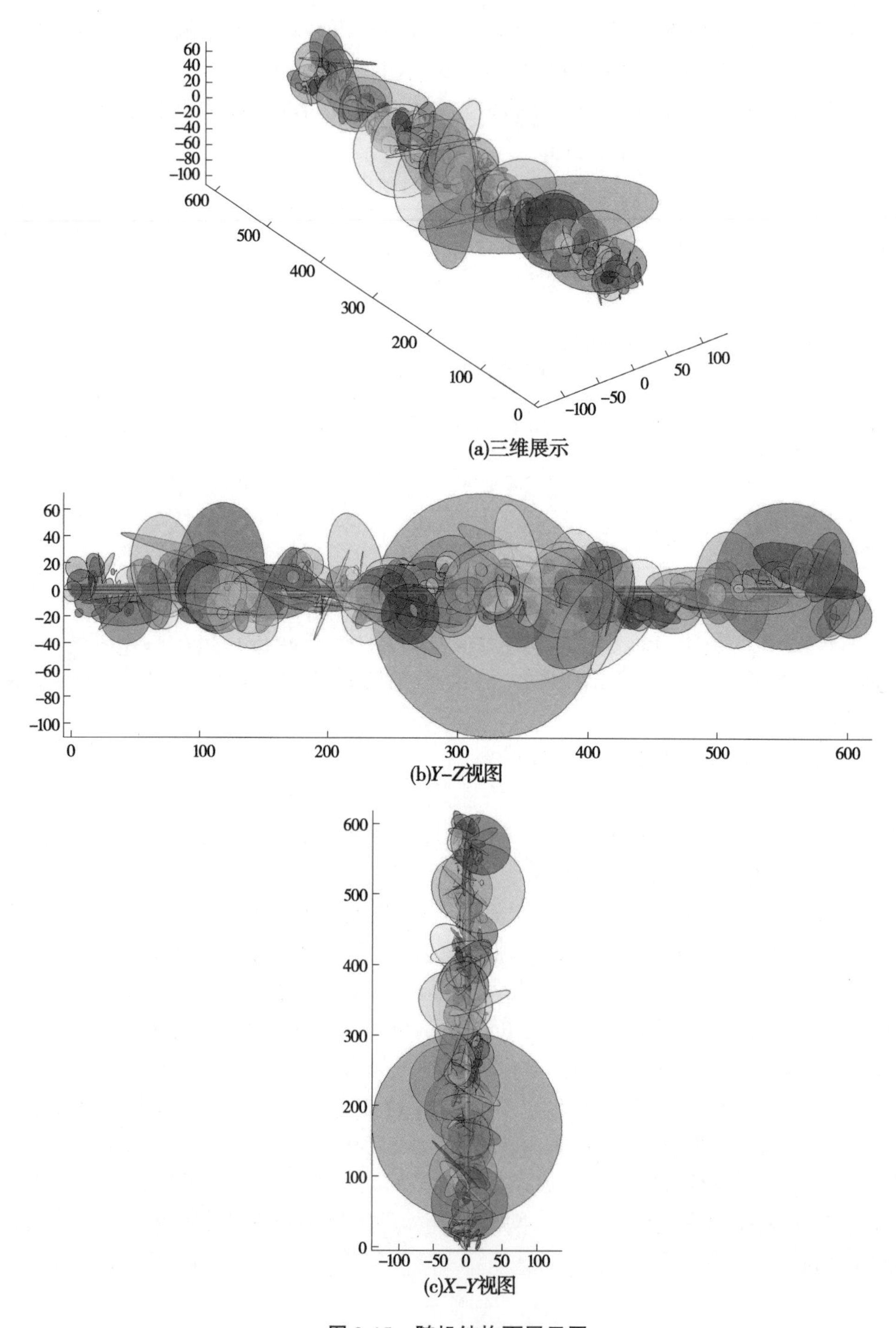

图 8-15　随机结构面展示图

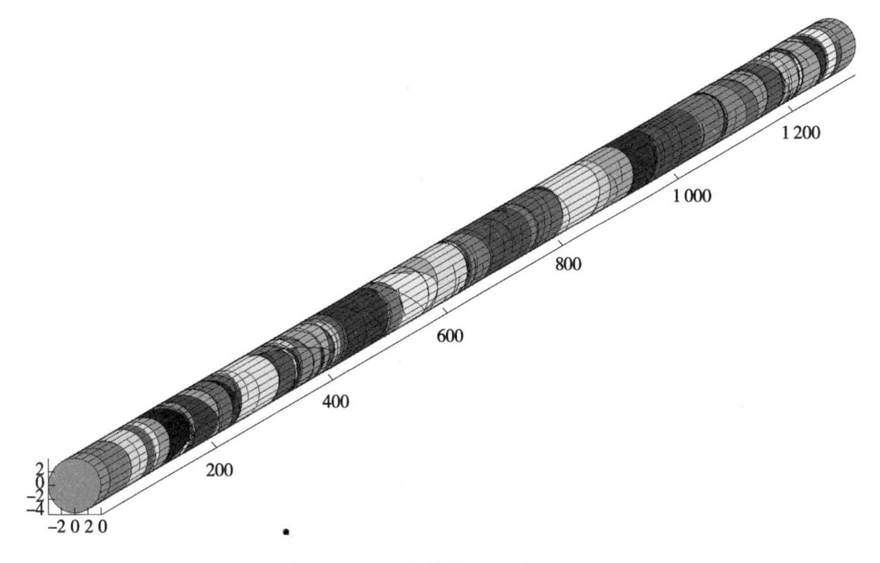

图 8-16　隧洞结构面三维图

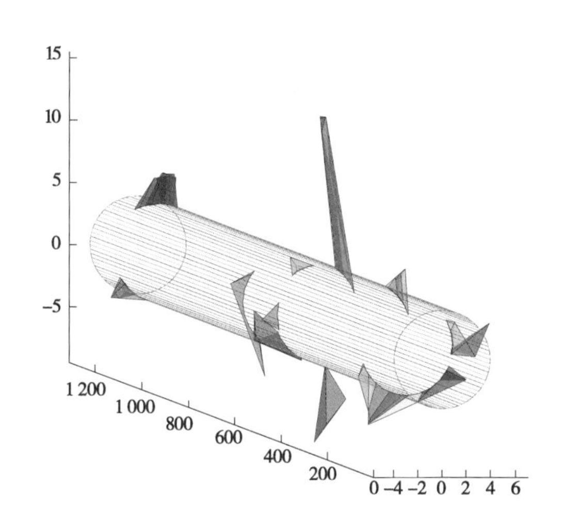

图 8-17　隧洞内随机块体三维图

表 8-2　结构面产状信息(Block578)

block	结构面序号	倾角/(°)	倾向/(°)	结构(临空)面通过的点坐标		
				X	Y	Z
578	1	76.54	297.58	−3.24	146.94	−5.22
	2	90.00	357.92	−3.24	146.94	−5.22
	3	75.45	59.56	−3.24	146.94	−5.22
	4	69.99	265.56	−3.62	145.67	−1.49
	5	37.50	90.00	−2.61	146.96	−2.93
	6	52.50	90.00	−3.42	146.93	−1.98
	7	67.50	90.00	−3.42	146.93	−1.98

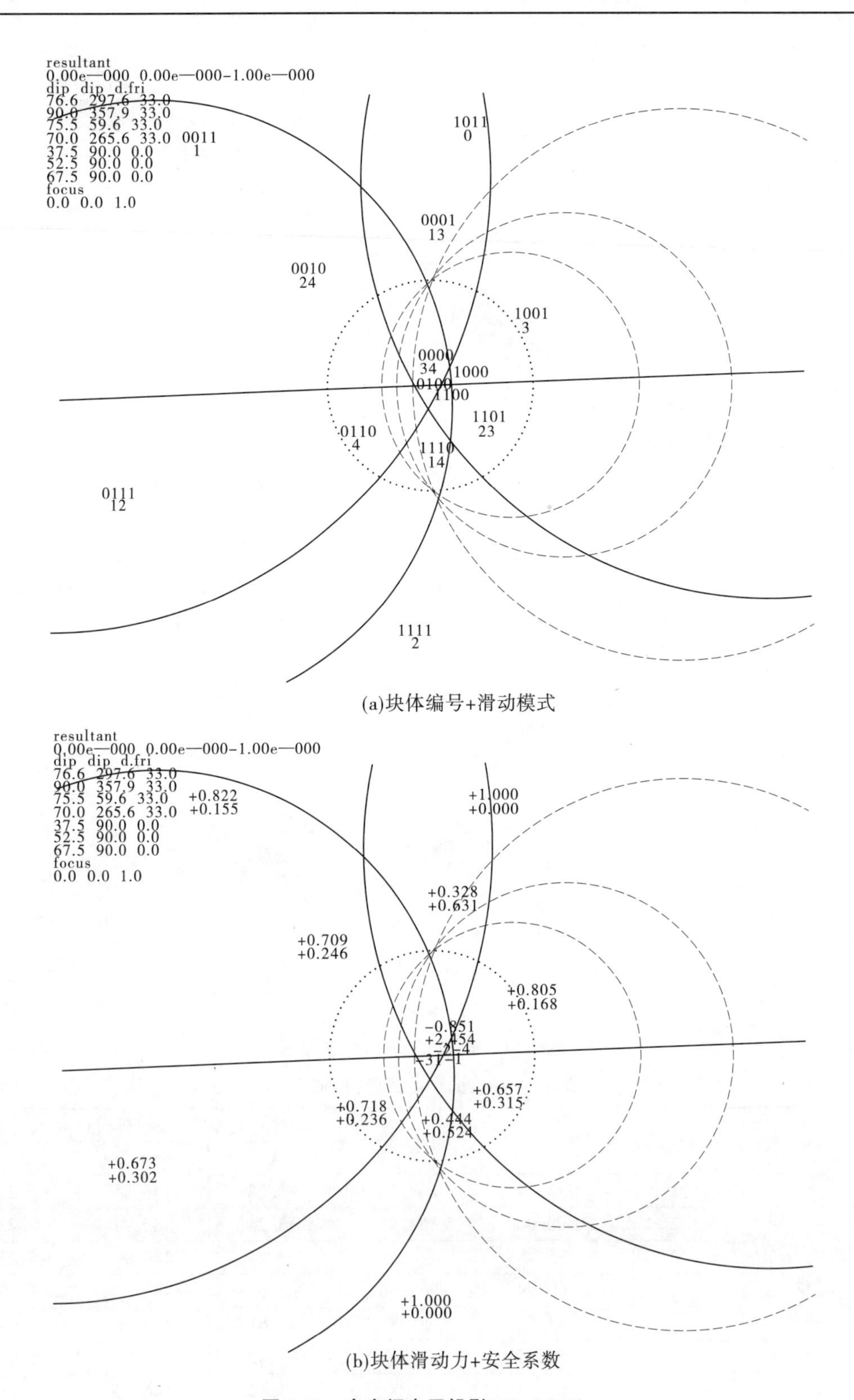

(a)块体编号+滑动模式

(b)块体滑动力+安全系数

图 8-18　全空间赤平投影(Block578)

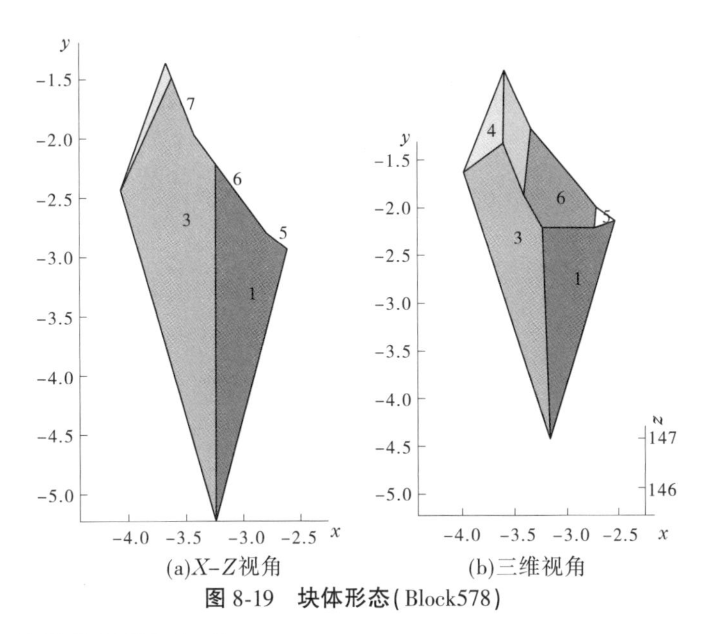

(a)X-Z视角　　(b)三维视角

图 8-19　块体形态(Block578)

8.2.3.3　随机块体分析结果汇总

如表 8-3 所示为随机块体稳定性分析结果。共切割形成随机块体 22 个。其中不可动块体为 9 个;可动但自身稳定块体 3 个;单面滑动块体 3 个,双面滑动块体 4 个,在考虑黏聚力时,其安全系数均大于 3.0,因此是安全的。另外,还有 3 个塌落模式的块体,其体积范围为 0.9~2.3 m^3,属于小型块体,此种类型的块体在开挖过程中必然已经自动脱落,不存在后期运行时的危害性。

当考虑地下水影响时,4 个块体出现安全裕度不足的情况,其中,3 个块体的安全系数 K_W<1.5,1 个块体直接垮落。需要施加相应的支护措施,支护力范围为 60~120 kN。

表 8-3　二标段随机块体稳定性分析结果汇总

序号	编号	JP	有限性	可动性	体积/m^3	滑动模式	滑动面	K_0	K_C	K_W	锚固/kN
1	347	0111	有限	不可动	0.77	—	—	—	—	—	否
2	420	110	有限	可动	0.80	单面滑动	3	1.84	>3	1.16	60
3	481	0011	有限	可动	2.40	单面滑动	1	0.94	>3	掉落	95
4	489	1000	无限	不可动	3.22	—	—	—	—	—	否
5	501	01110	有限	不可动	2.07	—	—	—	—	—	否
6	516	1011	有限	可动	2.69	单面滑动	2	0.08	>3	0.50	110

续表 8-3

序号	编号	JP	有限性	可动性	体积/m^3	滑动模式	滑动面	K_0	K_C	K_W	锚固/kN
7	529	11110	有限	可动	2.25	塌落	—	—	—	—	开挖脱落
8	531	1011	有限	可动	3.39	双面滑动	2 和 4	0.32	>3	2.10	否
9	539	00110	有限	不可动	1.55	—	—	—	—	—	否
10	546	0001	有限	可动	2.90	自稳	—	—	—	—	否
11	548	010011	有限	不可动	2.62	—	—	—	—	—	否
12	549	0101	有限	可动	1.35	塌落	—	—	—	—	开挖脱落
13	553	00100	有限	可动	4.23	自稳	—	—	—	—	否
14	557	111	有限	可动	0.98	塌落	—	—	—	—	开挖脱落
15	558	1001	有限	可动	2.73	双面滑动	2 和 3	1.27	>3	0.87	120
16	559	11100	有限	不可动	1.35	—	—	—	—	—	否
17	563	0001	有限	可动	1.64	双面滑动	1 和 2	>3	>3	—	否
18	566	1100	有限	不可动	4.55	—	—	—	—	—	否
19	572	00111	有限	可动	5.45	双面滑动	1 和 2	0.26	>3	>3	否
20	573	0111	有限	不可动	3.11	—	—	—	—	—	否
21	577	1010	有限	可动	2.15	自稳	—	—	—	—	否
22	578	0101	有限	不可动	1.43	—	—	—	—	—	否

8.3　本章小结

本书所提出的三维裂隙网络切割算法,首先通过了带有凹壳和孔洞算例的验证。在此基础上应用于隧洞不衬砌项目的工程实践验证,包含现场迹线出露点的有序测绘、出露迹线和产状的计算机模拟、随机结构面切割下的三维块体系统的生成以及基于三维 DDA

前处理信息的关键块体稳定性分析等方面。得益于三维 DDA 对块体系统几何信息的全面和精确描述,可直接获得关键块体分析的产状、体积、位置和上下盘等关键信息,使得关键块体分析的流程大为简化,可一键生成所有的计算分析数据,极大地提高了计算效率。

第 9 章　基于接触势的二维非连续变形分析方法

传统 DDA 方法在处理接触问题时的思路为：首先要进行接触判断，包括点-点接触、点-线接触两种形式，然后根据开闭迭代确定块体系统的约束状态，亦即确定有效的接触对，进而将其传递到下一时步。接触处理的方式非常严密，但每步都需要满足开闭迭代收敛的要求。一旦不收敛，就相应地缩减计算时步，再次进行计算；对于大规模问题，由于接触数量较多，不断地缩减时步，往往会导致计算效率极其低下。在这种极小时步下，DEM 方法的显式处理方式往往更为奏效。

Munjiza 提出的 FEM-DEM 方法，就是这样显式地处理接触问题。FEM-DEM 基于面积坐标定义了接触势，这样就可以通过嵌入面积的大小来衡量接触力的大小。同样地，为了提高接触对搜索的效率，提出了 NBS 接触检测算法。

因此，结合项目要求，在二维 DDA 的框架下，首先对这种基于接触势的非连续变形分析方法进行了尝试。它以二维 DDA 方法为总体框架，通过理论推导了基于接触势概念的分布式接触力矩阵及摩擦力矩阵，将 Munjiza 的显式接触处理技术，通过改造应用到 DDA 方法中。引进的接触处理方式，首先接触力是分布式接触力，它通过接触面积来衡量接触力大小，避免了石根华接触算法中烦琐的点-点、点-线接触判断，并且完全避免了 DDA 方法中凸点-凸点接触这种复杂的情况，具有较强的物理含义。

9.1　NBS 接触检测及势接触力计算

9.1.1　NBS 接触检测算法在 DDA 中的应用

为了提高 FEM-DEM 算法的计算效率，Munjiza 设计了非常高效的 NBS 接触检测算法。首先对 NBS 接触检测算法以及接触力计算原理进行简要介绍，然后尝试将 Munjiza 接触检测及接触处理算法应用到 DDA 中，并命名为 CPDDA 方法，最后通过算例，证明方法的可行性。需要指出的是，作者在 2013 年的研究中，已经成功地实现了将 NBS 接触检测算法和势接触力成功地应用到数值流形方法中，相关论文发表在《岩土力学》杂志，论文题目为：接触处理 Munjiza 方法在数值流形方法中的应用。因此，这里仅对 NBS 接触检测算法的步骤做简要的介绍：①确定能包裹将单元的最大圆直径，依据圆心点坐标，将单元映射到规则格子中，确定在格子内的整数坐标；②利用 x 方向和 y 方向的两条链表结构将所有单元有序地连接起来；③接触判断只在中心格子相邻的 4 个格子间进行。

9.1.2　2D 分布式接触力计算

如图 9-1 所示，两个接触单元分别定义为 Contactor 和 Target，前者表示“攻击”，后者

表示“被攻击”。Contactor 嵌入 Target 的面积 dA 所引起的接触力为

$$\mathrm{d}f = [\,\mathrm{grad}\varphi_{\mathrm{c}}(P_{\mathrm{c}}) - \mathrm{grad}\varphi_{\mathrm{t}}(P_{\mathrm{t}})\,]\,\mathrm{d}A \tag{9-1}$$

式中，$\varphi_{\mathrm{c}}(P_{\mathrm{c}})$ 、$\varphi_{\mathrm{t}}(P_{\mathrm{t}})$ 为 Contactor 和 Target 中 P_{c} 、P_{t} 的势；grad 为梯度。

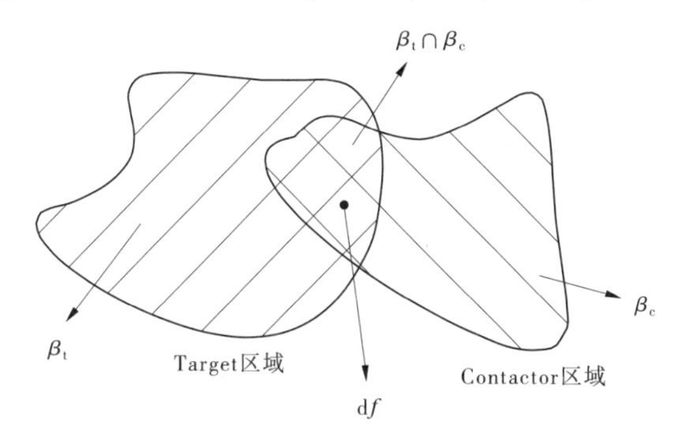

图 9-1　接触力计算示意图

接触力可通过积分得到

$$f_{\mathrm{c}} = \int_{S} (\mathrm{grad}\varphi_{\mathrm{c}} - \mathrm{grad}\varphi_{\mathrm{t}})\,\mathrm{d}A \tag{9-2}$$

式中，$S = \beta_{\mathrm{t}} \cap \beta_{\mathrm{c}}$，$\beta_{\mathrm{c}}$ 和 β_{t} 分别为 Contactor 区域与 Target 区域。

边界积分表达式为

$$f_{\mathrm{c}} = \int_{\Gamma} \boldsymbol{n}_{\Gamma}(\varphi_{\mathrm{c}} - \varphi_{\mathrm{t}})\,\mathrm{d}\Gamma \tag{9-3}$$

其中：$\Gamma = \partial S$ 为区域 S 的边界；$\boldsymbol{n}_{\Gamma}$ 为边界 Γ 的外法向单位矢量。

9.1.3　基于三角形单元势的定义

由于三角形单元是最简单的形状，因此将块体离散为三角形单元，然后依据三角形间的势接触力算法来计算接触力。如图 9-2 所示，三角形内部任一点 P_1 的接触势定义如下：

$$\varphi(P_1) = \min\{3A_1/A,\ 3A_2/A,\ 3A_3/A\} \tag{9-4}$$

9.1.4　基于三角形单元的接触力计算方法

如图 9-3 所示，Contactor 三角形与 Target 三角形接触，重叠面积为 AFV_2D。Contactor 三角形的 CA 边和 AB 边与 Target 三角形的接触，Target 三角形的 V_1V_2 边和 V_2V_0 边与 Contactor 三角形的接触；由此即确定了接触区域的 4 条边 DA、AF、FV_2 以及 V_2D。

故以 C 点为原点建立局部坐标系，横轴为 s 轴，表示接触势作用点的相对位置；竖轴为 φ 轴，只代表势的大小。

CA 边受到的接触力大小为

$$f_{\mathrm{c},CA} = -\boldsymbol{n}_{CA} L \int_{0}^{1} \lambda \varphi(s)\,\mathrm{d}s \tag{9-5}$$

式中，$\boldsymbol{n}_{CA}$ 为 CA 边的外法线单位矢量；L 为 CA 边的长度；λ 为罚；$\varphi(s)$ 为在 Target 三角

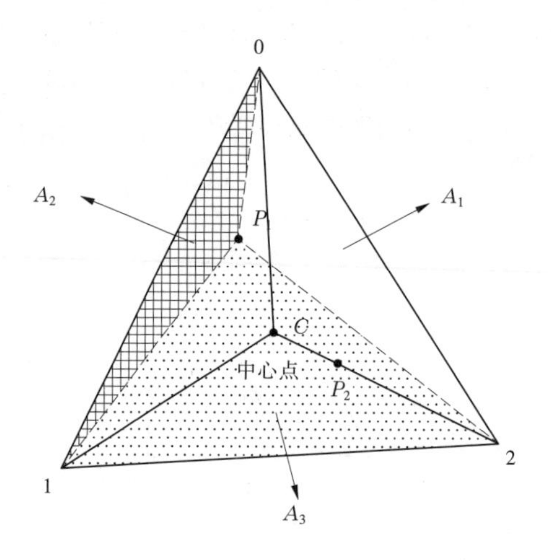

图 9-2 Munjiza 势的定义

形内部 s 点处的势,s 为势点在 CA 边上的相对位置; $-n_{CA}$ 表明接触力沿着 CA 边的内法线方向。

那么,图 9-4 中接触力的具体表达式如下:

$$f_{c,CA} = -n_{CA} L \lambda \varphi_{sum} \tag{9-6}$$

其中,

$$\varphi_{sum} = \frac{1}{2}(\varphi[1] + \varphi[2])(s[2] - s[1]) + \frac{1}{2}(\varphi[2] + \varphi[3])(s[3] - s[2]) \tag{9-7}$$

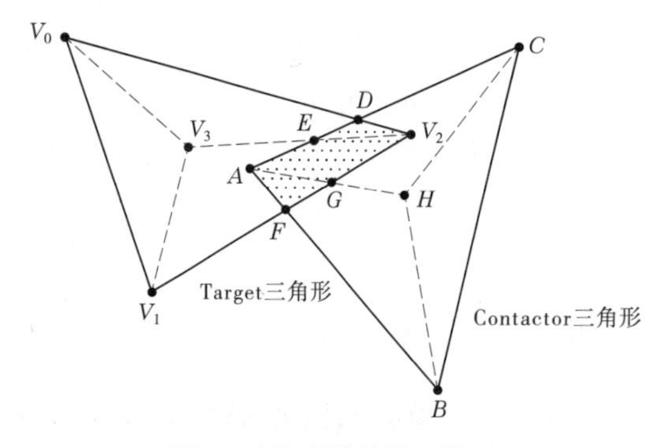

图 9-3 两个接触的三角形

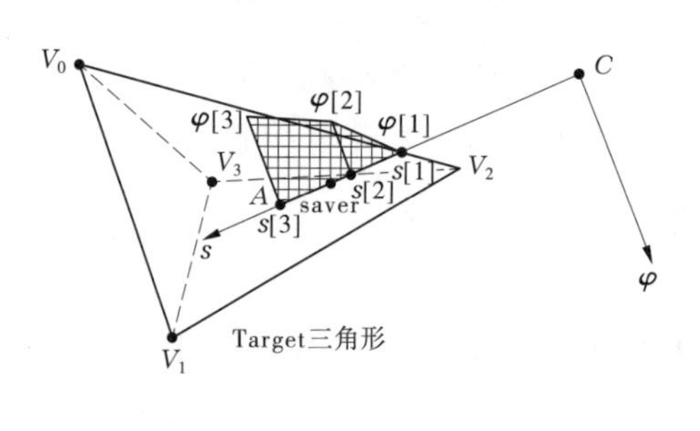

图 9-4 势接触力计算

按照同样的步骤,也可以计算出其他 3 条边上的势接触力。

最后,基于最小势能原理,即可求得势接触力在 DDA 中的表达式,与点荷载矩阵相似。这里不再赘述。

9.2 数值算例

9.2.1 块体拱

如图9-5所示,考虑了一个块体结构组成的拱,且两侧的块体固定不动。共有7个相同大小的块体。拱所对应的圆弧的半径为1.0。竖直向下的荷载 $F=-0.05$ 作用在中间块体的 A 点上。弹性模量和泊松比分别为:$E=20$ 和 $\nu=0.2$。计算输入参数如下:弹簧刚度 $g_0=500$,时步:$g_1=1\times10^{-5}$,密度:$\rho=0.1$,最大位移比:$g_2=0.03$,块体自重 $(f_x, f_y)=(0,-1)$。CPDDA的块体运动结果如图9-6所示,与图9-7所示的DDA最终计算结果基本一致。

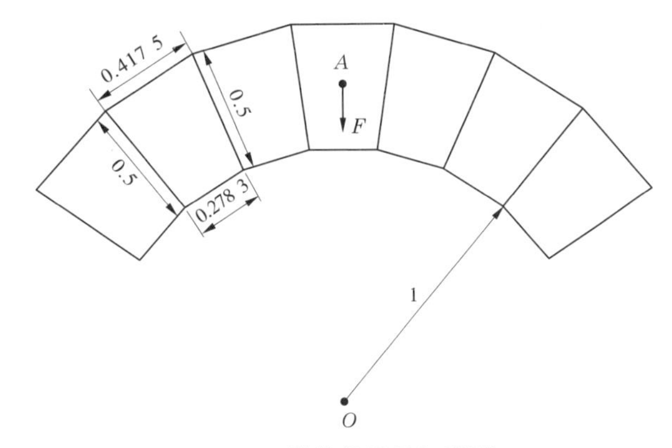

图9-5 块体拱的几何模型

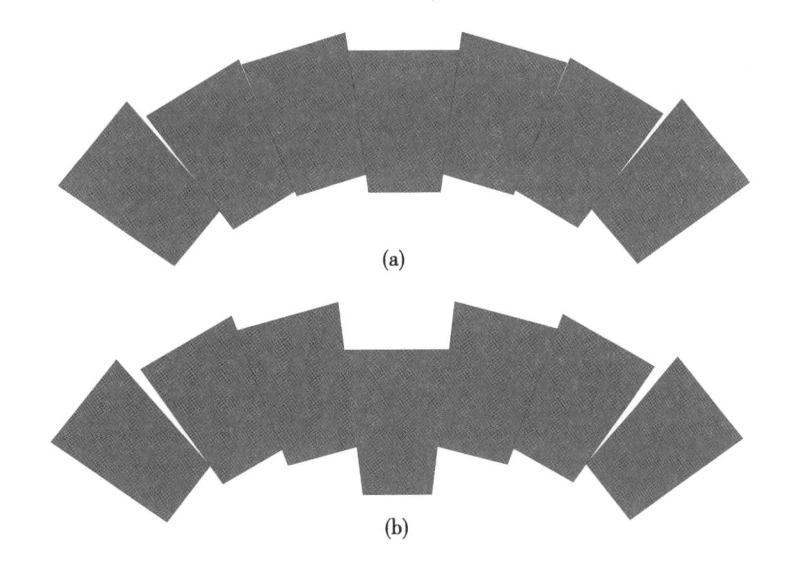

图9-6 CPDDA模拟结果

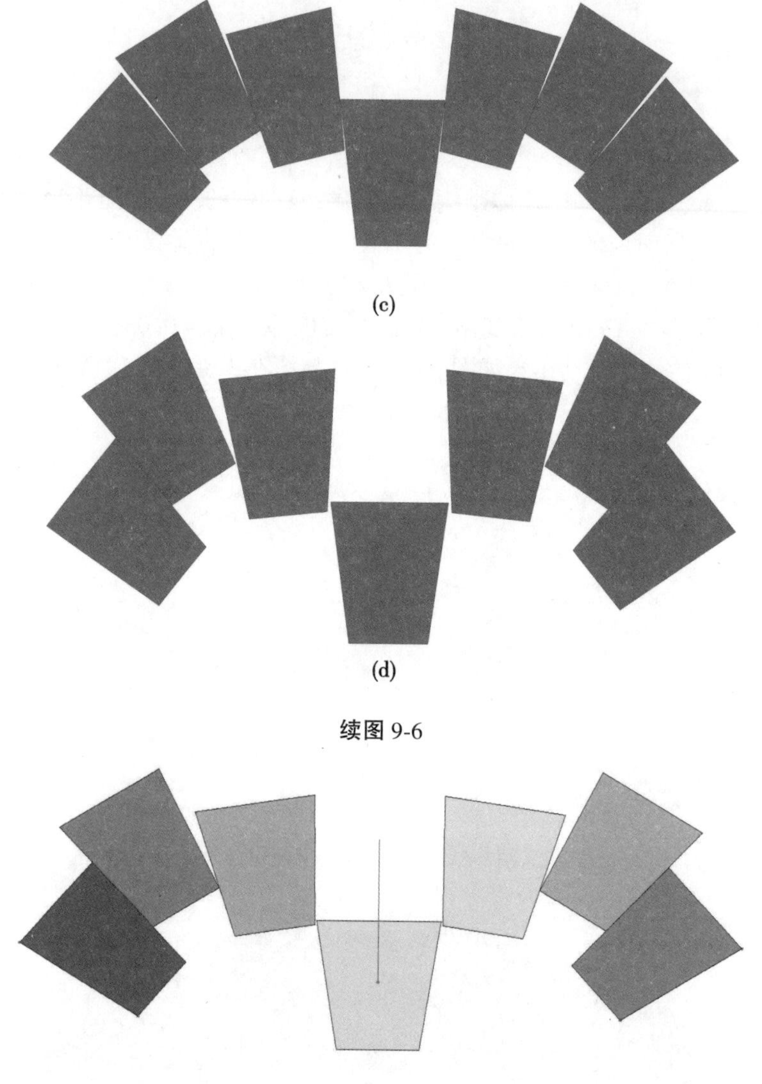

(c)

(d)

续图 9-6

图 9-7　DDA 模拟结果

9.2.2　多块体系统在自重作用下的运动

图 9-8 所示为一仅受自重作用的多块体系统。最底部的左右两个块体的竖向边界完全固定,为块体系统的运动提供了临空面。同样地,材料假定为弹性,弹性模量和泊松比分别为:$E=500$ 和 $\nu=0.3$。输入的计算参数:弹簧刚度:$g_0=5\ 000$,时步:$g_1=8\times10^{-3}$,密度:$\rho=0.1$, 最大位移比:$g_2=0.016$,块体自重:$(f_x, f_y)=(0,-0.5)$。假定黏结力和摩擦力都为 0。

DDA 的模拟结果如图 9-9 所示,CPDDA 的模拟结果如图 9-10 所示,可见两者基本一致。

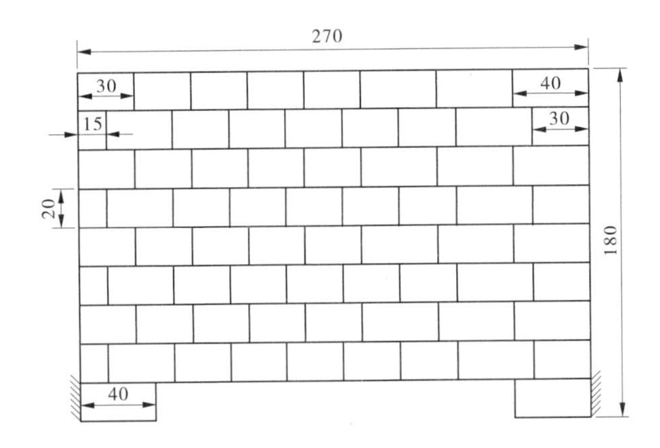

图 9-8　多块体系统的几何模型　（单位:m）

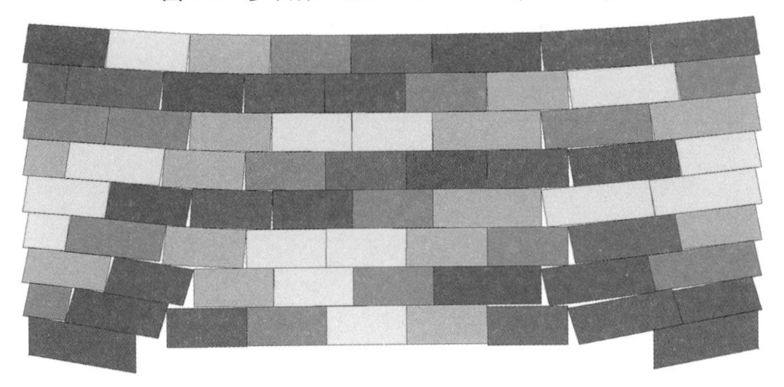

图 9-9　DDA 的模拟结果

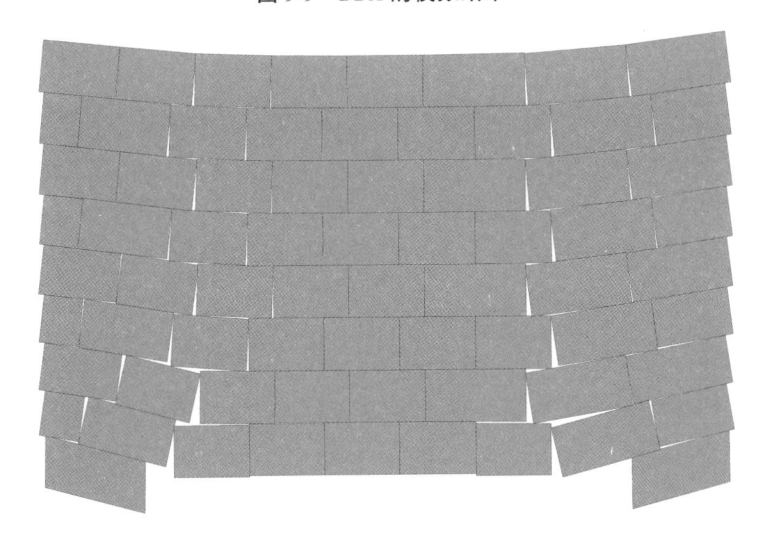

图 9-10　CPDDA 的模拟结果

9.3 本章小结

鉴于 Munjiza 接触力是分布式接触力,通过接触面积来衡量接触力大小,避免了石根华接触算法中烦琐的点-点接触、点-线接触判断,并且完全避免了 DDA 方法中凸点-凸点接触这种复杂的情况,具有较强的物理含义。本书中成功地将 Munjiza 接触算法替换了石根华接触算法,并通过算例证实了该算法的可行性,为三维接触势的 DDA 算法研究奠定了坚实的基础。

第 10 章　基于改进非连续变形分析方法连续-非连续破坏模拟

非连续变形分析(DDA)方法对于模拟由宏观结构面切割而成的离散块体系统的滑动变形具有与生俱来的优势,但在模拟岩体由连续到非连续的破坏演化过程方面存在不足。通过引入虚拟节理技术将连续区域离散为子块体,并设定虚拟节理强度为岩石本身强度的方式,在一定程度上加强了 DDA 对于岩体连续特性的模拟。但这种方式仅考虑虚拟节理达到抗拉强度之前的黏结作用,而忽略了岩石应力-应变全过程曲线中应变软化阶段的强度。因此,通过在子块体间插入一种能够描述岩石应变软化阶段的应变软化黏结单元的方式对上述不足进行了改进,进一步加强了 DDA 对于岩体连续特性的模拟,并保留了 DDA 在非连续变形模拟方面的优势。

10.1　真实节理与虚拟节理

首先将 DDA 中的节理分为 2 种类型:①真实节理,也就是真实的不连续面,如结构面或其他地质缺陷,采用真实的节理参数;②虚拟节理或人工节理,主要用于对材料体连续部位的离散,且采用材料体本身的强度参数,如图 10-1 所示。由于忽略了应变软化阶段的强度,虚拟节理采用材料体本身强度参数来模拟连续性这种方式,削弱了材料体本身的强度。因此,尝试引入一种应变软化黏结单元来挽回应变软化阶段的强度损失,进一步增强虚拟节理的黏结作用。很明显,只需在负责连续属性模拟的虚拟节理中插入应变软化黏结单元即可,而真实节理接触本构保持不变。与焦玉勇等处理方式不同的是,应变软化黏结单元提供的是 DDA 中的荷载项,而非接触弹簧矩阵项;为了计算简便,仅在黏结单元这一长度上假定了力与位移的线性关系,相当于用一系列的直线来近似应变软化阶段的关系曲线。毫无疑问,当应变软化黏结单元的长度足够小时,即可逼近真实的关系曲线。

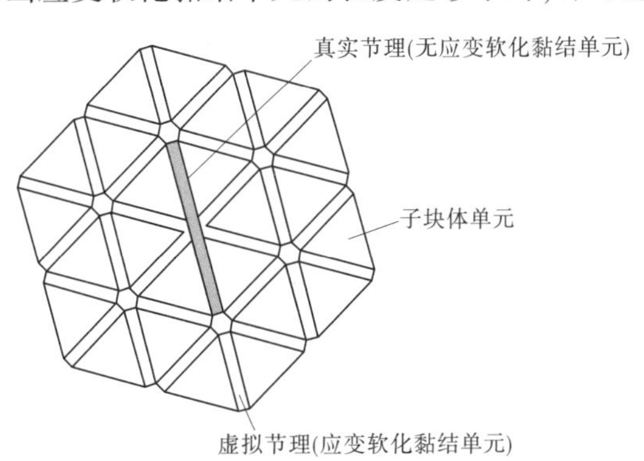

图 10-1　块体系统的真实节理和虚拟节理

10.2　应变软化黏结单元在 DDA 中的实现

FEM-DEM 中用于模拟连续-非连续的节理单元在接触的不同阶段都会提供相应的黏结力作用。而本书提出的应变软化黏结单元，顾名思义，表示黏结单元仅在应变软化阶段产生黏结力并发挥黏结作用。

10.2.1　应变软化黏结单元

为了遵循 DDA 块体编码的逆时针顺序，应变软化黏结单元将由 4 个顺时针排列的结点组成，如图 10-2 所示的 $P_1P_2P_3P_4$，4 个结点分别依附在被同一虚拟节理切割的 2 个子块体的 4 个顶点上，其中 P_1 和 P_2 属于同一个子块体，P_3 和 P_4 同属于另一个子块体。黏结单元的结点坐标随着它所依附的子块体的顶点而动。很明显，初始设置的黏结单元的 P_1 和 P_4、P_2 和 P_3 具有相同的坐标。另外，由于 DDA 具有强大的块体切割技术，通过引入不同尺寸和布置方式的虚拟节理，就可以生成各种任意形状的子块体。

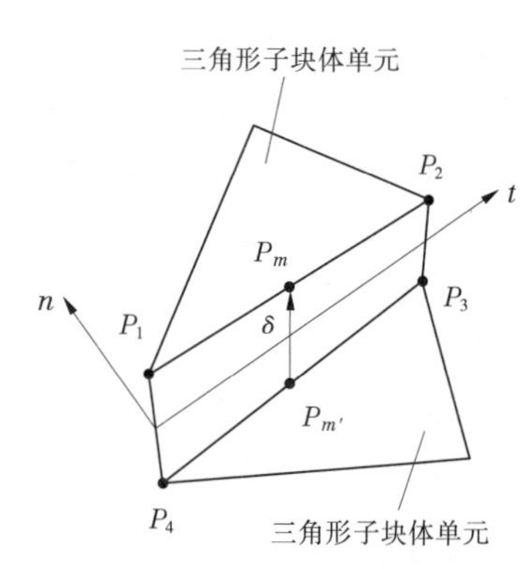

图 10-2　应变软化黏结单元张开量计算示意图

在黏结单元处定义如下局部坐标系：由黏结单元 P_1P_4 边的中点指向 P_2P_3 边的中点方向（切向方向）定义为 t 轴；而 t 轴的外法向方向（法向方向）定义为 n 轴。

黏结单元任意一点处张开量 δ 可通过下式确定

$$\delta = x(P_m) - x(P_{m'}) \tag{10-1}$$

式中，$x(P_m)$ 和 $x(P_{m'})$ 为点 P_m 和 $P_{m'}$ 的坐标。

因此，法向 δ_n 张开量和切向张开量 δ_t 可分别表示为

$$\delta_{\mathrm{n}} = \delta \boldsymbol{n} \tag{10-2}$$

$$\delta_{\mathrm{t}} = \delta \boldsymbol{t} \tag{10-3}$$

式中，$\boldsymbol{n}$ 和 $\boldsymbol{t}$ 为局部坐标系 t-n 下的法向单位矢量和切向单位矢量。

10.2.2　黏结应力 σ_{n} 与法向张开量 δ_{n} 的关系

黏结单元的破坏类型一般可分为 3 种：Ⅰ型破坏（拉伸破坏）、Ⅱ型破坏（剪切破坏）和Ⅰ-Ⅱ混合型破坏（拉伸和剪切破坏）。限于篇幅，本书重点阐述Ⅰ型拉伸破坏，后两种破坏模式将另文阐述。

图 10-3 所示为应变软化黏结单元的法向黏结应力 σ_{n} 与其法向张开量 δ_{n} 的关系曲线。当黏结单元的法向张开量达到临界值 δ_{np} 时，法向黏结力恰好为抗拉强度 f_{t}；当法向张开量继续增大时，法向黏结力逐步减小，直到达到最大的张开量 δ_{nr}，此时法向黏结力为 0，黏结单元失效，产生拉裂纹。其中，$\delta_{\mathrm{np}} = hf_{\mathrm{t}}/p_{\mathrm{n}}$，表示法向应力达到抗拉强度 f_{t} 时的法向张开量，h 为黏结单元的长度，p_{n} 为法向罚值。黏结单元的最大法向张开量 δ_{nr} 与抗拉强度 f_{t} 和Ⅰ型裂纹的能量释放率 Gf_{I} 有关。图 10-3 中所示阴影部分的面积就表示能量释

放率 Gf_{I} 的值,具体表达式可通过积分求得

$$Gf_{\text{I}} = \int_{\delta_{\text{np}}}^{\delta_{\text{nr}}} \sigma(\delta)\,\mathrm{d}\delta \tag{10-4}$$

对于图 10-3 中的峰前阶段,保留原 DDA 的处理方式,不再讨论。峰后部分属于应变软化阶段,在这一阶段应变软化黏结单元将发挥黏结作用。可见法向张开量和法向黏结力呈非线性关系,Evans 等通过拟合混凝土单轴拉伸试验成果,给出了应变软化阶段峰后应力和峰值应力的比值与位移的关系:

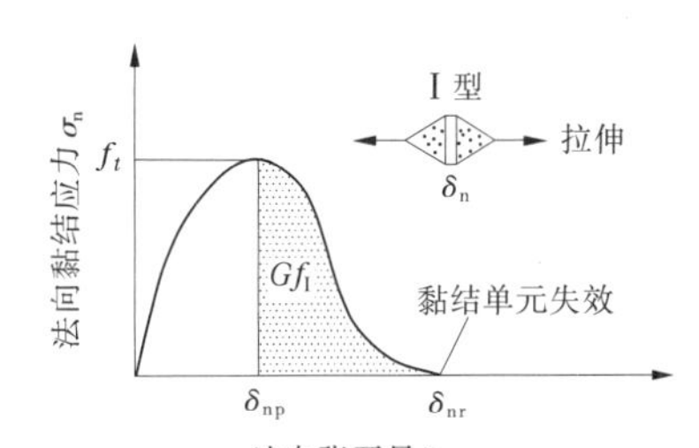

图 10-3　黏结单元法向黏结应力与法向张开量的关系

$$f(D) = \left[1 - \frac{a+b-1}{a+b} \mathrm{e}^{D\{a+cb/[(a+b)(1-a-b)]\}}\right] \cdot \left[a(1-D) + b(1-D)^{c}\right] \tag{10-5}$$

式中,a、b 和 c 为根据试验曲线得到的拟合参数,取值分别为 0.63、1.8 和 6.0;D 为损伤因子,$0 \leqslant D \leqslant 1$;当 $D=0$ 时表示没有损伤,$f(D)=1$;当 $D=1$ 时,表示完全损伤,$f(D)=0$,也就是说黏结单元断开失效。

对于 Ⅰ 型破裂模拟的黏结单元来说,损伤因子 D 可以表示为

$$D = \frac{\delta_{\text{n}} - \delta_{\text{np}}}{\delta_{\text{nr}} - \delta_{\text{np}}} \tag{10-6}$$

这样应变软化阶段的法向黏结力 σ_{n} 与其对应的法向张开量 σ_{n} 的关系可表示为

$$\sigma_{\text{n}} = f(D) f_{\text{t}} \tag{10-7}$$

而最大法向张开量 δ_{nr} 估算公式如下:

$$\delta_{\text{nr}} = \delta_{\text{np}} + 3\frac{Gf_{\text{I}}}{f_{\text{t}}} \tag{10-8}$$

从理论上分析,严格来说,原 DDA 算法中,通过虚拟节理技术模拟材料体连续部位的变形,在满足边-边平行的前提下(经过 DDA 的前处理程序 DC. exe 计算后,内部虚拟节理必然满足边-边平行的假定,而边-边平行也应是材料保持连续的必要条件),一旦接触对达到并超过抗拉强度,接触弹簧就要断开,虚拟节理永久地转为真实节理。很明显,原 DDA 算法忽略了材料屈服后应变软化阶段的残余强度的作用。而上述应变软化黏结单元的引入,弥补了原 DDA 算法的这一缺陷,挽回了应变软化阶段的残余强度,进一步增强了 DDA 在模拟材料连续性方面的功能,使得专注于非连续模拟的 DDA 算法在模拟连续介质变形时更为真实。当黏结单元的法向张开量大于 δ_{nr} 时,将不再有黏结应力作用于黏结单元所连接的两条子块体边上,此时产生一条拉伸裂纹。

10.2.3　应变软化黏结单元黏结力的分配

由法向黏结力与法向张开量的关系式可知,黏结单元上的各个点的张开量并非均匀分布,因此黏结单元所提供的黏结力是一个非均布力。为了计算简便,拟采用黏结单元的两个端点 A 和 B,以及中心点 C 作为积分点,并认为在这一黏结单元内,黏结力呈线性分布,如图 10-4 所示。为了确定线性分布的黏结力的精确解,两个端点 A 和 B 的应力 σ_A 和

σ_B 权函数取值为2/12,中心点 C 处的应力 σ_C 的权函数取值为8/12。因此,黏结力可以等效到黏结单元的4个结点处:

$$F_4 = -F_1 = \sigma_A \frac{2h}{12} + \frac{1}{2}\left(\sigma_C \frac{8h}{12}\right) \tag{10-9}$$

$$F_3 = -F_2 = \sigma_B \frac{2h}{12} + \frac{1}{2}\left(\sigma_C \frac{8h}{12}\right) \tag{10-10}$$

式中,σ_A、σ_B 和 σ_C 分别为黏结单元中 A、B 和 C 3点处的黏结应力;h 为黏结单元长度,也即 AB 边长;F_1、F_2、F_3 和 F_4 分别为将节理单元黏结应力等效到黏结单元所依附的4个块体单元顶点上的集中力。采用这种分配方式简化了计算,且与解析解完全一致。

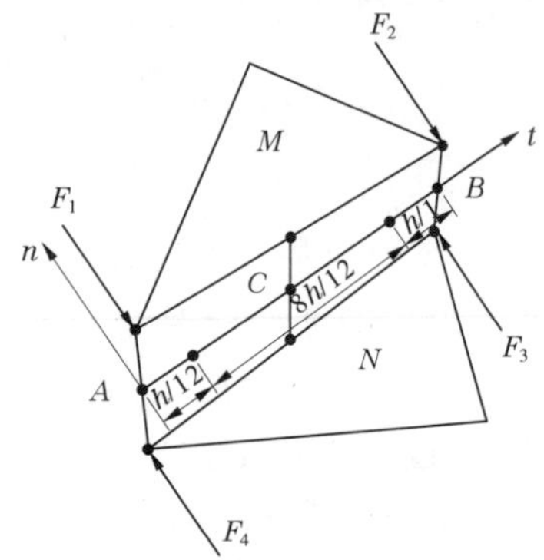

图 10-4 应变软化黏结单元的黏结力分配示意图

10.2.4 黏结力在 DDA 中的实现

经过上述处理后,已将非线性分布的黏结力转换为集中力的形式,因此可直接套用DDA中点荷载矩阵的表达式。以作用在 M 块体上转换后的黏结力 F_1 为例,以分量的形式表示为(F_{1x},F_{1y}),作用点为 M 块体的顶点 P_1 上,作用点坐标为(x_1,y_1),M 块体形心坐标为(x_c,y_c)。

因此,根据最小势能原理,黏结力子矩阵$[F_M]$可以表示为

$$\{F_1\} = \begin{pmatrix} F_{1x} \\ F_{1y} \end{pmatrix} \tag{10-11}$$

$$[T_M] = \begin{bmatrix} 1 & 0 & -(y_1 - y_c) & x_1 - x_c & 0 & (y_1 - y_c)/2 \\ 0 & 1 & x_1 - x_c & 0 & y_1 - y_c & (x_1 - x_c)/2 \end{bmatrix} \tag{10-12}$$

$$[F_M] = [T_M]^{\mathrm{T}}\{F_1\} \tag{10-13}$$

10.3 关于网格依赖性的讨论

通过引入虚拟节理离散子块体的方式来模拟材料的连续属性加以应变软化黏结单元的引入,已将单纯用于非连续变形分析的DDA方法发展成为一种连续–非连续变形分析方法。这种改进增强了程序的鲁棒性和简便性,尤其是在裂纹萌生扩展阶段不存在任何的几何处理,推广到工程应用中也不存在任何实质性的技术障碍,完全可以达到实际工程应用的需求;同时它又充分地继承了DDA方法与生俱来的在非连续变形模拟方面的优势。同FEM–DEM一样,这种基于虚拟节理技术的DDA方法在网格依赖性方面一直饱受诟病。DDA方法的网格依赖性应该从两个层面来理解:①真实节理可认为是DDA的一种网格,真实节理如结构面等与岩石块体一起构建了真实的裂隙岩体结构。裂隙岩体结构完全依赖真实节理的空间分布,具有完全的网格依赖性。但正是由于这种网格依赖性的存在才使得DDA方法能够从本质上揭示不连续面对岩体力学特性和稳定性的影响。②第2种网格依赖性主要是指连续区域只能沿着虚拟节理(或子块体边界)提供的滑移

通道发生裂纹的萌生和扩展。对于工程问题中对扩展路径的定位要求不高时,网格依赖性可以忽略。当对扩展路径要求较高时,第一种解决方法,缩小子块体尺寸来提供精细的破裂通道,理论上分析,离散的块体单元尺寸应该小于能够模拟塑性变形的尺度。这种处理的弊端在于极大地增加了计算量,包括接触判断、开闭迭代和矩阵求解等。可通过引入前沿的计算机技术来解决,如并行算法。而且加快计算求解速度本身也是 DDA 在实际工程应用中的迫切需要加强的方面。第二种解决方法,允许子块体自身的破裂,并且以每次破裂时块体一分为二较好处理。但是如果子块体尺寸较大,滑移路径仍不够精确,还是需要继续加密网格;另外,一旦这样处理,接触对的传递非常容易出错等。保留真实节理的网格依赖性,弱化或消除虚拟节理的网格依赖性是 DDA 作为连续-非连续变形分析方法应当持续坚守的准则。

10.4　数值试验

本节将基于应变软化模型的改进 DDA 方法应用于几个典型的数值算例中。

10.4.1　带有受压平台的巴西圆盘试验

巴西圆盘试验是一种可间接地确定脆性岩石抗拉强度的技术手段。如图 10-5(a)所示,为一含有预置裂纹的圆盘。圆盘直径为 0.1 m,受压平台长度为 6.2×10^{-3} m(平台在圆盘圆心处形成一个 7.2°的中心角),裂纹初始长度为 0.03 m,裂纹与水平方向角度为 θ。荷载通过圆盘两端的刚性板施加,平均加载速度为 5.0×10^{-4} m/s。刚性板尺寸长为 0.1 m、宽为 4×10^{-3} m。试样材料参数为:弹性模量 $E=10$ GPa,泊松比 $\nu=0.25$,密度 $\rho=$ 2 500 kg/m^3,内摩擦角 $\varphi=40°$,黏聚力 $C_0=5$ MPa,抗拉强度 $T_0=0.5$ MPa,断裂能释放率 $Gf_1=0.1$ J/m^2。刚性板的弹性模量 $E=1\ 000$ GPa,泊松比 $\nu=0.1$,密度同试样。预置裂纹面及试样与刚性板的接触面假定为无摩擦、无黏聚力、无拉伸强度。

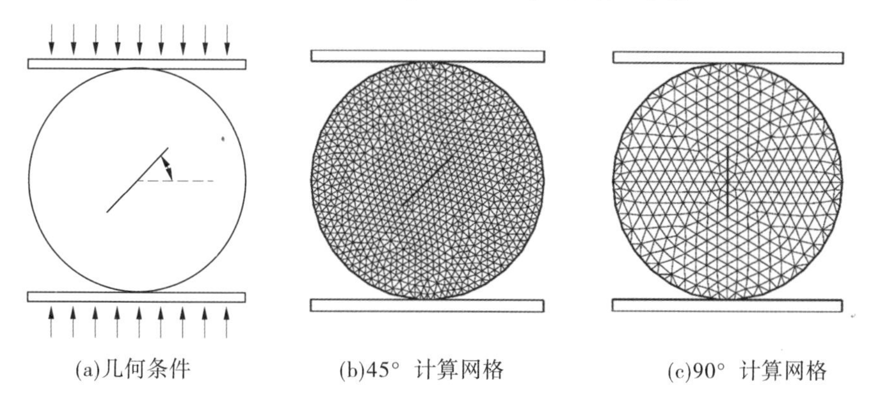

(a)几何条件　　(b)45°　计算网格　　(c)90°　计算网格

图 10-5　巴西圆盘的几何条件及计算网格

Al-Shayea 通过物理试验以及数值方法(indirect boundary element method)研究了 θ 取不同角度时,预置裂纹的扩展路径。为了验证本书提出方法的正确性,研究了 θ 取 45°和 90°时预置裂纹的扩展路径,相应的计算网格如图 10-5(b)和(c)所示。θ 取 45°时,计

算时间步长为 $\Delta t = 1.0 \times 10^{-5}$ s，弹簧刚度 $K = 100$ GPa；r 取 90°时，计算时间步长为 $\Delta t = 1.0 \times 10^{-4}$ s，弹簧刚度 $K = 100$ GPa。图 10-6 为试验方法得出的结果，而本书算法模拟结果分别如图 10-7、图 10-8 所示。很明显，本书方法计算结果与试验结果较为吻合。

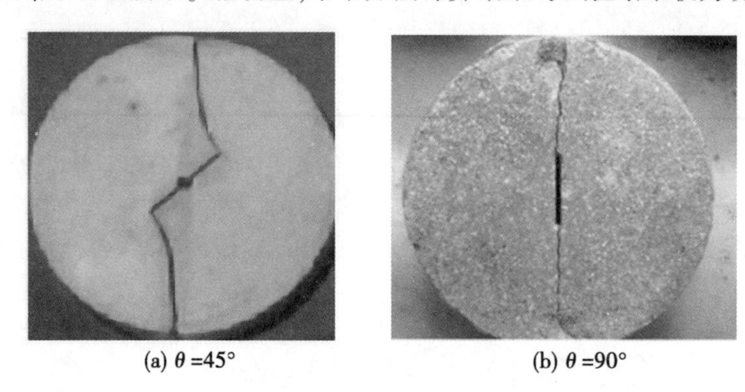

(a) $\theta = 45°$　　(b) $\theta = 90°$

图 10-6　试验结果

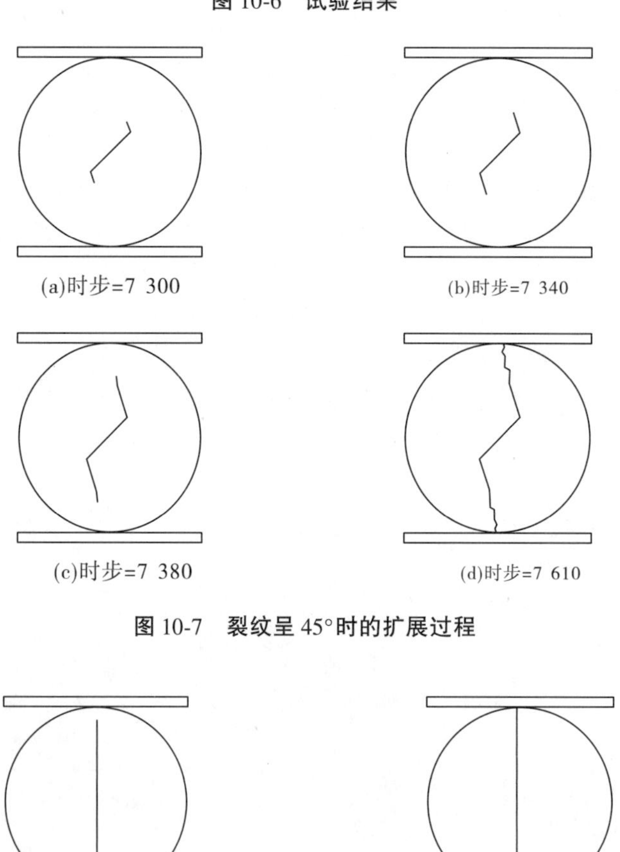

(a)时步=7 300　　(b)时步=7 340

(c)时步=7 380　　(d)时步=7 610

图 10-7　裂纹呈 45°时的扩展过程

(a)时步=87　　(b)时步=105

图 10-8　裂纹呈 90°时的扩展过程

10.4.2　含有单一裂纹的均质边坡

如图 10-9 所示分别为一含有单一斜裂纹的均质边坡和对应的计算网格。

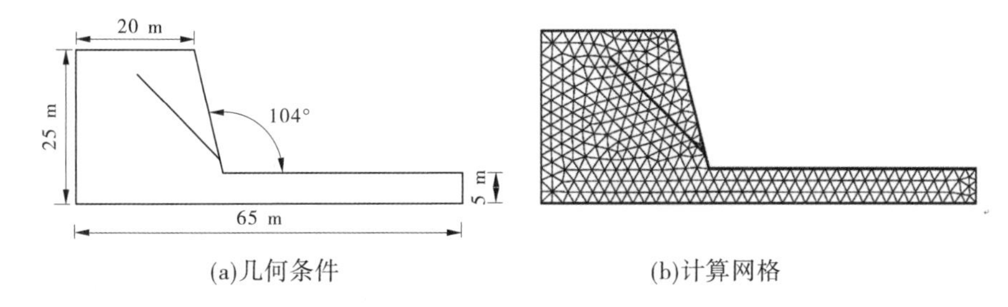

(a)几何条件　　(b)计算网格

图 10-9　含单一斜裂纹的边坡及计算网格

计算中所使用材料参数为：弹性模量 $E = 35$ GPa，泊松比 $\nu = 0.15$，密度 $\rho = 3\ 200$ kg/m^3，内摩擦角 $\varphi = 50°$，黏聚力 $C_0 = 15$ MPa，抗拉强度 $T_0 = 5$ MPa，断裂能释放率 $Gf_1 = 396.67$ J/m^2。真实节理的摩擦角 $\psi = 10°$，不考虑节理面的黏聚力和抗拉强度。计算时间步长取为 $\Delta t = 0.001$ s，弹簧刚度 $K = 35$ GPa。为了让边坡更容易失稳，将 10 倍的重力荷载作用到边坡上。

图 10-10 给出了该边坡裂纹的扩展过程及裂纹将边坡贯穿后所形成独立坡体的滑落

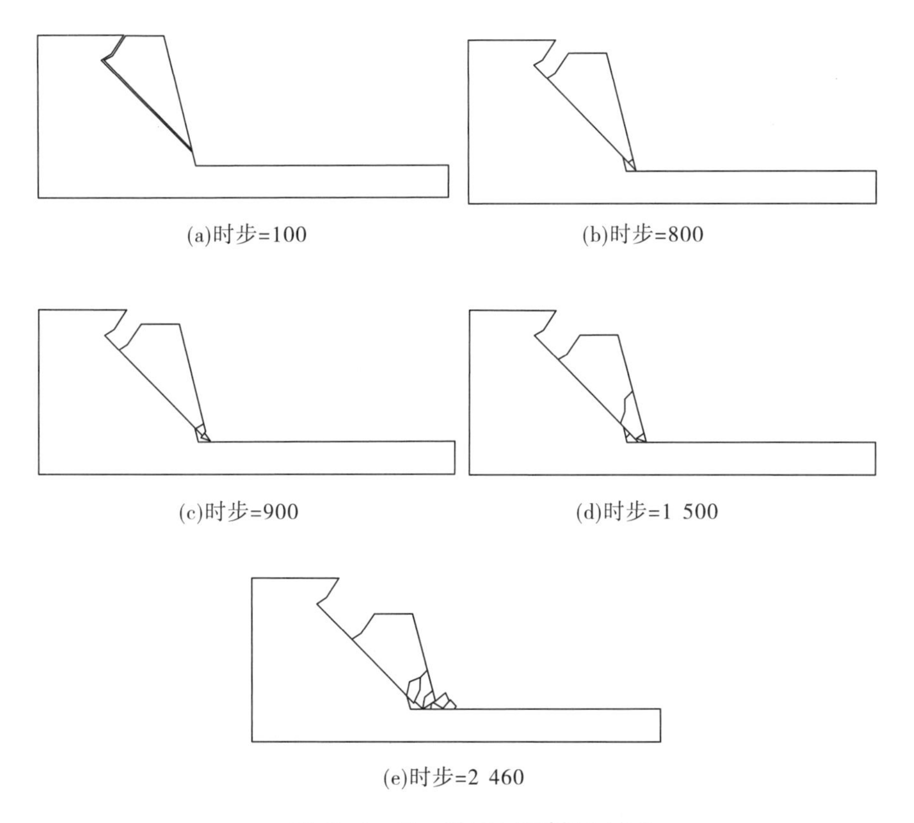

(a)时步=100　　(b)时步=800

(c)时步=900　　(d)时步=1 500

(e)时步=2 460

图 10-10　单一裂纹边坡破坏全过程

过程。很明显,此边坡的破坏机制为工程中常见的、由拉张裂纹引起的。图 10-11 为杨永涛等利用 NMM 模拟的裂纹扩展及贯穿后形成独立块体的滑动结果。可见,在独立坡体形成之前的裂纹扩展路径两者基本一致,而且本书所提算法还描述了独立块体下滑过程中的裂纹萌生、扩展和贯穿过程。

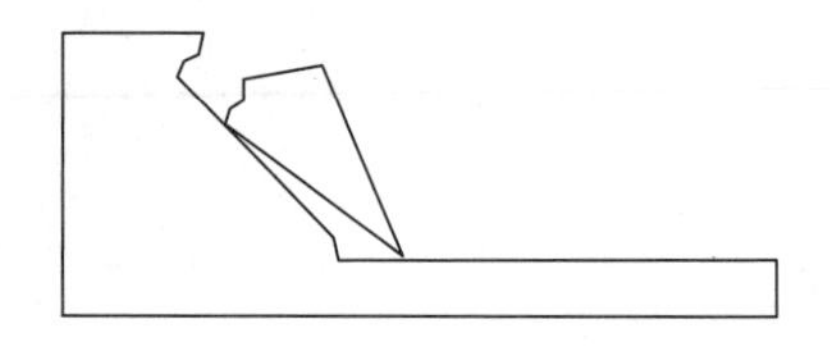

图 10-11　单一裂纹边坡破坏过程参考结果

10.4.3　海水侵蚀的悬崖

如图 10-12(a)所示,悬崖的高度为 20 m,悬崖的底部被海水侵蚀为一凹槽,计算网格如图 10-12(b)所示。计算采用的参数如下:密度 $\rho=2\ 344$ kg/m^3,弹性模量 $E=1$ GPa,泊松比 $\nu=0.25$,抗拉强度 $T_0=0.3$ MPa,黏聚力 $C_0=0.46$ MPa,内摩擦角 $\varphi=47°$,断裂能释放率 $Gf_{\mathrm{I}}=10.0$ J/m^2。计算时间步长取 $\Delta t=5\times10^{-5}$ s,弹簧刚度 $K=20$ GPa。图 10-13 为本书所提算法模拟的裂纹萌生以及后续裂纹扩展路径。其中,右侧裂纹萌生后作为主导裂纹一直扩展直至将与临空面贯穿形成独立坡体,并且它的初始开裂位置与 FEM-DEM 耦合方法模拟到的结果比较接近,均为 18 m 左右,见图 10-14(a)。两种方法模拟得到的总体扩展趋势也比较接近,见图 10-14(b)。时步 5 740 的位移云图如图 10-15 所示,包括 x 方向位移、y 方向位移和合位移。

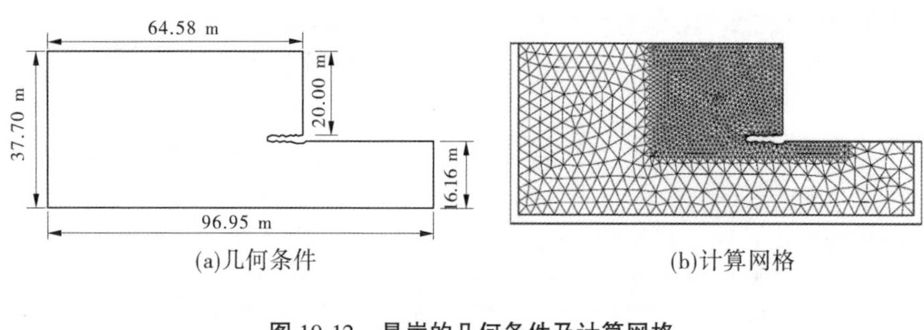

(a)几何条件　　(b)计算网格

图 10-12　悬崖的几何条件及计算网格

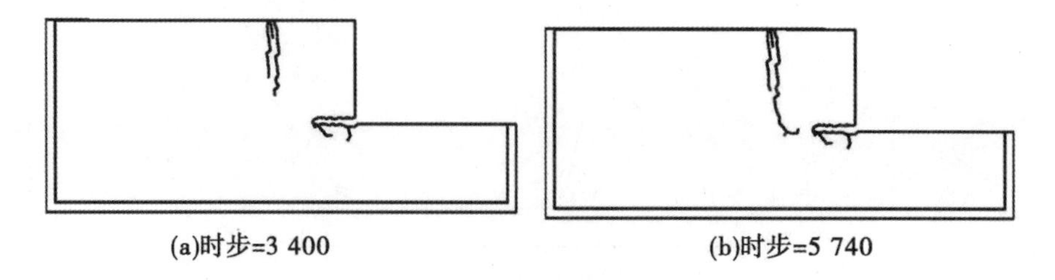

(a)时步=3 400　　(b)时步=5 740

图 10-13　本书所提算法扩展路径

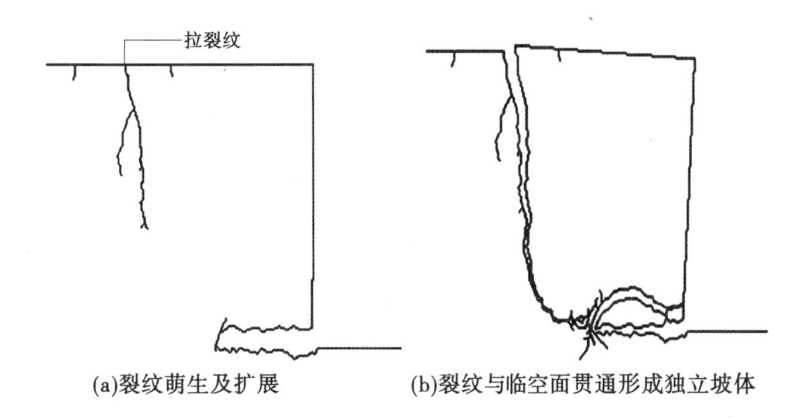

(a)裂纹萌生及扩展 (b)裂纹与临空面贯通形成独立坡体

图 10-14 悬崖破裂路径参考解

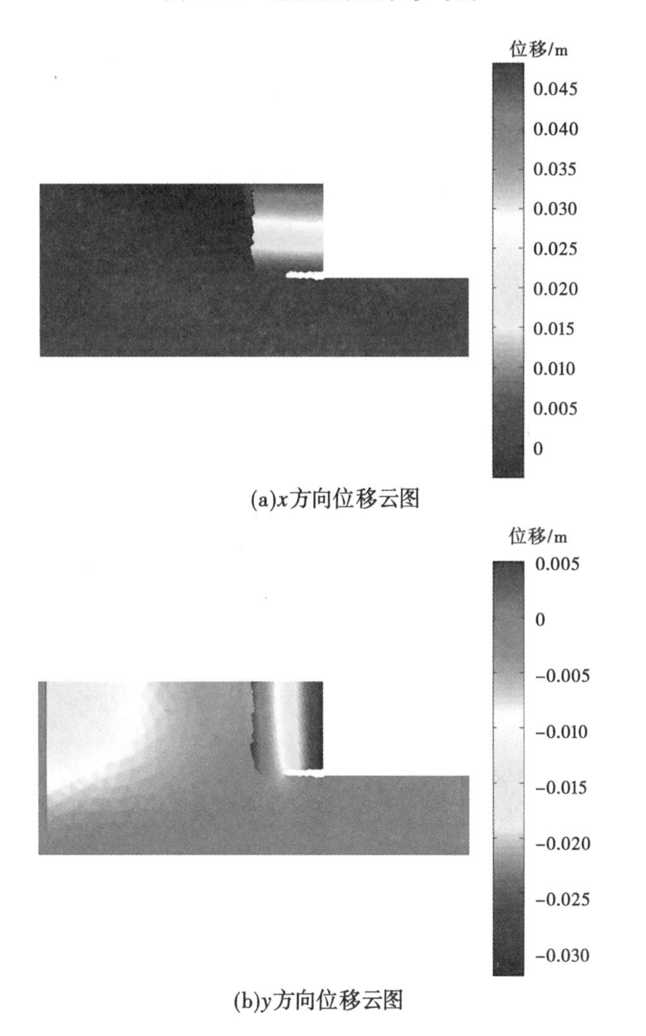

(a)x方向位移云图

(b)y方向位移云图

图 10-15 悬崖破裂后的位移云图(时步= 5 740)

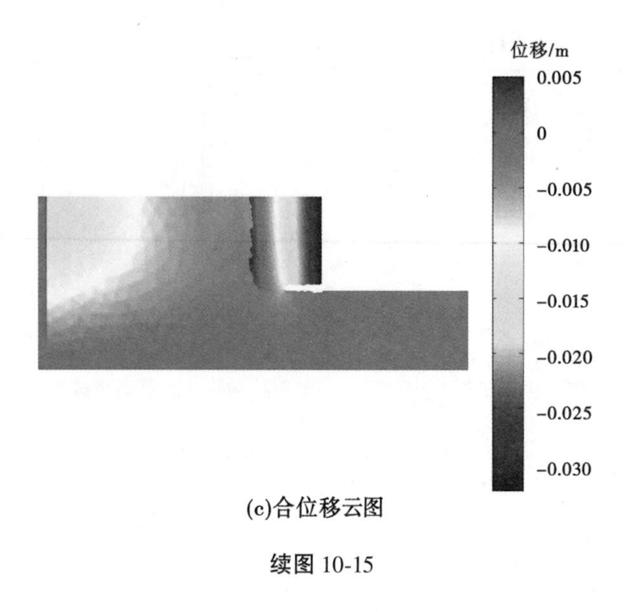

(c)合位移云图

续图 10-15

10.5　本章小结

采用 DDA 方法模拟 I 型裂纹扩展问题,最为简便的方法就是将虚拟节理的强度取岩石本身的抗拉强度,但这忽略了达到抗拉强度后应变软化阶段的强度贡献。因此,引入了一种应变软化黏结单元,补充了应变软化阶段的强度损失,进一步加强了 DDA 作为连续-非连续变形分析方法时对连续部位模拟的控制。该算法保留了原开源程序的鲁棒性及稳定性,简便且容易被工程师所理解和接受,具有较为广泛的工程应用前景。

通过几个典型的数值算例验证,表明该算法不仅可以模拟材料体由连续到非连续的演化过程(包括裂纹的萌生与扩展),而且继承了 DDA 对于大变形和大运动模拟的优势。由于不存在如 NMM 裂纹扩展后的接触环路与覆盖系统更新等拓扑几何方面的难题,该算法适用于任意复杂裂纹扩展问题。

本书所提算法的研究是初步的,但已经提供了后续开发的最基本和核心的计算框架。针对不同的工程问题,可以适当地增加不同的计算模块,如水压致裂、温度应力导致的结构体破坏、爆破机制模拟等。

塑性尺度的网格对于精度要求较高的工程问题是必备的,那么计算效率问题将成为亟须解决的关键问题,并行计算等高效的计算技术的应用开发将是下一步的重点研究方向。目前,付晓东等结合 OpenMP 已开发了并行的 DDA 计算程序,但只限于对求解器的修改。作者认为进一步实现与接触搜索和刚度矩阵计算相关部分的程序并行化,才能彻底地解决 DDA 的计算效率问题。

第 11 章　基于接触势的三维非连续变形分析方法研究

3D-CPDDA 继承了 3D-DDA 的理论框架。依然需要计算弹性矩阵、惯性矩阵、初始应力矩阵、体积力矩阵、点荷载矩阵和固定点矩阵等。以给定的参数 dd 来辨识静力($dd=0$)和动力($dd=1$)计算。同样地,3D-CPDDA 的大位移模拟也是通过累积每个时步的小位移来实现的。

11.1　定义在块体上的局部位移函数

3D-CPDDA 或者 3D-DDA 的块体可认为是三维数值流形方法的一个物理片,它的权重为 1。与 NMM 一样,局部位移函数是定义在物理片上的,在 3D-CPDDA 中局部位移函数直接定义在块体上。若只考虑位移模式,3D-CPDDA 为 3D-NMM 的一个特例。3D-CPDDA 的局部位移函数可以表示为位移基函数与相应自由度的乘积的形式。当选定合适的位移基函数后,它所构造出来的自由度将具有明确的物理意义。局部位移函数 $\boldsymbol{W}$ 可表示为

$$\boldsymbol{W}=\begin{pmatrix}u\\v\\w\end{pmatrix}=\boldsymbol{TD} \tag{11-1}$$

$$\boldsymbol{T}=\begin{bmatrix}1&0&0&0&z-z_0&-(y-y_0)&x-x_0&0&0&0&\frac{z-z_0}{2}&\frac{y-y_0}{2}\\0&1&0&-(z-z_0)&0&x-x_0&0&y-y_0&0&\frac{z-z_0}{2}&0&\frac{x-x_0}{2}\\0&0&1&y-y_0&-(x-x_0)&0&0&0&z-z_0&\frac{y-y_0}{2}&\frac{x-x_0}{2}&0\end{bmatrix} \tag{11-2}$$

$$\boldsymbol{D}^{\mathrm{T}}=[u_0\quad v_0\quad w_0\quad \alpha_0\quad \beta_0\quad \gamma_0\quad \varepsilon_x\quad \varepsilon_y\quad \varepsilon_z\quad \gamma_{yz}\quad \gamma_{zx}\quad \gamma_{xy}] \tag{11-3}$$

式中,(x_0,y_0,z_0) 为块体形心点坐标;(u_0,v_0,w_0) 为刚体位移;$(\alpha_0,\beta_0,\gamma_0)$ 为转动量;$(\varepsilon_x,\varepsilon_y,\varepsilon_z)$ 和 $(\gamma_{yz},\gamma_{zx},\gamma_{xy})$ 为法向应变分量和切向应变分量。

为了解决块体在旋转过程中的体积膨胀问题,对局部位移函数进行如下的修正:

$$\boldsymbol{W}=\begin{pmatrix}u\\v\\w\end{pmatrix}+\begin{bmatrix}\cos\beta_0+\cos\gamma_0-2&-\sin\gamma_0&\sin\beta_0\\\sin\gamma_0&\cos\alpha_0+\cos\gamma_0-2&-\sin\alpha_0\\-\sin\beta_0&\sin\alpha_0&\cos\alpha_0+\cos\beta_0-2\end{bmatrix}\begin{bmatrix}x-x_0\\y-y_0\\z-z_0\end{bmatrix} \tag{11-4}$$

11.2　联立方程

基于最小势能原理,可以得到块体系统的整体平衡方程。它将块体间的接触关系以及块体变形统一地表达在一起。

$$\begin{bmatrix} \boldsymbol{K}_{11} & \boldsymbol{K}_{12} & \boldsymbol{K}_{13} & \cdots & \boldsymbol{K}_{1n} \\ \boldsymbol{K}_{21} & \boldsymbol{K}_{22} & \boldsymbol{K}_{23} & \cdots & \boldsymbol{K}_{2n} \\ \boldsymbol{K}_{31} & \boldsymbol{K}_{32} & \boldsymbol{K}_{33} & \cdots & \boldsymbol{K}_{3n} \\ \vdots & \vdots & \vdots & \ddots & \vdots \\ \boldsymbol{K}_{n1} & \boldsymbol{K}_{n2} & \boldsymbol{K}_{n3} & \cdots & \boldsymbol{K}_{nn} \end{bmatrix} \begin{bmatrix} \boldsymbol{D}_1 \\ \boldsymbol{D}_2 \\ \boldsymbol{D}_3 \\ \vdots \\ \boldsymbol{D}_n \end{bmatrix} = \begin{bmatrix} F_1 \\ F_2 \\ F_3 \\ \vdots \\ F_n \end{bmatrix} \tag{11-5}$$

式中, $\boldsymbol{K}_{ij}$ 为一个 12×12 的子矩阵; $\boldsymbol{D}_i$ 和 $\boldsymbol{F}_i$ 为 12×1 的子矩阵, $\boldsymbol{D}_i$ 为一个自由度; $\boldsymbol{F}_i$ 为荷载矢量; $\boldsymbol{K}_{ii}$ 取决于块体 i 的材料属性; $\boldsymbol{K}_{ij}$ 还取决于块体 i 和 j 之间的接触关系。

另外, Yang 和 Mikola 分别提出了二维和三维的显式非连续变形分析方法,搭建起了 DDA 方法和离散元法之间的桥梁。

11.3　三维 NBS 接触检测算法在 DDA 中的应用

在势接触力的计算之前,需要先确定接触对。在二维 DDA 中,已经讲到利用空间映射和链表结构将块体有机结合后,可极大地提高块体接触检测的效率。

(1)首先,确定能够将所有块体均能包裹住的最大球体的直径,然后利用如下公式,将块体映射到三维格子中,确定在格子中的整数坐标。

$$\left.\begin{aligned} I_x &= 1 + \mathrm{Int}\left(\frac{x_i - x_{\min}}{d}\right) \\ I_y &= 1 + \mathrm{Int}\left(\frac{y_i - y_{\min}}{d}\right) \\ I_z &= 1 + \mathrm{Int}\left(\frac{z_i - z_{\min}}{d}\right) \end{aligned}\right\} \tag{11-6}$$

(2)生成 x、y 和 z 三个方向的链表结构,将块体有机地连接在一起。参照前述二维情况,将其直接拓展到三维即可。不再赘述。

(3)同样地,对于中心格子内部的块体仅需要与其周边相邻的 26 个格子内的块体进行接触搜索工作,没必要对所有格子内部的块体进行接触检测,因为每个格子都会轮流成为中心格子,如图 11-1 所示。

11.4　基于接触势的接触力计算

首先,要定义好所有的专属名词。对于三维 3D-CPDDA 来说,它的基本计算单元,称为块体。接触势处理时,通常使用最简单的四面体单元作为基本的计算单元。那么,将三

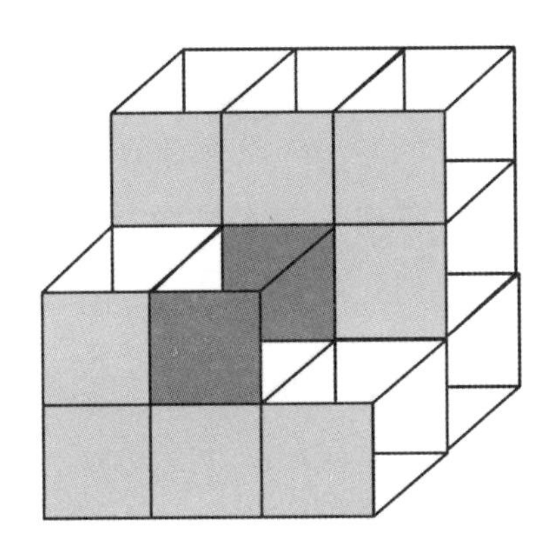

图 11-1　与中心格子相邻的 26 个格子(Munjiza)

维 DDA 接触的两个块体均会划分为四面体块体单元。三维接触的处理实际上是隶属于不同接触块体的块体单元之间的接触处理。为了与 FEM-DEM 的经典表达保持一致,依然定义两个产生接触的块体为 Contactor 块体和 Target 块体。同样地,相应的四面体定义为 Contactor 四面体和 Target 四面体。Contactor 表示“发动攻击”的个体,而 Target 表示“等待攻击”的个体。

11.4.1　基于四面体单元的接触势的定义

如图 11-2 所示,为一个具有任意形状的四面体单元。它的形心定义为 O。四面体单元的每个面和 O 都会构成一个子四面体。V_{ijmO}、V_{mjnO}、V_{imnO} 和 V_{injO} 分别表示 4 个子四面体的体积。对于四面体内的任意点 P,首先需要确定 P 位于哪个子四面体内部。以子四面体 $injO$ 为例,相应的接触势 $\varphi(P)$ 定义为

$$\varphi(P)=\frac{V_{injP}}{4V_{injO}} \tag{11-7}$$

式中,V_{injP} 为子四面体 $injP$ 的体积。

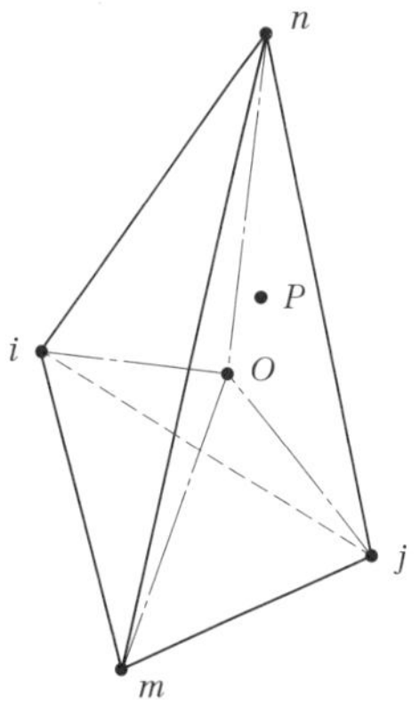

图 11-2　基于四面体单元的接触势

11.4.2　势接触力的广义表达式

根据上面接触势的定义,Contactor块体和Target块体间的势接触力可转换为相应的 Contactor 四面体和 Target 四面体之间的计算,分别记为 β_{c_i} 和 β_{t_j}。对任意无限小的接触体积 $\mathrm{d}V$,作用其上的接触力分别为

$$\mathrm{d}\boldsymbol{f}_{c_i}=-k[\mathrm{grad}\varphi_{t_j}(\boldsymbol{P}_{t_j})]\mathrm{d}V_{c_i},\mathrm{d}V_{c_i}=\mathrm{d}V \tag{11-8}$$

$$\mathrm{d}\boldsymbol{f}_{t_j}=-k[\mathrm{grad}\varphi_{c_i}(\boldsymbol{P}_{c_i})]\mathrm{d}V_{t_j},\mathrm{d}V_{t_j}=\mathrm{d}V \tag{11-9}$$

式中,$\mathrm{d}\boldsymbol{f}_{c_i}$ 和 $\mathrm{d}\boldsymbol{f}_{t_j}$ 为作用在 Contactor 四面体和 Target 四面体上的无限小的接触力;$\mathrm{grad}\varphi_{t_j}(\boldsymbol{P}_{t_j})$ 为接触点 $\boldsymbol{P}_{t_j}$ 在 Target 四面体内的势的梯度;$\mathrm{grad}\varphi_{c_i}(\boldsymbol{P}_{c_i})$ 为接触点 $\boldsymbol{P}_{c_i}$ 在 Contactor 四面体内的梯度;实际上,$\boldsymbol{P}_{t_j}$ 和 $\boldsymbol{P}_{c_i}$ 具有相同的点坐标;k 表示罚。

那么作用在 $\mathrm{d}V$ 上的净接触力可表示为

$$\mathrm{d}\boldsymbol{f}_{c_it_j} = -\mathrm{d}\boldsymbol{f}_{t_j} + \mathrm{d}\boldsymbol{f}_{c_i} \tag{11-10}$$

将式(11-8)和式(11-9)代入式(11-10),得到

$$\mathrm{d}f_{c_it_j} = k[\mathrm{grad}\varphi_{c_i}(\boldsymbol{P}_{c_i}) - \mathrm{grad}\varphi_{t_j}(\boldsymbol{P}_{t_j})]\mathrm{d}V \tag{11-11}$$

在四面体重叠体积上对 $\mathrm{d}\boldsymbol{f}_{c_it_j}$ 进行积分,总的接触力 $\boldsymbol{f}_{c_it_j}$ 可以表示为

$$\boldsymbol{f}_{c_it_j} = \int_{V=\beta_{t_j}\cap\beta_{c_i}} k[\mathrm{grad}\varphi_{c_i}(\boldsymbol{P}_{c_i}) - \mathrm{grad}\varphi_{t_j}(\boldsymbol{P}_{t_j})]\mathrm{d}V \tag{11-12}$$

同样地,可表示为边界积分的形式:

$$\boldsymbol{f}_{c_it_j} = k\int_{S_{\beta_{t_j}\cap\beta_{c_i}}} \boldsymbol{n}_S[\varphi_{c_i}(\boldsymbol{P}_{c_i}) - \varphi_{t_j}(\boldsymbol{P}_{t_j})]\mathrm{d}S \tag{11-13}$$

式中,$\boldsymbol{n}_S$ 为重叠区域 V 的外表面 $S_{\beta_{t_j}\cap\beta_{c_i}}$ 的外法向矢量。

实际上, Contactor 块体 β_c 和 Target 块体 β_t 均可表示为一系列四面体或四面体单元的并集,得到

$$\beta_c = \beta_{c_1} \cup \beta_{c_2} \cup \cdots \cup \beta_{c_i} \cup \cdots \cup \beta_{c_n} \tag{11-14}$$

$$\beta_t = \beta_{t_1} \cup \beta_{t_2} \cup \cdots \cup \beta_{t_j} \cup \cdots \cup \beta_{t_m} \tag{11-15}$$

因此,对于 β_c 和 β_t 的重叠区域的体积积分可表示为对属于不同块体的相应的四面体单元的重叠区域的体积积分的和。

$$\boldsymbol{f} = \sum_{i=1}^{n}\sum_{j=1}^{m}\int_{\beta_{c_i}\cap\beta_{t_j}} k[\mathrm{grad}\varphi_{c_i}(\boldsymbol{P}_{c_i}) - \mathrm{grad}\varphi_{t_j}(\boldsymbol{P}_{t_j})]\mathrm{d}V \tag{11-16}$$

同样地,也可表示为边界积分的形式

$$\boldsymbol{f} = \sum_{i=1}^{n}\sum_{j=1}^{m} k\int_{\Gamma_{\beta_{c_i}\cap\beta_{t_j}}} \boldsymbol{n}_\Gamma[\varphi_{c_i}(\boldsymbol{P}_{c_i}) - \varphi_{t_j}(\boldsymbol{P}_{t_j})]\mathrm{d}\Gamma \tag{11-17}$$

从计算机编程的角度分析,Contactor 四面体和 Target 四面体间的势接触力的计算可进一步转换为 Contactor 四面体和 4 个隶属于 Target 四面体的子四面体间的接触力计算。也就是说,计算是在 Contactor 四面体的 4 个面和 Target 四面体的 4 个子四面体间展开的。

11.4.3 基于四面体单元的接触力计算

如图 11-3 所示, Target 四面体和 Contactor 四面体的编号规则是一致的。对于 Contactor 四面体, 四个结点分别定义为 C_0、C_1、C_2 和 C_3, 相应的坐标分别为 $\boldsymbol{P}_0$、$\boldsymbol{P}_1$、$\boldsymbol{P}_2$ 和 P_3。对于 Target 四面体,它的四个结点为 T_0、T_1、T_2 和 T_3, 相应的坐标分别为 $\boldsymbol{Q}_0$、$\boldsymbol{Q}_1$、$\boldsymbol{Q}_2$ 和 $\boldsymbol{Q}_3$。

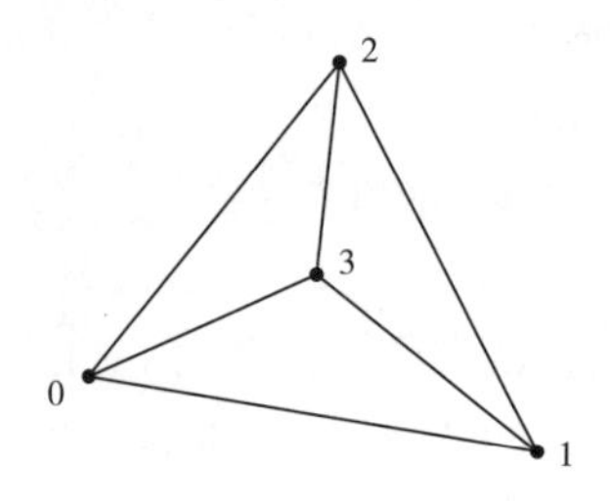

图 11-3 Target 四面体或 Contactor 四面体的结点编号

假定 Contactor 四面体的形心为 C_c，坐标为 $\boldsymbol{P}_c$，Target 四面体的形心为 T_c，坐标为 $\boldsymbol{Q}_c$。显然，各自形心与相应的 4 个面均可形成 4 个子四面体。

以 C_0 点作为局部坐标系的原点，可得到 Contactor 子四面体和 Target 子四面体相对于局部坐标原点的位置矢量。分别标记为 C_0、C_1、C_2 和 C_3，$\boldsymbol{T}_0$、$\boldsymbol{T}_1$、$\boldsymbol{T}_2$ 和 $\boldsymbol{T}_3$。相关表达式如下：

$$\left.\begin{aligned}\boldsymbol{C}_0 &= \boldsymbol{P}_0 - \boldsymbol{P}_0\\ \boldsymbol{C}_1 &= \boldsymbol{P}_1 - \boldsymbol{P}_0\\ \boldsymbol{C}_2 &= \boldsymbol{P}_2 - \boldsymbol{P}_0\\ \boldsymbol{C}_3 &= \boldsymbol{P}_c - \boldsymbol{P}_0\end{aligned}\right\} \tag{11-18}$$

$$\left.\begin{aligned}\boldsymbol{T}_0 &= \boldsymbol{Q}_0 - \boldsymbol{P}_0\\ \boldsymbol{T}_1 &= \boldsymbol{Q}_1 - \boldsymbol{P}_0\\ \boldsymbol{T}_2 &= \boldsymbol{Q}_2 - \boldsymbol{P}_0\\ \boldsymbol{T}_3 &= \boldsymbol{Q}_c - \boldsymbol{P}_0\end{aligned}\right\} \tag{11-19}$$

$$\left.\begin{aligned}\boldsymbol{E}_3 &= \boldsymbol{C}_1 \times \boldsymbol{C}_2 / \| \boldsymbol{C}_1 \times \boldsymbol{C}_2 \|\\ \boldsymbol{E}_1 &= \boldsymbol{C}_1 / \| \boldsymbol{C}_1 \|\\ \boldsymbol{E}_2 &= \boldsymbol{E}_3 \times \boldsymbol{E}_1\end{aligned}\right\} \tag{11-20}$$

然后，通过对矢量 $\boldsymbol{C}_1$ 和 $\boldsymbol{C}_2$ 做如式(11-20)的数学变换，即可建立以 $\boldsymbol{C}_0$ 作为局部坐标原点的局部坐标系。$\boldsymbol{E}_1$、$\boldsymbol{E}_2$ 和 $\boldsymbol{E}_3$ 为局部坐标系 x、y 和 z 的方向矢量。Target 子四面体的 4 个节点可以投影到局部坐标系下，坐标可表达为

$$\begin{aligned}&\left.\begin{aligned}x_0^t &= T_0E_1\\ y_0^t &= T_0E_2\\ z_0^t &= T_0E_3\end{aligned}\right\}\\ &\qquad\vdots\\ &\left.\begin{aligned}x_3^t &= T_3E_1\\ y_3^t &= T_3E_2\\ z_3^t &= T_3E_3\end{aligned}\right\}\end{aligned} \tag{11-21}$$

式中，$T_n^t = (x_n^t, y_n^t, z_n^t)$ 表示 Target 子四面体第 n 个节点的局部坐标；z_n^t 为第 n 个节点距离当前 Contactor 平面 $C_0C_1C_2$ 的距离。

若 Target 子四面体的 4 个节点到 $C_0C_1C_2$ 的垂直距离均为负值，那么它们不存在接触。以边 T_0T_3 为例，若两个端点的距离为一正一负，此边必定与 Contactor 当前面有交点，如图 11-4 所示。可根据下式计算交点：

$$\left.\begin{aligned}x_n^s &= \frac{|z_0^t|}{|z_3^t - z_0^t|}x_3^t + \left(1 - \frac{|z_0^t|}{|z_3^t - z_0^t|}\right)x_0^t\\ y_n^s &= \frac{|z_0^t|}{|z_3^t - z_0^t|}y_3^t + \left(1 - \frac{|z_0^t|}{|z_3^t - z_0^t|}\right)y_0^t\end{aligned}\right\} \tag{11-22}$$

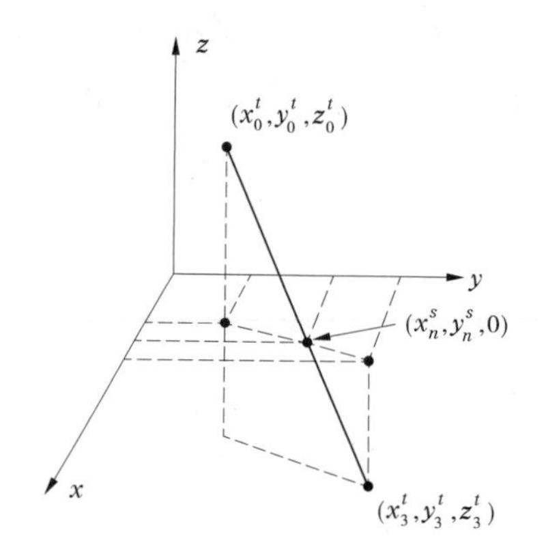

图 11-4　交点计算

以这种方式可获得 Contactor 当前面与 Target 子四面体的所有交点。如果交点数大于 2，将会形成一个闭合的回路。然而，交点自身是凌乱无序的，需要引入环路搜索算法将其有序地连接起来。

然后，将当前 Contactor 面的 3 个结点 C_0、C_1 和 C_2 也投影到局部坐标系下，得到

$$\left.\begin{array}{l} x_0^c = C_0E_1 \\ y_0^c = C_0E_2 \\ z_0^c = C_0E_3 \end{array}\right\} \\ \vdots \\ \left.\begin{array}{l} x_2^c = C_2E_1 \\ y_2^c = C_2E_2 \\ z_2^c = C_2E_3 \end{array}\right\} \tag{11-23}$$

式中，$C'_n = (x_n^c, y_n^c, z_n^c)$ 为 n 个节点的坐标，且 z_n^c 必定为 0。

假定 Contactor 面与子四面体有 3 个交点，构成闭合回路 $S_0 - S_1 - S_2$，$C_0 - C_1 - C_2$ 投影后标记为 $C'_0 - C'_1 - C'_2$。如图 11-5 所示，$S_0 - S_1 - S_2$ 和 $C'_0 - C'_1 - C'_2$ 有 3 种不同的相对位置关系。

$S_0 - S_1 - S_2$ 和 $C'_0 - C'_1 - C'_2$ 进行相交运算以后，可得到一系列的离散交点，记为 B_0，B_1，…，B_5。通过环路搜索算法后，可获得一个闭合的回路，如 $B_0 - B_1 - B_2 - B_3 - B_4 - B_5$，它表示接触面积，如图 11-5(c)所示。

以图 11-6 所示的 Target 子四面体和 Contactor 平面介绍接触势的计算。对于 Target 子四面体，面 $T_0T_1T_2$ 的法向矢量 $\boldsymbol{v}_n^t$ 可通过式(11-24)和式(11-25)获得，它的体积 V^t 也可通过位置矢量 $\boldsymbol{v}_{03}^t$ 和 $\boldsymbol{v}_n^t$ 的叉积求得：

$$\left.\begin{array}{l} \boldsymbol{v}_{01}^t = (x_1^t, y_1^t, z_1^t) - (x_0^t, y_0^t, z_0^t) \\ \boldsymbol{v}_{02}^t = (x_2^t, y_2^t, z_2^t) - (x_0^t, y_0^t, z_0^t) \\ \boldsymbol{v}_{03}^t = (x_3^t, y_3^t, z_3^t) - (x_0^t, y_0^t, z_0^t) \end{array}\right\} \tag{11-24}$$

$$\boldsymbol{v}_n^t = \boldsymbol{v}_{01}^t \times \boldsymbol{v}_{02}^t \tag{11-25}$$

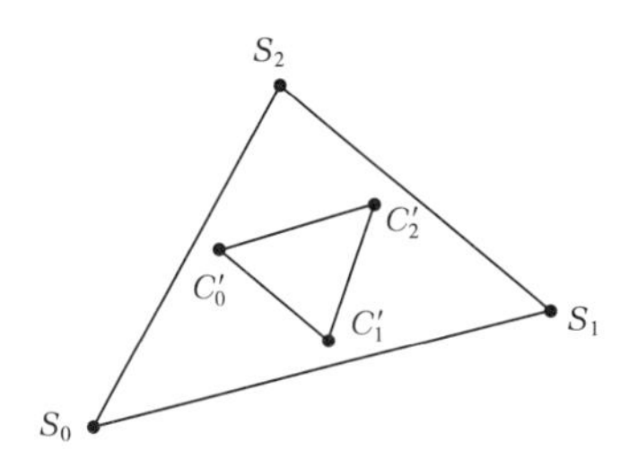

(a)C'_0-C'_1-C'_2在s_0-s_1-s_2内部

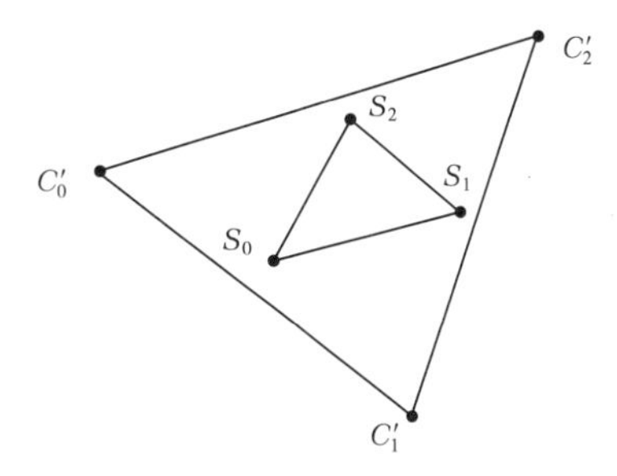

(b)s_0-s_1-s_2在C'_0-C'_1-C'_2内部

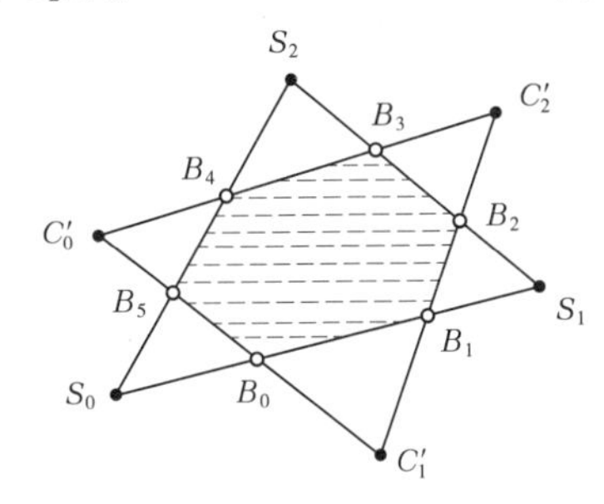

(c)C'_0-C'_1-C'_2在s_0-s_1-s_2相交

图 11-5　$S_0-S_1-S_2$ 和 $C'_0-C'_1-C'_2$ 可能的位置关系

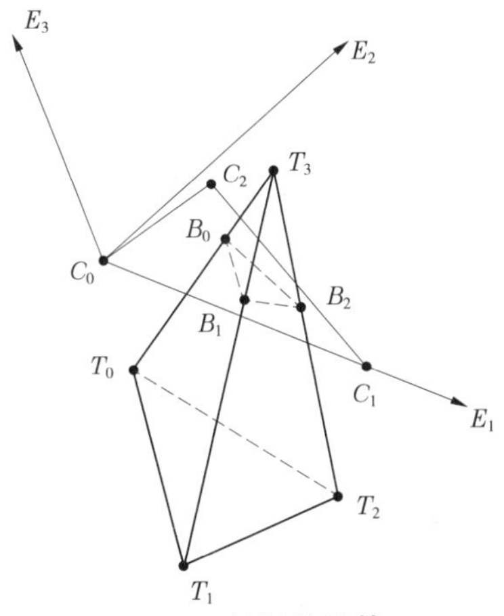

图 11-6　接触势计算

$$\boldsymbol{V}^t = \frac{1}{6}\boldsymbol{v}^t_{03} \cdot (\boldsymbol{v}^t_n)^{\mathrm{T}} \tag{11-26}$$

对于坐标为(x_n^B, y_n^B)的任一点B_n，嵌入量可以表示为

$$\gamma_B = \boldsymbol{V}_0^{tc}/\boldsymbol{V}^t + x_n^B(\boldsymbol{V}^{E_1}/\boldsymbol{V}^t) + y_n^B(\boldsymbol{V}^{E_2}/\boldsymbol{V}^t) \tag{11-27}$$

其中，

$$\boldsymbol{V}_0^{tc} = \frac{1}{6}\boldsymbol{v}_0^{tc} \cdot (\boldsymbol{v}_n^t)^{\mathrm{T}} \tag{11-28}$$

$$\boldsymbol{V}^{E_1} = \frac{1}{6}\boldsymbol{E}_1 \cdot (\boldsymbol{v}_n^t)^{\mathrm{T}} \tag{11-29}$$

$$\boldsymbol{V}^{E_2} = \frac{1}{6}\boldsymbol{E}_2 \cdot (\boldsymbol{v}_n^t)^{\mathrm{T}} \tag{11-30}$$

$$\boldsymbol{v}_0^{tc} = (x_0^c, y_0^c, z_0^c) - (x_0^t, y_0^t, z_0^t) \tag{11-31}$$

交点 B_n 的接触势可以表示为

$$\varphi^{B_n} = \gamma_B/4 \tag{11-32}$$

同样地，将接触面 A_B 内的任一点的坐标代入式(11-32)中即可得到此处的接触势，而且它是空间坐标的线性函数。

在 Target 子四面体的接触势的作用下，作用在 Contactor 当前面上的接触力 $\boldsymbol{f}_c$ 可以表示为

$$\boldsymbol{f}_c = -\int_{A_B} \boldsymbol{E}_3 [k\varphi_t(x,y)] \mathrm{d}A \tag{11-33}$$

作用在 Target 四面体上的接触力 $\boldsymbol{f}_t$ 与作用在 Contactor 面上的接触力是一对相互作用力，得到

$$\boldsymbol{f}_t = -\boldsymbol{f}_c = \int_{A_B} \boldsymbol{E}_3 [k\varphi_t(x,y)] \mathrm{d}A \tag{11-34}$$

接触面上的势接触力可以通过数值积分（如高斯积分）或解析的单纯形积分求得。这里，将接触面划分为若干子三角形将会使计算变得简捷。

需要特别指出的是，上述法向势接触力的计算过程需要重复两次，这个过程中接触的 2 个子四面体的角色是不同的。第一次，一个子四面体作为 Contactor，而另一个子四面体作为 Target。第二次，一个子四面体作为 Target，另一个子四面体作为 Contactor。作用在各自上的接触力始终是一对相互作用力，不会受到两个子四面体在同一点处的接触势的声明不同带来的影响。

11.4.4　摩擦力的计算

在计算摩擦力时，法向接触力的作用点往往被用来作为切向相对速度的辨识点。Contactor 面上的作用点与 Target 子四面体的作用点是一致的，而且作用在它们身上的接触力的绝对值也是相同的。因此，选择使用作用在当前 Contactor 面上的接触力来确定接触力的形心点。那么，法向接触力的作用点 $\boldsymbol{R} = (x_{f_c}, y_{f_c})$ 可表示为

$$\left.\begin{aligned} x_{f_c} &= -\int_{A_B} \boldsymbol{E}_3 [kx\varphi_t(x,y)] \mathrm{d}A/\boldsymbol{f}_c \\ y_{f_c} &= -\int_{A_B} \boldsymbol{E}_3 [ky\varphi_t(x,y)] \mathrm{d}A/\boldsymbol{f}_c \end{aligned}\right\} \tag{11-35}$$

如图 11-7 所示，接触点 $\boldsymbol{R}$ 处的相对速度 v_r 可以计算为

$$\boldsymbol{v}_r = \boldsymbol{v}_C(\boldsymbol{R}) - v_T(\boldsymbol{R}) \tag{11-36}$$

式中，$\boldsymbol{v}_C(\boldsymbol{R})$ 和 $\boldsymbol{v}_T(\boldsymbol{R})$ 分别为 Contactor 四面体和 Target 子四面体在接触点 $\boldsymbol{R}$ 处的相对速度。

$\boldsymbol{v}_C(\boldsymbol{R})$ 和 $\boldsymbol{v}_T(\boldsymbol{R})$ 可直接通过基函数与初始速度矢量的乘积获得，与传统 3D-DDA 的

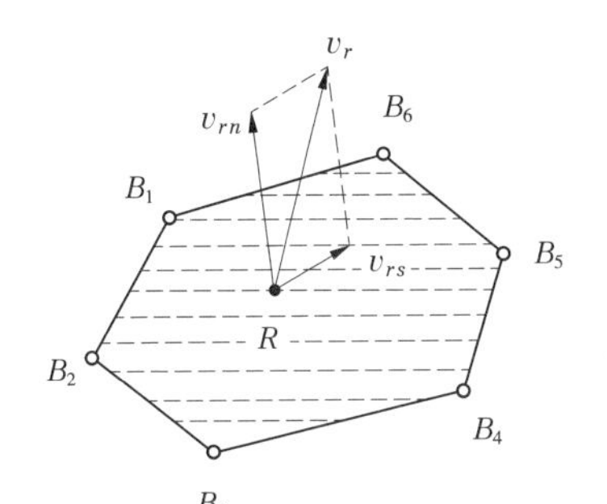

图 11-7 相对速度的切向和法向分量 $\boldsymbol{v}_r$

处理相同,得出

$$\boldsymbol{v}_c(\boldsymbol{R}) = T_c v_0^c \tag{11-37}$$

$$\boldsymbol{v}_t(\boldsymbol{R}) = T_t v_0^t \tag{11-38}$$

式中,$\boldsymbol{T}_c$ 和 $\boldsymbol{v}_0^c$ 分别为 Contactor 四面体所在块体的基函数矩阵和初速度矢量,它们的大小分别为 3 × 12 和 12 × 1;$\boldsymbol{T}_t$ 和 $\boldsymbol{v}_0^t$ 为 Target 子四面体所属块体的两个相应矩阵。

三维 DDA 在这里体现了一种优势,只需要确定子四面体所在的原始块体,原始块体的基函数和初始速度矩阵都是每步都会更新,这样可以直接通过两者相乘获得任意一点处的速度大小;而在 FEM-DEM 中则需要更新顶点在每一步的速度,进而仍需要求解子四面体的插值形函数,在这以后才可以插值求出合力作用点处的速度。子四面体插值形函数的求解在三维接触势 DDA 方法中是不需要的。

相对速度的法向分量 $\boldsymbol{v}_{rn}$ 可以表示为

$$\boldsymbol{v}_{rn} = [\boldsymbol{E}_3 \boldsymbol{v}_r(\boldsymbol{R})]\boldsymbol{E}_3 \tag{11-39}$$

那么,切向相对速度分量 $\boldsymbol{v}_{rs}$ 即可表示为:

$$\boldsymbol{v}_{rs} = \boldsymbol{v}_r(\boldsymbol{R}) - \boldsymbol{v}_{rn}(\boldsymbol{R}) \tag{11-40}$$

那么在一个时步内,Contactor 四面体相对于 Target 子四面体在 Contactor 接触面内的相对于位移增量为

$$\Delta \boldsymbol{u}_s = \boldsymbol{v}_{rs}(\boldsymbol{R})\Delta t \tag{11-41}$$

摩擦力的计算采用摩尔-库仑准则,Contactor 四面体所受的摩擦力为

$$\boldsymbol{f}_{s_c}^{m'} = \boldsymbol{f}_{s_c}^{m-1} - p_s \Delta \boldsymbol{u}_s A_B \tag{11-42}$$

式中,$\boldsymbol{f}_{s_c}^{m'}$ 为第 m 步的摩擦力试算值;$f_{s_c}^{m-1}$ 为第 $m-1$ 时步的摩擦力值,会继承到下一步中;p_s 为切向罚参数;在无限小的时步内,认为上一步的摩擦力方向与这一步的摩擦力方向是一致的。

若摩擦力试算值 $|\boldsymbol{f}_{s_c}^{m'}| \leqslant \mu |\boldsymbol{f}_{n_c}|$,则

$$\boldsymbol{f}_{s_c}^{m} = \boldsymbol{f}_{s_c}^{m'} \tag{11-43}$$

反之,则

$$\boldsymbol{f}_{s_c}^{m} = \frac{\boldsymbol{f}_{s_c}^{m'}}{|\boldsymbol{f}_{s_c}^{m'}|}\mu |\boldsymbol{f}_{n_c}| \tag{11-44}$$

Target 受到的切向力与 Contactor 受到的切向力是一对相互作用力,因此 Target 第 m

时步的切向力表达式为

$$\boldsymbol{f}_{s_t}^{m}=-\boldsymbol{f}_{s_c}^{m} \tag{11-45}$$

需要再次指出的是,上面的求解过程仍是 Contactor 四面体的一个面与 Target 子四面体的接触力计算公式,仍需要将 Contactor 四面体剩余的 3 个面与 Target 子四面体进行同样的操作,再次进行接触力的计算;每一次计算得到的势接触力都会施加到相应的 DDA 块体上。在此之后,两者交换角色,将原 Contactor 作为 Target 以及将原 Target 作为 Contactor,按照上述步骤再次进行同样的势接触力的计算。

11.4.5 势接触力计算在 DDA 中的实施

对于 Target 块体, 假定其形心的坐标为 $(x_{t_0},y_{t_0},z_{t_0})$, 将其代入式(11-1)中,得出

$$\boldsymbol{W}_t=\boldsymbol{T}_t\boldsymbol{D}_t \tag{11-46}$$

式中, $\boldsymbol{W}_t$、$\boldsymbol{T}_t$ 和 D_t 分别为 Target 块体上的局部位移函数、基函数和自由度。

同样地, 假定 Contactor 块体形心处的坐标为 $(x_{c_0},y_{c_0},z_{c_0})$, 并代入式(11-1),得到

$$\boldsymbol{W}_c=\boldsymbol{T}_c\boldsymbol{D}_c \tag{11-47}$$

式中, $\boldsymbol{W}_c$、$\boldsymbol{T}_c$ 和 $\boldsymbol{D}_c$ 分别为 Contactor 块体上的局部位移函数、基函数以及自由度。

对于 Contactor 块体, 由法向接触力产生的势能函数 Π_c 可以表示为

$$\Pi_c=-W_c^{\mathrm{T}}f_c \tag{11-48}$$

可具体表示为

$$\Pi_c=\boldsymbol{D}_c^{\mathrm{T}}\boldsymbol{T}_c^{\mathrm{T}}\boldsymbol{E}_3\int_{A_B}[k\varphi_t(x,y)]\mathrm{d}A \tag{11-49}$$

根据最小势能原理,作用在 Contactor 块体上的等效荷载矢量 $\boldsymbol{F}_c$ 可以表示为

$$\boldsymbol{F}_c=\frac{\partial\Pi_c}{\partial\boldsymbol{D}_c}=\boldsymbol{T}_c^{\mathrm{T}}E_3\int_{A_B}[k\varphi_t(x,y)]\mathrm{d}A \tag{11-50}$$

对于 Target 块体,由法向接触力引起的势能函数 Π_t 可以表示为

$$\Pi_t=-W_t^{\mathrm{T}}f_t \tag{11-51}$$

同样地,可重新表示为

$$\Pi_t=-\boldsymbol{D}_t^{\mathrm{T}}\boldsymbol{T}_t^{\mathrm{T}}\boldsymbol{E}_3\int_{A_B}[k\varphi_t(x,y)]\mathrm{d}A \tag{11-52}$$

作用在 Target 块体上的等效荷载矢量 $\boldsymbol{F}_t$ 可表示为

$$\boldsymbol{F}_t=\frac{\partial\Pi_t}{\partial\boldsymbol{D}_t}=-\boldsymbol{T}_t^{\mathrm{T}}\boldsymbol{E}_3\int_{A_B}[k\varphi_t(x,y)]\mathrm{d}A \tag{11-53}$$

由作用在 Contactor 块体上的摩擦力引起的势能 Π_{s_c} 可表示为

$$\Pi_{s_c}=-\boldsymbol{W}_c^{\mathrm{T}}\boldsymbol{f}_{s_c}^{m}=-\boldsymbol{D}_c^{\mathrm{T}}\boldsymbol{T}_c^{\mathrm{T}}\boldsymbol{f}_{s_c}^{m} \tag{11-54}$$

根据最小势能原理,作用在 Contactor 块体上的荷载矢量 $\boldsymbol{F}_{s_c}$ 可计算为

$$\boldsymbol{F}_{s_c}=\frac{\partial\Pi_{s_c}}{\partial\boldsymbol{D}_c}=-\boldsymbol{T}_c^{\mathrm{T}}\boldsymbol{f}_{s_c}^{m} \tag{11-55}$$

对于 Target 块体, 势能 Π_{s_t} 可表示为

$$\Pi_{s_t} = -\boldsymbol{W}_t^{\mathrm{T}}\boldsymbol{f}_{s_t}^{m} = \boldsymbol{W}_t^{\mathrm{T}}\boldsymbol{f}_{s_c}^{m} = \boldsymbol{D}_t^{\mathrm{T}}\boldsymbol{T}_t^{\mathrm{T}}\boldsymbol{f}_{s_c}^{m} \tag{11-56}$$

荷载矢量 $\boldsymbol{F}_{s_t}$ 可表示为

$$\boldsymbol{F}_{s_t} = \frac{\partial \Pi_{s_t}}{\partial \boldsymbol{D}_t} = \boldsymbol{T}_t^{\mathrm{T}}\boldsymbol{f}_{s_c}^{m} \tag{11-57}$$

11.5　数值试验

本节选取了几个典型的算例,利用所提出的 3D-CPDDA 进行了数值模拟, 并与解析解或传统 3D-DDA 的计算结果进行了对比。如无特别说明,均采用国际单位制。

11.5.1　动量守恒测试

如图 11-8 所示, 为动量守恒测试采用的简单块体系统,其中两个小块体的体积相同,底部大块体顶面为无摩擦滑动平面,且完全固定。右侧的小块体标记为块体 1,左侧的小块体标记为块体 2。初始情况下,块体 1 保持静止;块体 2 会以 $\boldsymbol{v}_0 = 1$ 的初始速度向其运动,最终两者会发生碰撞。块体 2 采用的参数如下: 杨氏模量 $E = 200 \times 10^9$, 泊松比 $\nu = 0.25$,密度 $\rho = 1\ 000$, 高度 $h = 2$, 宽度 $w = 2$ 且厚度 $t = 1$。对于块体 1, 考虑了两种情况:①参数与块体 2 相同;②仅密度调整为 $\rho = 500$, 其他均与块体 2 保持一致。理论上,水平方向满足动量守恒。也就是说,碰撞前后两个块体的总动量应始终为 4 000。采用的罚值和时步分别为 $k = 10^{-5}E$ 和 $\Delta t = 4 \times 10^{-5}$。

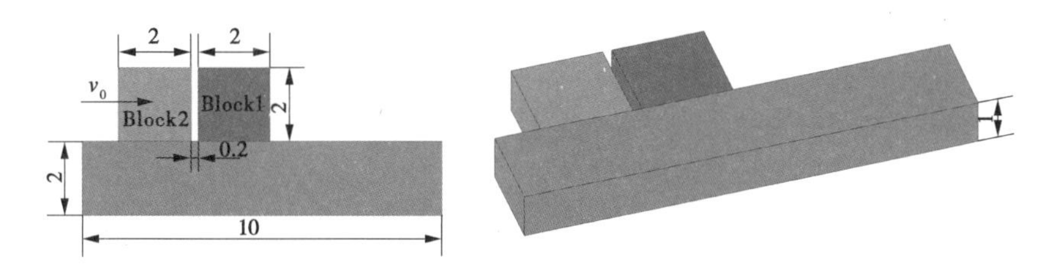

图 11-8　动量守恒测试的三维 DDA 模型

总动量及各自的动量数值解随时间的变化如图 11-9 所示。如图 11-9 (a)所示, 也就是两者质量相同的情况,块体 1 和块体 2 的水平动量初始状态下应为 0 和 4 000,发生碰撞后理论上应为 4 000 和 0。相应的数值解分别为 4 013.76 和−12.85 ,前者的相对误差为 0.34%。总水平动量的解析解应为 4 000,本书所提方法模拟结果为 4 000.91,相对误差仅为 0.02%。显然,无论是单个块体的动量或总动量均与解析解非常接近,证实所提出的 3D-CPDDA 方法满足动量守恒。如图 11-9(b)所示, 也就是第 2 种情况,块体 1 和块体 2 在碰撞后的理论解应为 2 666.67 和 1 333.33。相应的数值解分别为 2 677.81 和 1 322.39,相对误差分别为 0.42%和−0.82%。总动量的相对误差为 0.005%。得到与第 1 种情况相同的结论。

11.5.2　斜面上的滑块

如图 11-10 所示,采用了经典的解析滑块试验来验证 3D-CPDDA 的精度。滑块的大小

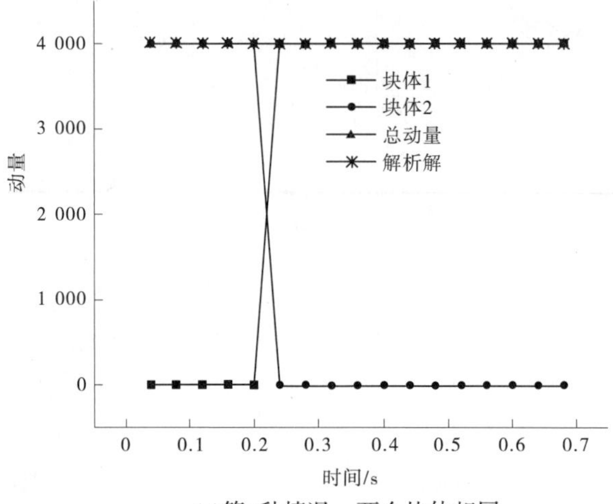

(a)第1种情况：两个块体相同

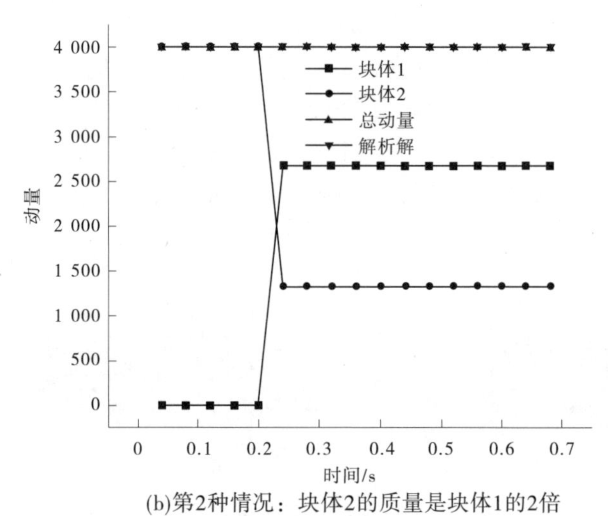

(b)第2种情况：块体2的质量是块体1的2倍

图 11-9　动量守恒测试的计算结果

为 0.4×0.4×2,滑面的角度 $\theta = 45°$ 。底部块体大小为 2×2×2,且完全固定。显然,滑块将会在自重作用下发生滑动。采用的参数如下:密度 $\rho = 0.285\ 71\ \mathrm{kg/m^3}$,摩擦角 $\beta = 20°$, 杨氏模量 $E = 2 \times 10^7\ \mathrm{Pa}$,泊松比 $\nu = 0.25$。监测滑块中心点处的位移,方便与解析解对比。

滑块在 t 时刻的解析滑动位移 S 可表示为

$$S = \frac{1}{2}(\sin\theta - \mu\cos\theta)gt^2 \tag{11-58}$$

式中, g 为重力加速度;摩擦系数 $\mu = \tan\beta$ 。

如图 11-11 所示, 选取了 7 个不同的罚值来比较它们对滑动位移的影响,以与解析解的相对位移误差作为评判标准。所有 7 种情况的结果如图 11-11(a)所示。当 $k = 10E$ 时, 相对误差曲线的振荡是最大的,然后是 $k = 0.000\ 01E$ 。$k = E$ 较为平滑, 但它最终的

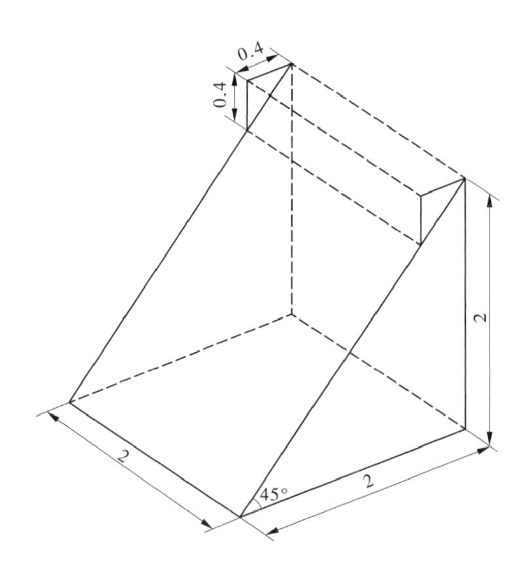

图 11-10　倾斜面上的滑块

收敛值比 $k=0.000\ 1E \sim 0.1E$ 4 种情况的结果稍大。

为了更为清晰地比较，将 $k=0.000\ 1E \sim 0.1E$ 4 种情况下的结果放到一起，如图 11-11(b)所示。对于 $k=0.000\ 1E$ 和 $k=0.001E$ 两种情况，块体滑动的初始阶段振动幅度较大，但很快收敛至真实解；对于另外两种情况振荡幅度相对较小。进而，仅将 $k=0.01E$ 和 $k=0.1E$ 两种情况的结果放到一起，如图 11-11(c)所示。它们均非常接近于解析解，但前者更为接近。总之，建议 k 取值为 $0.01E \sim 0.1E$ 。

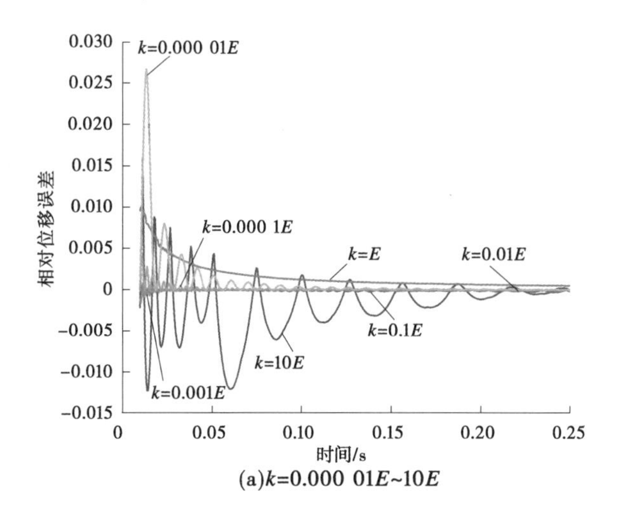

(a)k=0.000 01E~10E

图 11-11　几种不同罚值下的相对位移误差

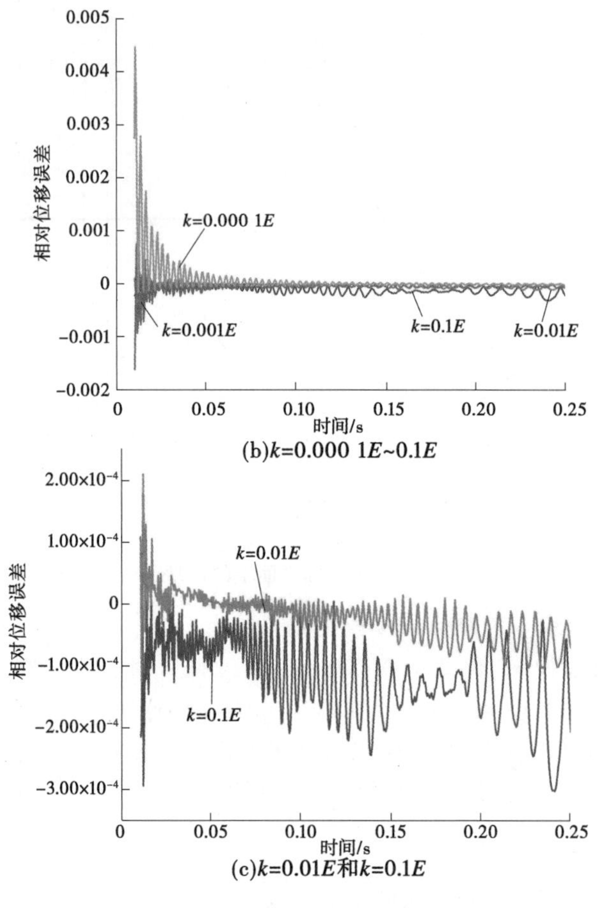

(b)k=0.000 1E~0.1E

(c)k=0.01E和k=0.1E

续图 11-11

上面提到当 $k = 0.01E$ 时,模拟滑动位移结果与解析解最为接近。因此,选择这一组结果最为基准,与传统 3D-DDA 的结果进行对比。这里,弹簧刚度提供了 4 组取值,包括 0.01E、0.1E、E 和 10E。相应的 3D-DDA 解分别定义为 3D-DDA-1、3D-DDA-2、3D-DDA-3 和 3D-DDA-4。结果对比如图 11-12 所示。计算时间范围为 0.01~0.1 s,时步为 $\Delta t = 5 \times 10^{-6}$s 。显然,3D-CPDDA 有着最快的收敛速度和最高的精度。

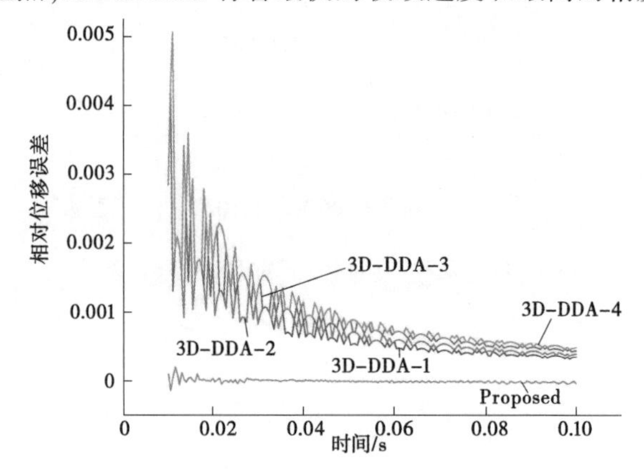

图 11-12　采用不同弹簧刚度时 3D-CPDDA 和传统 3D-DDA 结果对比

11.5.3　岩质楔形体边坡

楔形体破坏是岩质边坡的一种典型的破坏模式。如图 11-13 为岩质边坡上的一个楔形体,标明了尺寸。这个模型选用了大地坐标系,这样就可以根据楔形体的几何信息通过最小二乘拟合获得每个结构的产状信息,如表 11-1 所示。包含两组结构面,它们严格对称于 xz 平面。倾角均为 54.735 6°, 倾向分别为 135° 和 45°。临空面 1 和临空面 2 分别平行于 xy 平面和 yz 平面。楔形体位于两组结构面的上盘,以及两组临空面的下盘,因此属于 00,11 型。采用的参数如下:时步 $\Delta t=4\times10^{-5}$, 罚值 $k=400$, 杨氏模量 $E=20\ 000$,泊松比 $\nu v=0.25$,密度 $\rho=0.285\ 7$。楔形体将会在自重作用下向下滑动。

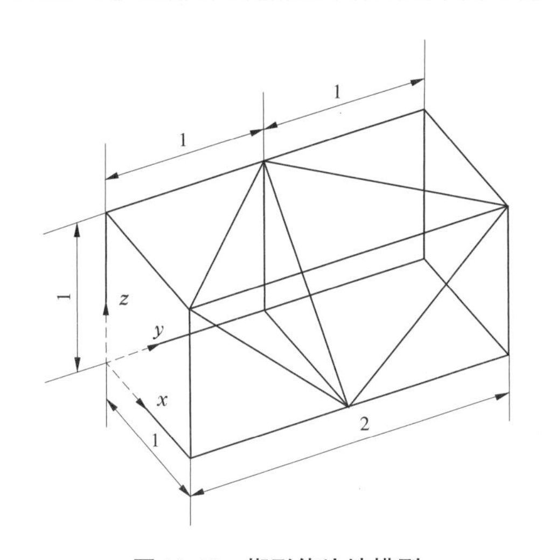

图 11-13　楔形体边坡模型

表 11-1　结构面及临空面产状

类型	倾角/(°)	倾向/(°)	上盘或下盘
结构面 1	54.735 6	135	0
结构面 2	54.735 6	45	0
临空面 1	0	0	1
临空面 2	90	90	1

在关键块体理论中,对这类问题可获得其解析解。通过全空间赤平投影可获得滑动模式及滑动加速度。最终,将 3D-CPDDA 的模拟结果与解析解进行对比。

当 2 个结构面的摩擦角取 0°时,全空间赤平投影的解析解如图 11-14 所示。显然,楔形体的滑动模式为沿着两个结构面交线的双面滑动。滑动加速度为 0.707 238g,g 为重力加速度,取值 9.8 m/s^2。另外,可获得摩擦角为 5°和 15°时的滑动加速度,值分别为 0.631 479g 和 0.475 215g。图 11-15 给出了不同摩擦角下的 3D-CPDDA 的模拟结果与解析解的相对位移误差。显然,数值解达到了非常高的精度,收敛值的相对误差仅为

0.012%、0.02%和0.173%。如图11-16所示,可见楔形体严格沿着结构面的交线滑动,与上面全空间投影分析结果一致。

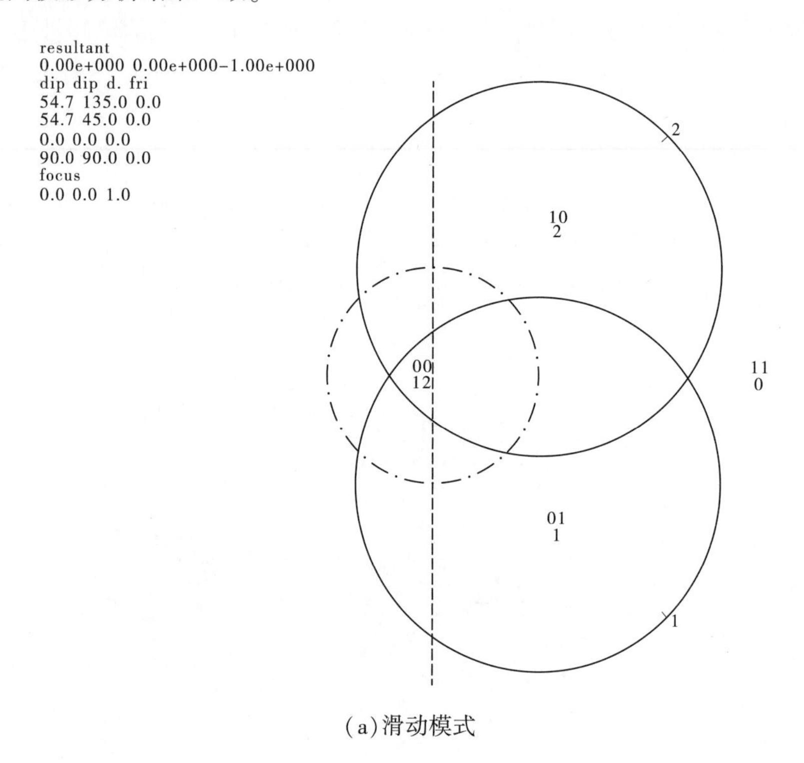

(a)滑动模式

resultant
0.00e+000 0.00e+000-1.00e+000
dip dip d. fri
54.7 135.0 0.0
54.7 45.0 0.0
0.0 0.0 0.0
90.0 90.0 0.0
focus
0.0 0.0 1.0
2
+0.817
+0.000
+0.707
+0.000
+1.000
+0.000
+0.817
+0.000
1

(b)滑动力及安全系数

图11-14　全空间赤平投影

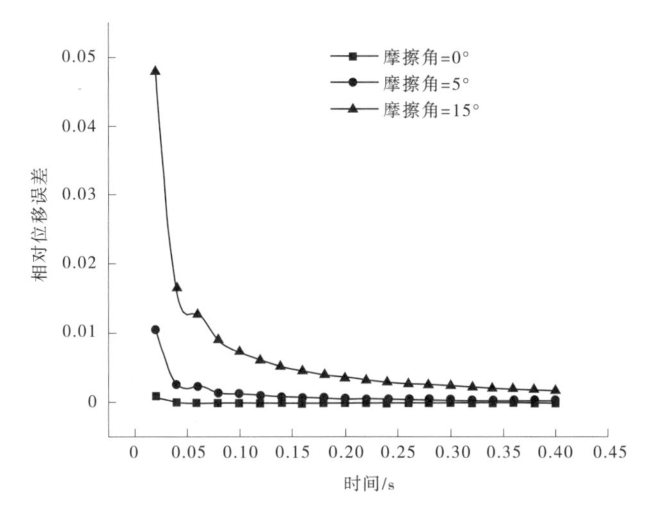

图 11-15　不同摩擦角下的相对位移误差

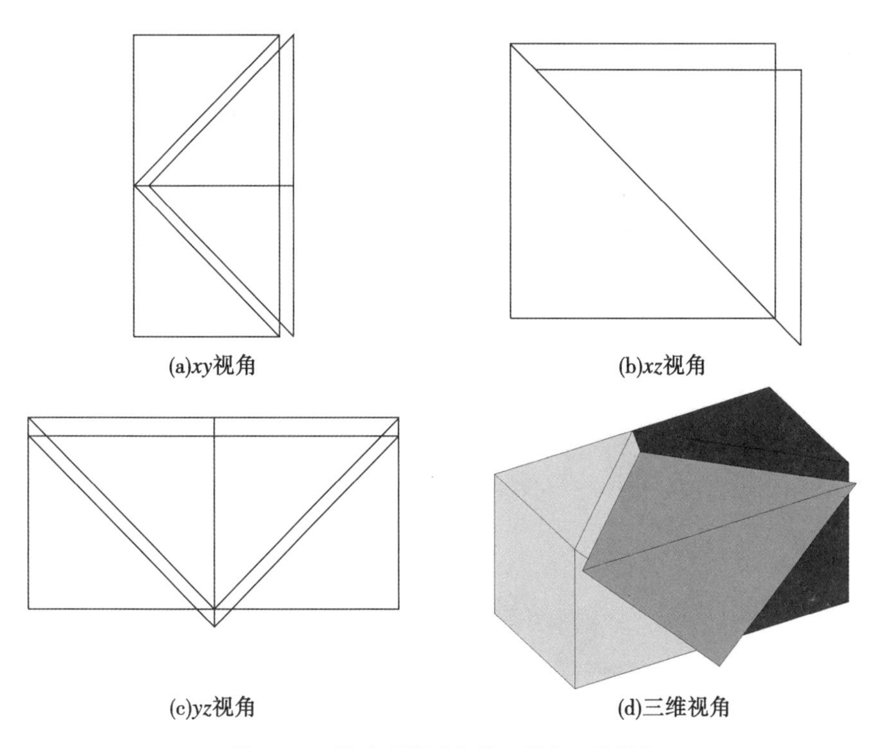

图 11-16　运动后楔形体的二维和三维视角

11.5.4　块体拱

如图 11-17 所示，拱形结构共包含 7 个块体。块体 4 前后表面形心处作用着两个垂直向下的集中荷载。荷载的绝对值大小为 0.025，可引发拱形结构的大变形。另外，左右两端的两个块体完全固定约束。采用的参数为：时步 $\Delta t=5\times10^{-5}$，罚值 $k=100$，杨氏模量

$E=1\ 000$，泊松比 $\nu=0.2$，密度 $\rho=0.1$。

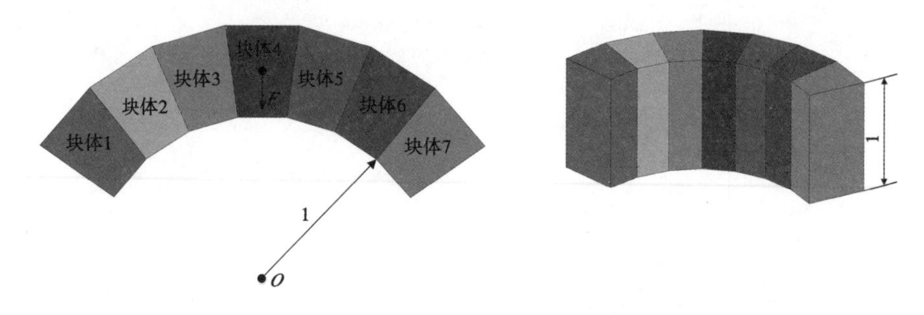

图 11-17　块体拱的尺寸及监测块体编号

如图 11-18 所示，给出了拱形结构变形全过程的二维视图和三维视图。在块体 4 的挤压作用下，块体 2 和块体 6 被强迫向上运动，以便于为块体 4 的运动提供更大的空间。整个变形过程中，对称性是严格满足的。

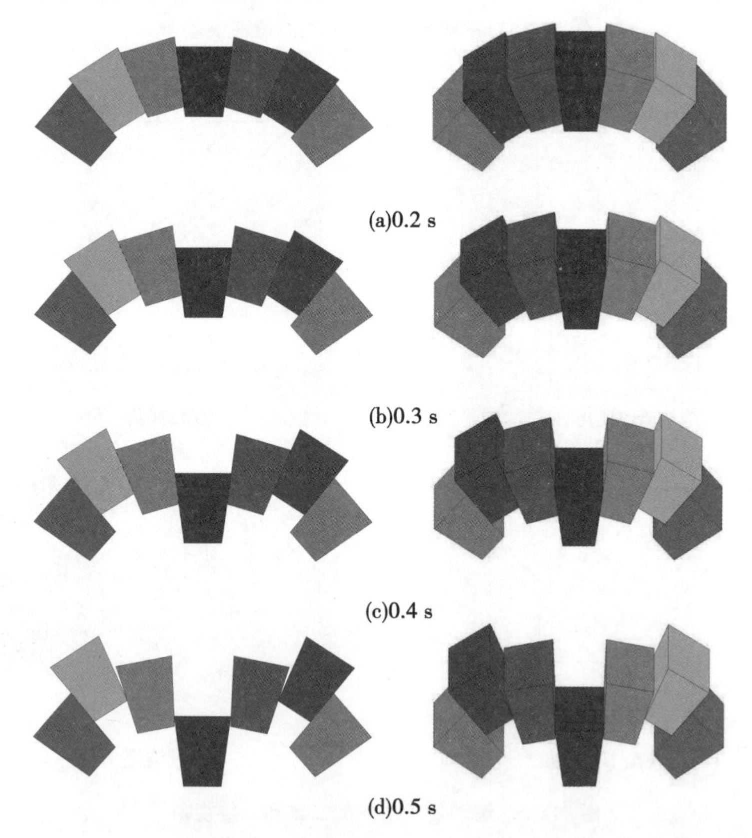

图 11-18　拱形结构的块体运动

如图 11-19 所示，为 7 个监测块体的合位移。块体 2 和块体 6，块体 3 和块体 5，块体 1 和块体 7 是几何对称的，每组块体的合位移均是相同的。再次验证了数值模拟结果的对称性。

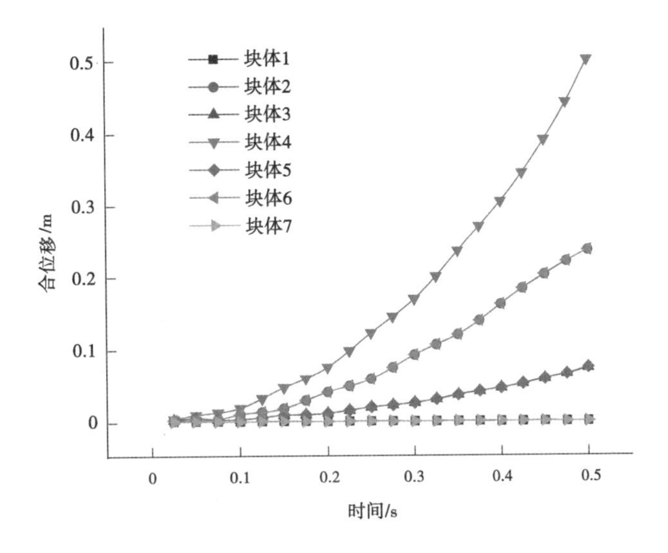

图 11-19　7 个监测块体的合位移曲线

11.5.5　地下洞室

如图 11-20 所示，为由规则块体组成的地下洞室模型。施加的初始应力为(σ_x,σ_y,σ_z)=(-3,-3,0)，其中，σ_x 为水平应力，σ_y 为垂直应力，不考虑块体自重。采用的参数如下：时步 $\Delta t=5\times10^{-5}$s，罚值 $k=400$，杨氏模量 $E=5$，泊松比 $\nu=0.2$，密度 $\rho=0.3$。模型上下左右 4 个表面上的所有顶点均固定。另外，块体内部的数字表示块体的编号，在块体系统中是统一编制的。

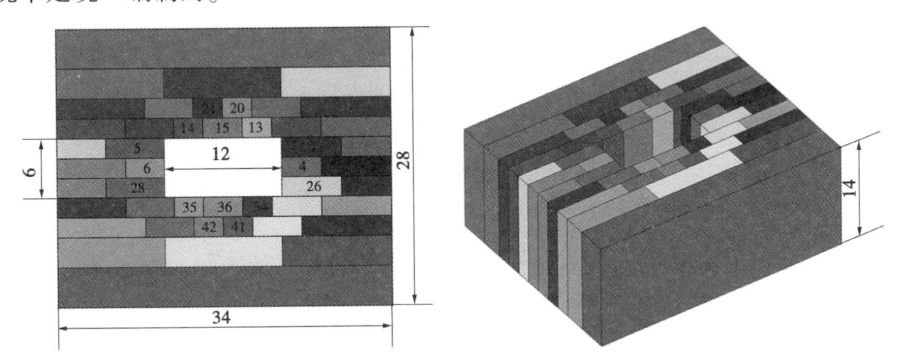

图 11-20　规则块体组成的地下洞室模型　(单位:m)

地下洞室在给定初始应力下的运动过程如图 11-21 所示。同样地，这是一个对称性结构，施加的应力也是对称的，所以变形应为对称的。选定了 5 组对称块体，如块体 15 和块体 16，块体 13、块体 14、块体 34 和块体 35、块体 4 和块体 6、块体 1、块体 26、块体 5 和块体 28，块体 20、块体 21、块体 42 和块体 41。如图 11-22 所示，每组内部块体的合位移几乎是完全一致的，证实数值模拟的对称性。

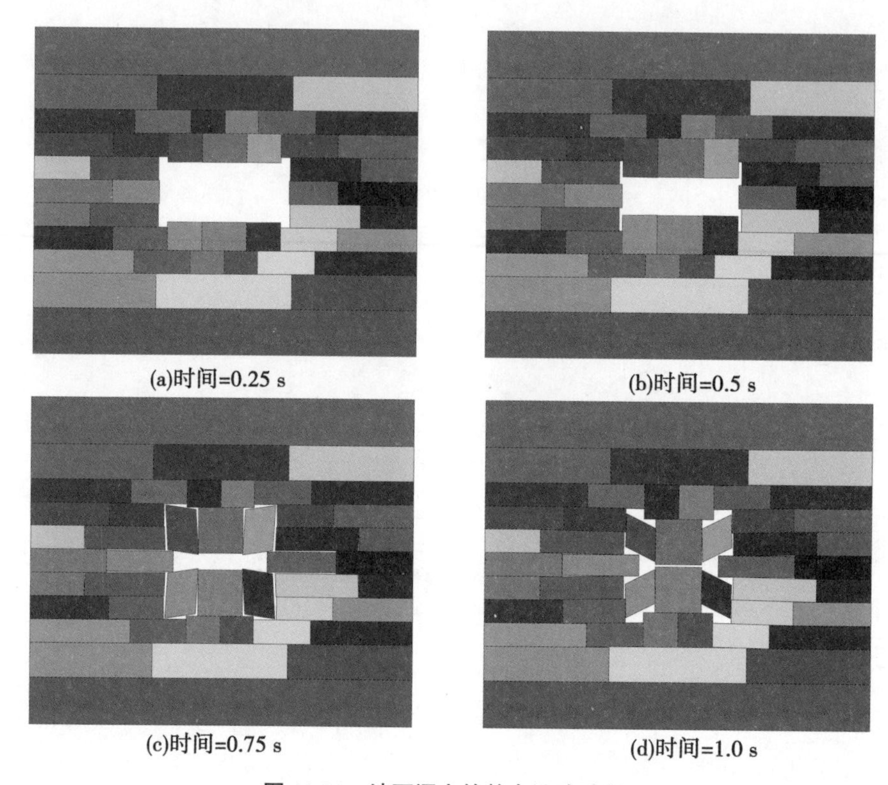

(a)时间=0.25 s　　(b)时间=0.5 s

(c)时间=0.75 s　　(d)时间=1.0 s

图 11-21　地下洞室的整个运动过程

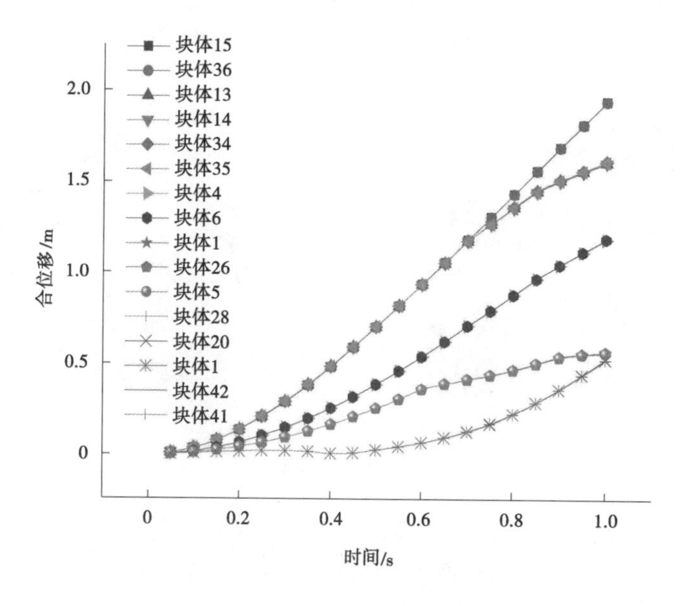

图 11-22　监测块体的合位移

11.5.6　圆弧滑坡

石根华先生公布的二维 DDA 中程序中有这样一个圆弧滑坡的算例,但未在三维

DDA 源程序中公布。因此,使用自行编制的三维 DDA 前处理程序,生成圆弧滑坡的三维 DDA 模型文件。需要指出的是,这里切割时不需要与石根华先生的 tc. exe 一样需要将每个面划分成三角形。块体的尺寸如图 11-23 所示。采用的参数如下:时步 $\Delta t=4\times10^{-6}$,罚值 $k=500$,杨氏模量 $E=2\times10^{7}$,泊松比 $\nu=0.25$,密度 $\rho=0.2857$。底部块体完全固定,上部 6 个块体在自重作用下沿着圆弧面滑动。

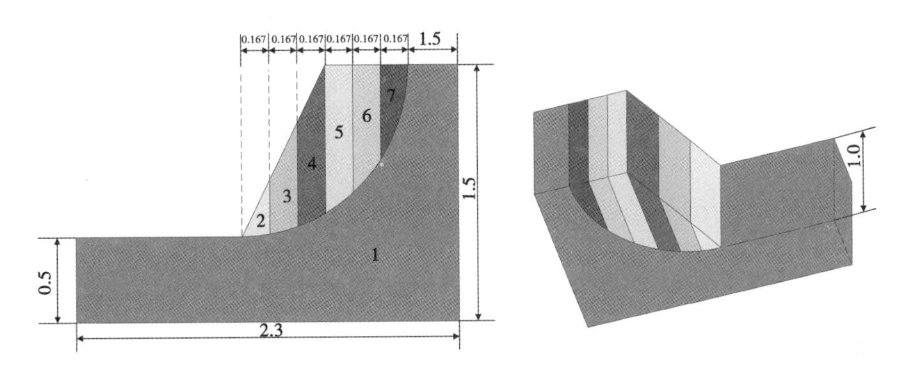

图 11-23　圆弧滑坡的尺寸　(单位:m)

坡体滑动的全过程如图 11-24 所示,总的计算时间为 0.56 s。显然,边坡破坏模式为后缘驱动式破坏。

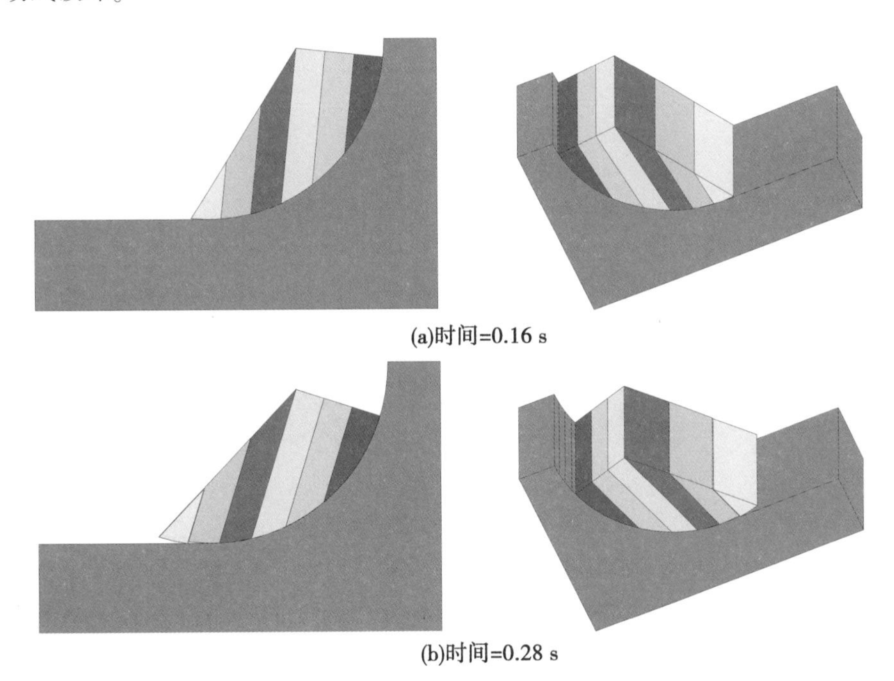

(a)时间=0.16 s

(b)时间=0.28 s

图 11-24　圆弧滑坡的整个运动过程

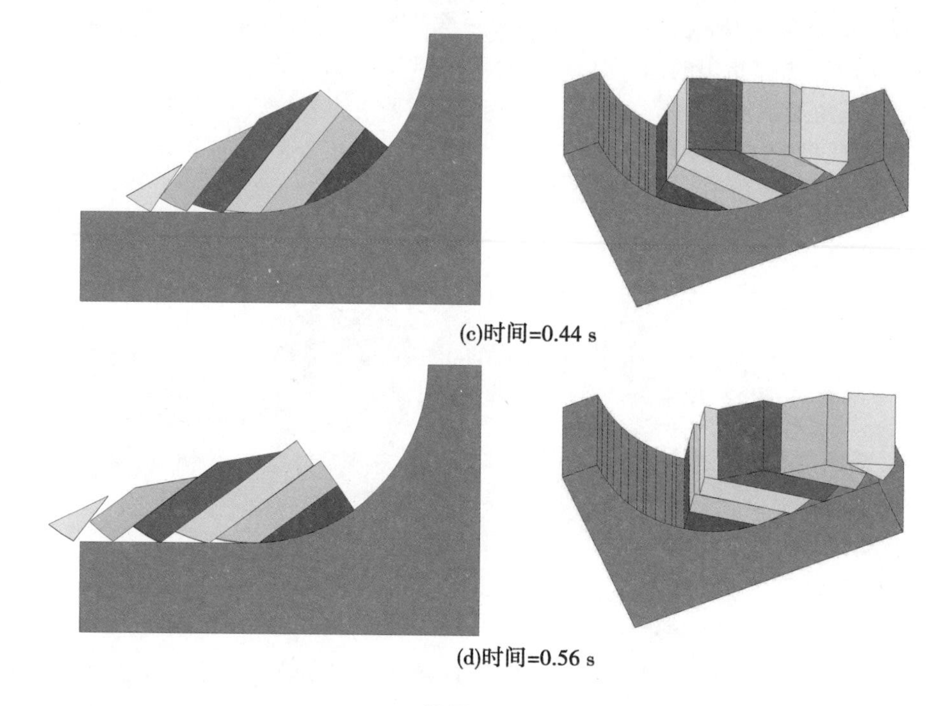

(c)时间=0.44 s

(d)时间=0.56 s

续图 11-24

在无摩擦以及摩擦角为 5°情况下的块体合位移对比曲线如图 11-25 所示。显然,摩擦的存在降低了块体运动的速度,证实了摩擦对边坡稳定性的重要性。

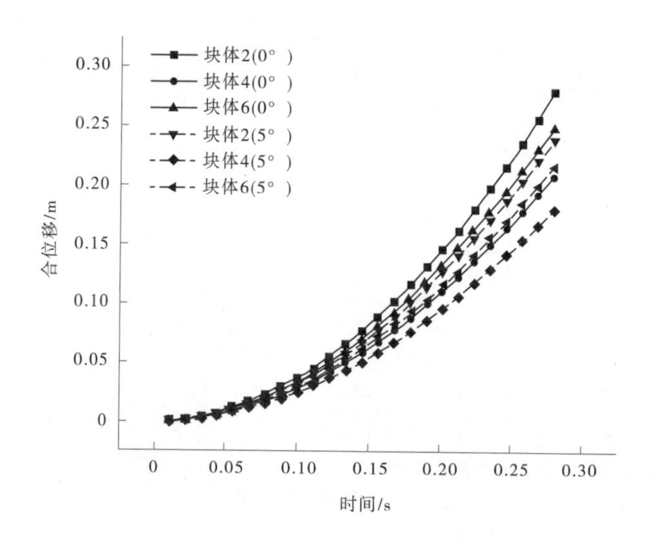

图 11-25　块体 2、块体 4 和块体 6 在不同摩擦角下的合位移曲线

11.5.7　多块体系统

本节模拟的是一个包含 70 个块体的复杂多块体系统，如图 11-26 所示。底部有两个块体，左侧块体的左侧面完全固定，右侧块体的右侧面完全固定。块体系统在自重作用下，朝着临空面方向自由下落。采用的参数如下：时步 $\Delta t=4\times10^{-5}$，罚值 $k=40\ 000$，杨氏模量 $E=4\ 000$，泊松比 $\nu=0.25$，密度 $\rho=0.285\ 7$。

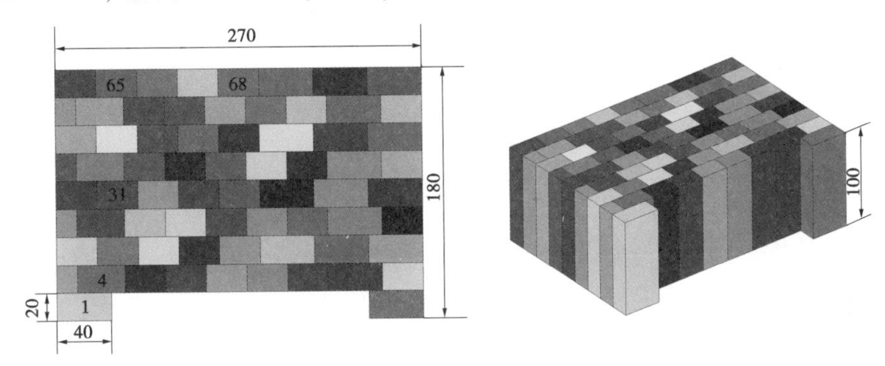

图 11-26　多块体系统的尺寸　（单位：m）

多块体运动的全过程如图 11-27 所示。总的计算时间为 2.4 s，且不考虑摩擦。显然，块体系统的中间部分整体下落，而底部两个块体以旋转变形为主。

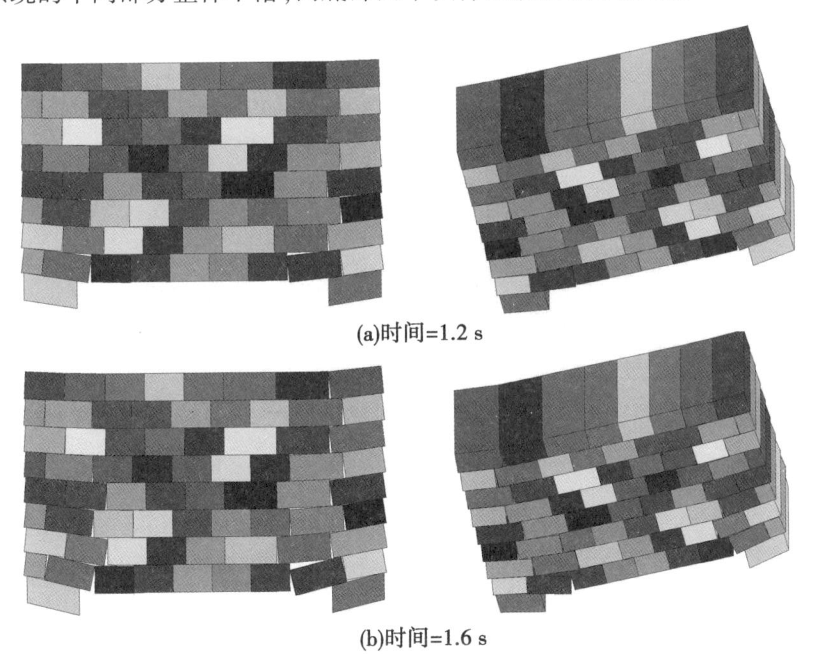

(a)时间=1.2 s

(b)时间=1.6 s

图 11-27　无摩擦下的多块体系统运动

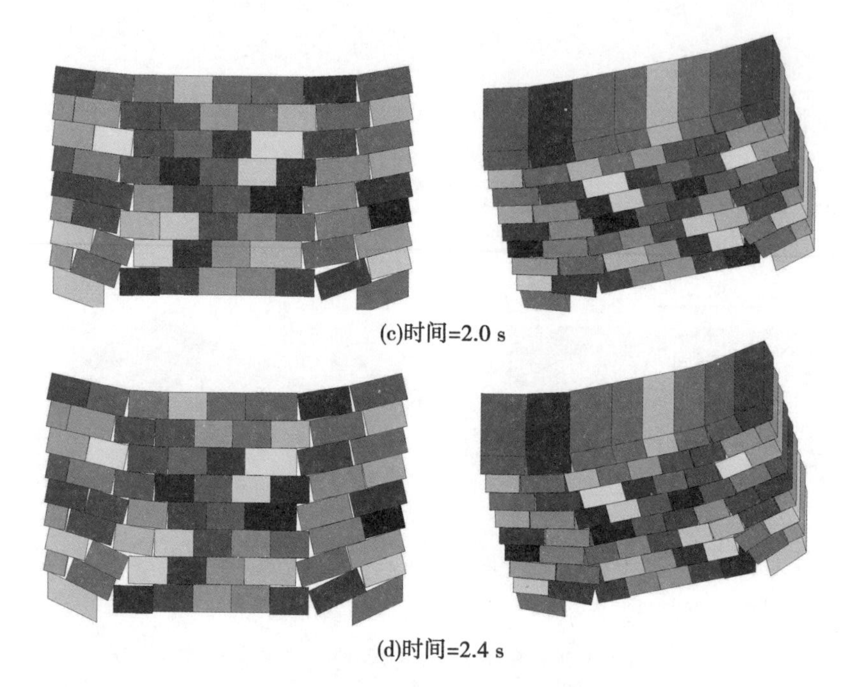

(c)时间=2.0 s

(d)时间=2.4 s

图 11-27　无摩擦下的多块体系统运动

取摩擦角为 30°时,进行了同样的计算。如图 11-28 所示, 可见块体系统变形与无摩擦时有所不同,主要体现在块体系统整体稳定性的增强上,最终变形类似于一个“倒拱形”结构。表明摩擦力对整体稳定性起着至关重要的作用。

图 11-28　摩擦角为 30°时多块体运动的最终构型

对于图 11-26 所示的 5 个监测块体, 无摩擦和 30°摩擦角下的合位移对比曲线如图 11-29 所示。对于两种情况,合位移均满足块体 68>块体 65>块体 31>块体 4>块体 1,且无摩擦时的值始终大于有摩擦的情况。摩擦力对块体 1、块体 4 和块体 31 影响较大,块体整体性的增强提高了彼此之间的约束,限制了位移的进一步增大。

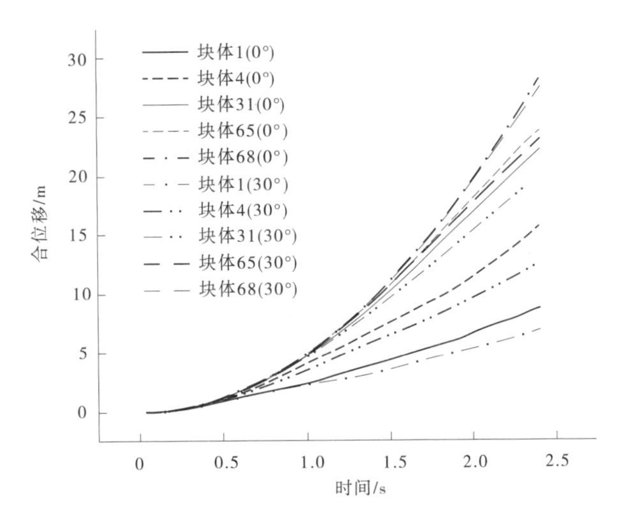

图 11-29　不同摩擦角下 4 个监测块体的合位移

11.6　基于 3D-CPDDA 的连续-非连续模拟

同前述二维 DDA 裂纹扩展研究基本原理相似。同样需要在接触块体间设置三维节理单元，然后同样将应变软化阶段的黏结力考虑进来，其基本原理与二维相同，不再赘述。下面以一个典型的梁破裂算例证实算法的有效性和正确性。

如图 11-30 所示，梁的尺寸为 580 mm×70 mm×30 mm，由 3 个支座支撑。其中，底部两个支座以 0.1 m/s 的恒定速度向上运动，而顶部支座以-0.1 m/s 的速度朝着底部运动。梁的材料参数为：杨氏模量 E=26 GPa，泊松比 ν=0.18，密度 ρ=2 340 kg/m^3，拉伸强度f_t=3.15 MPa，应变能释放率 G_1=10 N/m。将梁的剪切强度设置足够大，使得破坏模式为 I 型破坏。

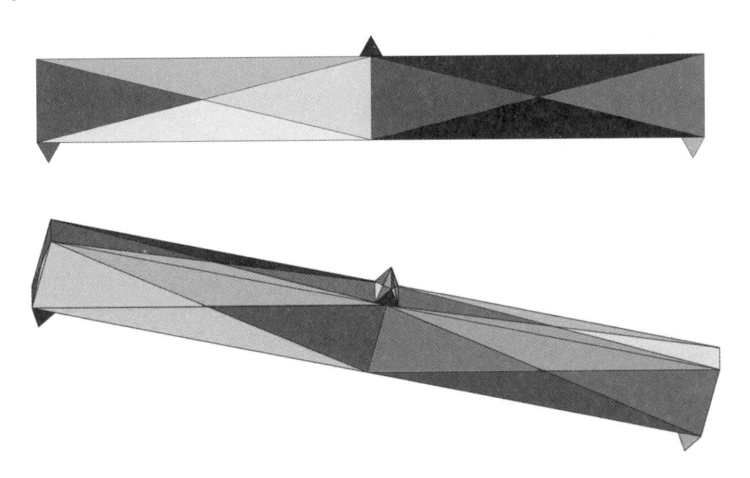

图 11-30　梁的三维 DDA 模型图(3 个视角)

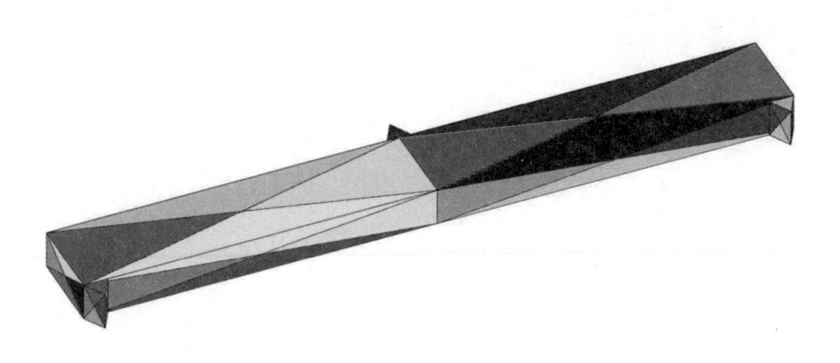

续图 11-30

图 11-31 显示了梁破坏的全过程,在支撑的推动作用下,首先是裂纹萌生,然后持续扩展直至产生贯穿性的裂纹面。

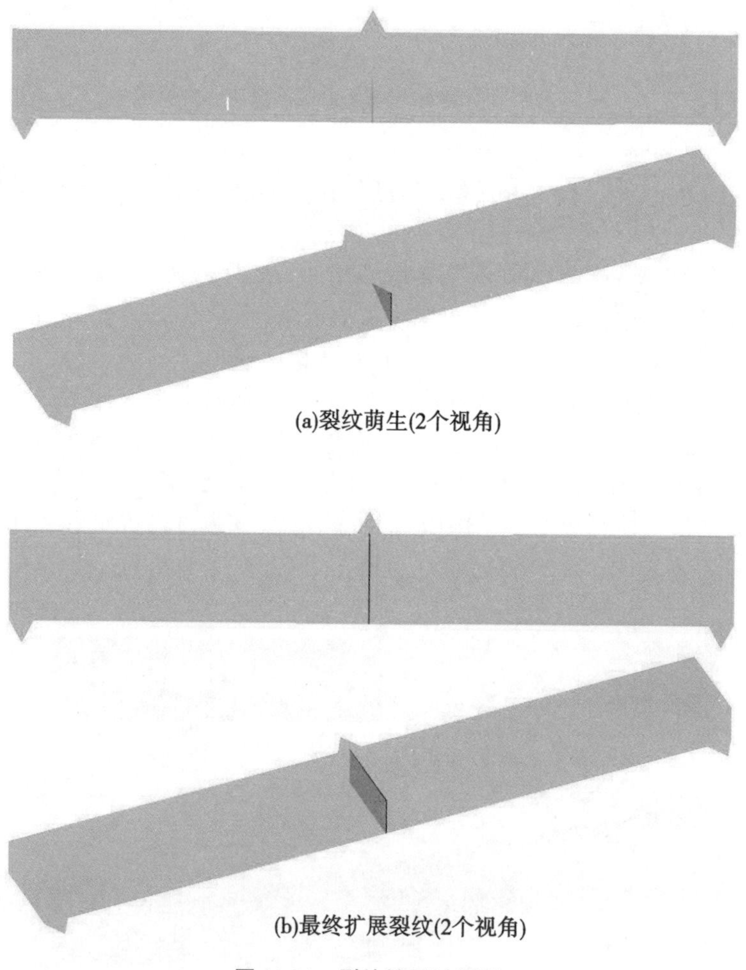

(a)裂纹萌生(2个视角)

(b)最终扩展裂纹(2个视角)

图 11-31 裂纹扩展过程图

11.7　本章小结

通过几个典型的数值算例证实了 3D-CPDDA 的计算性能。它具有如下特点：

(1)3D-CPDDA 继承了 3D-DDA 的理论框架，如各种子矩阵、位移模式和具有物理意义的自由度等。可直接在 3D-DDA 的源程序基础上开展相关研究工作。

(2)不需要区分块体的接触类型,如点-点接触、点-边接触、点-面接触或边-边接触等,只需要判断哪些块体是接触的。

(3)与 3D-DDA 集中力式的接触力，3D-CPDDA 采用的是分布力的形式，其大小取决于重叠区域的体积大小。因此,接触力应该更为精确，如滑块算例。

(4)势接触力属于一对内力,因此满足系统的能量守恒。

(5)总体刚度矩阵的半带宽更小,计算更为省时。

(6)结合三维节理单元,实现了基于 3D-CPDDA 的连续-非连续模拟。

3D-CPDDA 更易开发并行版本的计算程序。3D-CPDDA 和 3D-DDA 彼此互补矛盾,它们仅在接触处理上有所不同。因此,3D-DDA 的成熟研究成果很容易移植到 3D-CPDDA 中，使得这个方法逐渐成熟并走向工程应用。

第 12 章　基于 DDA 方法的顺层岩质边坡变形破坏机制研究

工程岩体中存在着大量的天然不连续面,如断层或结构面等,这使得工程岩体具有非连续大变形的运动特征。而非连续变形分析方法以结构面切割而成的岩石块体作为基本计算单元,是专门为模拟岩体运动的非连续大变形特征而发展起来的一种数值方法。结合某料场顺层岩质边坡的具体工程,利用 DDA 方法揭示了该顺层岩质边坡的破坏机制:溃屈破坏。模拟了溃屈破坏产生后滑坡体的运动全过程,直观地描述了坡脚处由最初的“鼓胀”变形,到倾倒变形以及顺层坡局部转为逆向坡的全过程。溃屈破坏机制的揭示为工程设计人员预防工程灾害的启动发生提出了预警;破坏全过程的模拟也为预测可能发生的致灾范围提出了技术支撑。

12.1　料场边坡工程简介

12.1.1　工程概况

西南地区某电站拟建混凝土双曲拱坝,坝高 305 m,坝顶高程 1 885 m,水库总库容 77.6 亿 m^3,装机容量 3 600 MW,年发电量 166.20 亿 kW · h。为保证电站实施,在左岸下游距坝轴线约 6 km 处建设砂石加工系统,主要承担大坝、水垫塘、二道坝及泄洪洞洞身和出口以及二级电站闸坝等部位混凝土所需砂石骨料生产,加工混凝土骨料的料源来自某料场。

该料场区自然岸坡为倾角 55°~65°的顺向边坡,坡脚河床高程 1 620 m,坡顶高程 2 414 m,原设计最大开挖高度 513 m,后缘距离高竣陡峭的自然坡面更近,本边坡实际最大高度可达 794 m,如图 12-1 所示。

料场边坡岩体主要为三叠系杂谷组厚层砂岩夹板岩,岩层产状为 N10°~30°E/SE∠64°~∠72°,边坡走向与岩层走向近平行,岩层陡倾坡外,坡内岩层层间错动带发育,岸坡卸荷强烈。

12.1.2　边坡地质条件

12.1.2.1　地形地貌

料场段边坡走向自南向北为 NE21°~N~NW334°,倾向 SE~NE,倾角 55°~65°,局部为直立状陡崖。坡脚河床地面高程 1 620 m,坡顶最大高程 2 414 m,最大坡高 780 余 m。边坡区上游近垂直岸坡发育的大奔流沟深切狭窄,两岸岸坡高竣陡峭,自然坡角多大于 60°,沟床宽 8~12 m,地面高程 1 670~1 800 m,沟内常年有较大水流。边坡区基岩裸露较好,除局部因卸荷存在小规模崩坍滚石外,未见大规模危岩体与滑坡等不良地质现象,自

图 12-1　料场边坡

然岸坡整体稳定性较好。

12.1.2.2　地层岩性

料场边坡岩体由三叠系中上统杂谷脑组第 2 段大理岩（T_{2-3Z}^{2}）和第 3 段石英砂岩（T_{2-3Z}^{3}）组成，开挖取料主要为砂岩，各分层如下。

（1）第 1 层（T_{2-3z}^{3}）：①$T_{2-3z}^{3(1-1)}$ 厚度在 15.45~17.03 m，中厚至厚层变质石英细砂岩。②$T_{2-3z}^{3(1-2)}$ 厚 5.65~6.4 m，为薄-中厚层变质石英细砂岩夹少量板岩。③$T_{2-3z}^{3(1-3)}$ 厚度在 11.0~19.5 m，中厚至厚层变质石英细砂岩。④$T_{2-3z}^{3(1-4)}$ 厚 7.4 m。青灰色薄至极薄层变质石英细砂岩与板岩互层。⑤$T_{2-3z}^{3(1-5)}$ 厚 37.04 m，中厚至厚层变质石英细砂岩。⑥$T_{2-3z}^{3(1-6)}$ 厚 14.97 m。青灰色薄至极薄层状变质石英细砂岩夹极薄层板岩。⑦$T_{2-3z}^{3(1-7)}$ 厚 34.22 m，中厚至厚层变质石英细砂岩，夹有少量薄层砂岩夹板岩，薄层砂岩夹板岩。⑧$T_{2-3z}^{3(1-8)}$ 厚 7.4 m，为青灰色薄至极薄层变质石英细砂岩与板岩互层。⑨$T_{2-3z}^{3(1-9)}$ 厚 35.5 m，中厚至厚层变质石英细砂岩。

（2）$T_{2-3z}^{3(2)}$ 层厚 80.54 m，按岩性可分为 3 个子小层。包括：①$T_{2-3z}^{3(2-1)}$ 厚 20.8 m，为深灰色薄层粉砂质板岩，该层为南东外侧开挖边坡岩体。②$T_{2-3z}^{3(2-2)}$ 厚 19.35 m，为青灰色厚层-块状变质石英细砂岩，该层为南东外侧开挖边坡岩体。③$T_{2-3z}^{3(2-3)}$ 厚 40.39 m，为深灰色薄层粉砂质板岩，该层位于南东外侧开挖边坡后缘。

（3）$T_{2-3z}^{3(3)}$ 厚大于 100 m，为青灰色厚层石英砂岩夹深灰色粉砂质板岩。该层位于南东外侧开挖边坡后缘。

12.1.2.3　地质构造

边坡区的岩性主要有三大类：一是用于开采料石的中~厚层块状砂岩。二是出露于料场边坡后缘的厚层~块状角砾大理岩、灰岩。三是薄层粉砂岩夹板岩。区内岩层总体走向 350°~30°，倾向 SE，倾角 64°~72°，受构造作用影响，局部岩层挠曲，其走向为 40°~

56°,倾向 SE,倾角陡至 80°~85°。

边坡区内出现的主要地质构造为层间挤压错动带和断层:①层间挤压错动带。区内查明层间错动面 23 条。②断层。区内查明大小断层 32 条,其中地面见 26 条,平洞或施工隧洞揭露的掩埋断层 4 条。断层以走向 0°~30°、60°~90°最发育,走向 30°~60°次之,其他方向发育较少。所有已查明的断层中,除 F_4 断层规模较大外,其余均为裂隙性断层。

12.1.2.4　风化与卸荷特征

(1)边坡区域的岩性主要为中至厚层变质细砂岩、大理岩和粉质砂板岩。这些岩石强度高,抗风化能力强,因此边坡岩体的风化以沿裂隙和构造破碎带风化为主要特征,即只沿构造裂面或夹层有强风化,而岩块依然较新鲜。根据平洞和施工隧洞揭露按风化程度可将风化岩体分为弱风化和微风化两类。

弱风化岩体水平厚 75~80 m,主要表现沿裂面普遍锈染,微裂隙显现,结构松弛,呈块裂~碎裂结构。微风化岩体主要表现为沿少量裂隙面有轻微锈染迹象,水平风化厚 10~15 m。

(2)边坡岩体的卸荷主要沿近平行岸坡的陡倾结构面拉裂变形,处在强卸荷风化带岩体卸荷裂面张开宽一般为 1~3 cm,少量为 5~10 cm,间距一般为 2~5 m,裂面普遍锈染,充填风化岩屑、岩块,部分可见次生泥,裂面附近岩石风化较强,岩体多呈碎裂结构。隧洞开挖中成洞条件较差。

弱卸荷带岩体卸荷裂面仍以集中张开为主,一般为 0.5~1 cm,个别为 3~5 cm,间距一般为 3~5 m,裂面多为轻微锈染,无次生充填,岩体多呈次块~镶嵌结构。隧洞开挖中成洞条件相对较好。

12.2　边坡破坏演化过程的 DDA 模拟

12.2.1　研究对象与计算模型

该料场边坡开挖坡顶最大高程为 2 183 m。计算分析选取了北西正面坡的 4—4′剖面,边坡走向与岩层走向大致平行,如图 12-2 所示。

在笛卡儿坐标系下建立了 DDA 数值分析模型,水平方向为 x 轴,垂直方向为 y 轴。计算域内模拟了大理岩、薄层砂板岩、中厚层砂岩[包括第 3 段 T_{2-3z}^{3}、$T_{2-3z}^{3(1-1)}$、$T_{2-3z}^{3(1-2)}$、$T_{2-3z}^{3(1-3)}$、$T_{2-3z}^{3(1-4)}$、$T_{2-3z}^{3(1-5)}$、$T_{2-3z}^{3(1-6)}$、$T_{2-3z}^{3(1-7)}$、$T_{2-3z}^{3(1-8)}$、$T_{2-3z}^{3(1-9)}$、$T_{2-3z}^{3(2-1)}$、$T_{2-3z}^{3(2-2)}$、$T_{2-3z}^{3(2-3)}$]等 13 种岩层及强弱卸荷带,层间错动带和断层 f_{17}、f_{113} 等。同样还模拟了夹泥型错动带 J301、J302、J303 和破碎型错动带 J304、J305、J306、J307、J308、J309。计算域共剖分了 5 095 个块体,如图 12-3 所示。

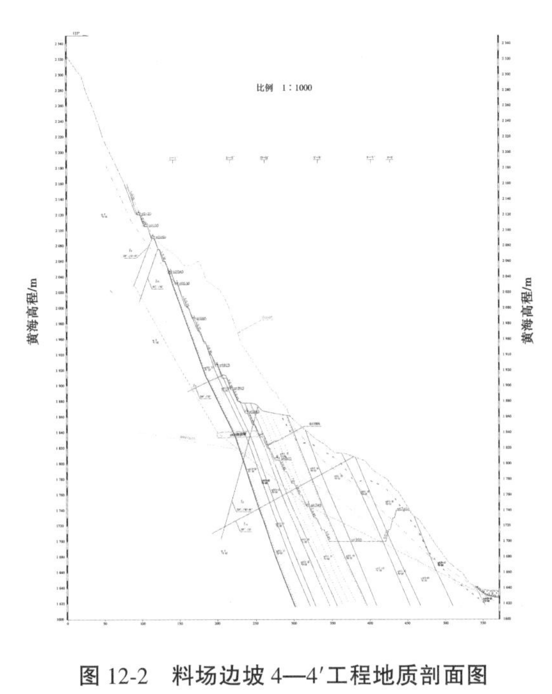

图 12-2　料场边坡 4—4′工程地质剖面图

图 12-3　计算模型示意图

12.2.2　计算条件与工况

综合边坡岩体力学试验结果及地质部门提供的岩体力学参数建议值,采用了如表 12-1 所示的岩体与结构面力学参数。其中,中-厚层块状砂岩包括 $T_{2-3z}^{3(1-1)}$、$T_{2-3z}^{3(1-3)}$、$T_{2-3z}^{3(1-5)}$ 等代号为奇数的岩层;薄层砂岩夹板岩包括 $T_{2-3z}^{3(1-2)}$、$T_{2-3z}^{3(1-4)}$、$T_{2-3z}^{3(1-6)}$ 等代号为偶数的岩层;泥夹碎屑型结构面包括 J301、J302、J303。

表 12-1　计算采用的岩体与结构面力学参数

岩性	卸荷带	变形模量/GPa	泊松比	抗剪断		拉强度 R_t/MPa	薄层层面抗剪断及抗拉强度		
				f'	c'/MPa		f'	c'/MPa	R_t/MPa
厚~块状大理岩	无	20.0	0.25	1.20	1.20	0.80	—	—	—
	弱	16.0	0.27	0.96	0.96	0.64	—	—	—
	强	13.0	0.28	0.78	0.78	0.52	—	—	—
中~厚层块状层砂岩	无	15.0	0.25	1.20	1.30	0.80	—	—	—
	弱	12.0	0.27	0.96	1.04	0.64	—	—	—
	强	9.8	0.28	0.78	0.85	0.52	—	—	—

续表 12-1

岩性	卸荷带	变形模量/GPa	泊松比	抗剪断		拉强度 R_t/MPa	薄层层面抗剪断及抗拉强度		
				f'	c'/MPa		f'	c'/MPa	R_t/MPa
薄层砂岩夹板岩	无	5.0	0.28	0.80	0.80	0.30	0.50	0.15	0.10
	弱	4.0	0.30	0.64	0.64	0.24	0.40	0.12	0.08
	强	3.3	0.32	0.52	0.52	0.20	0.33	0.10	0.07
碎屑夹泥型结构面	无	0.5	0.35	0.35	0.05	0	—	—	—
	弱	0.5	0.35	0.30	0.04	0	—	—	—
断层		0.5	0.35	0.50	0.08	0	—	—	—
泥夹碎屑型结构面		0.5	0.35	0.28	0.02	0	—	—	—

采用如下两种计算方案:

(1)方案1:边坡开挖后在正常岩体参数情况下的边坡自身稳定性分析。

(2)方案2:通过强度折减法,对岩体控制性结构面参数进行折减,确定边坡失稳临界状态,进而利用DDA方法研究整个破坏演化过程。

12.2.3 计算结果分析

12.2.3.1 天然状态下边坡稳定性分析

边坡位移形态受板状岩层结构的影响。如图12-4(a)所示为边坡开挖后的位移矢量图。坡体整体呈现向下的位移趋势,在靠近坡面处位移方向近似平行于坡面,在f_{17}断层和弱风化卸荷线切割而成的小型坡体,呈现沿着卸荷面滑动的趋势。如图12-4(b)所示为边坡开挖后的x方向位移云图,可见f_{17}断层切割而成的坡体具有相对较大的x方向位移,量值在0.45 m左右。图12-4(c)所示为边坡开挖后y方向位移云图,可见在岩体区域$T_{2-3z}^{3(1-2)}$、$T_{2-3z}^{3(1-4)}$内高程1 820~1 940 m处的坡体具有较大的y方向位移,量值最大在0.7 m左右。同样地,由图12-4(d)所示的合位移云图,可知岩体区域$T_{2-3z}^{3(1-2)}$、$T_{2-3z}^{3(1-4)}$内高程1 820~1 940 m处的坡体合位移较大,量值最大在0.8 m左右。总体来看,天然状态下开挖边坡可以保持自稳。

12.2.3.2 边坡失稳破坏模拟

通过强度折减方法,研究了极端情况下边坡失稳后的运动情况。如图12-5所示为边坡失稳初期的块体形态图。很明显,在上部坡体的挤压作用下,原顺层边坡在底部发生了溃屈破坏,图12-6(a)和图12-6(b)所示为屈服段坡体形态及对应的位移矢量的局部放大图,整体呈现出了向坡外"鼓胀"的变形趋势。图12-7(a)为边坡失稳初期x方向的位移云图,在鼓胀部位外缘具有最大的水平方向位移。图12-7(b)所示为边坡失稳初期y方向的位移云图,整体来看以中上部的位移较大,这势必会对坡底岩体产生较大的挤压作

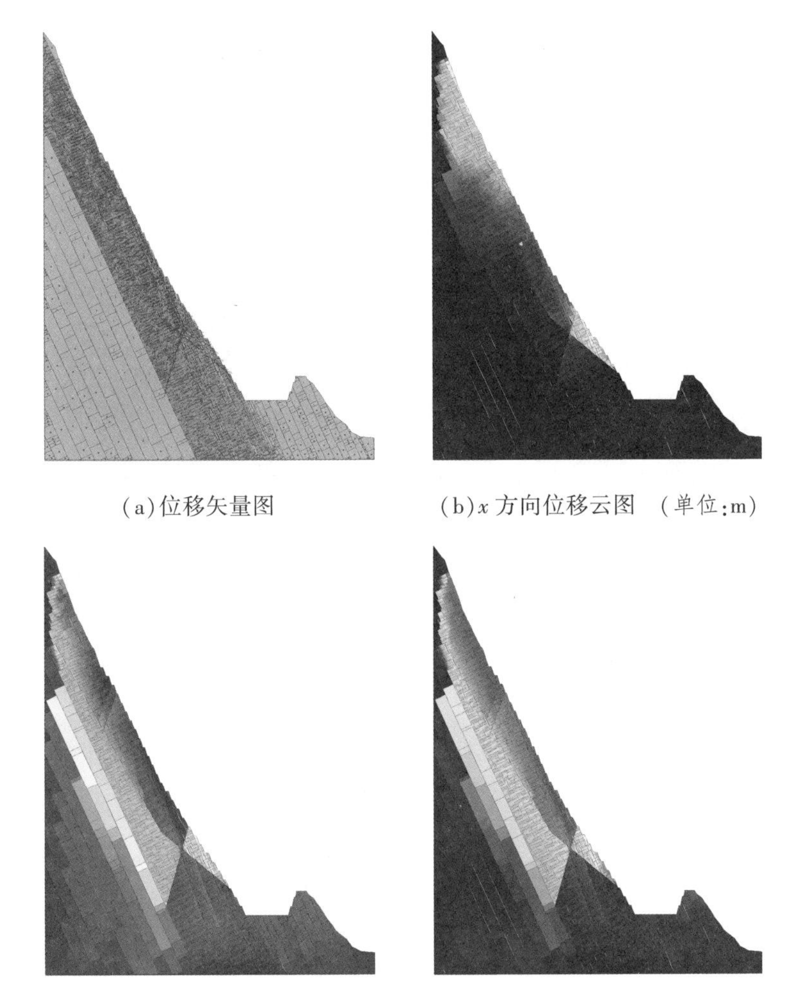

(a)位移矢量图　　(b)x 方向位移云图　(单位:m)

(c)y 方向位移云图　(单位:m)　　(d)合位移云图　(单位:m)

图 12-4　边坡开挖后的变形情况

用,迫使坡底部岩体朝着水平方向挤出,以便于为上部岩体的运动提供运动空间。f_{17} 断层的天然存在对坡体这种破坏趋势起着至关重要的作用,原顺层边坡岩体被 f_{17} 断层切割后,切割面所到之处的岩层块体一分为二便形成了更多的离散块体,也即提供了更多的可运动单元,同时断层切割面与上部坡体带来的挤压力方向呈现了约 45°的角度,当挤压力作用在此切割面上时,沿着切割面的法向和切向将力分解,那么切向方向的力将会传向岩层内部,对坡体鼓胀变形无实质性的贡献,而作用在断层切割面法向方向上的力则产生了一个力矩的作用,使得顺层破坏在力矩的作用下发生了偏转,改变了岩层的方位。这表明 DDA 方法能够充分地反映天然不连续面(如断层)对工程岩体稳定性的控制性作用以及准确地描述了工程岩体的非连续特性。

图 12-5 边坡失稳初期的坡体形态

(a)坡体形态

(b)位移矢量图

图 12-6 屈服段坡体局部放大图

(a)x 方向位移云图 (单位:m)

(b)y 方向位移云图 (单位:m)

图 12-7 边坡失稳初期位移云图

同样地,给出了一组边坡失稳运动过程中的 x 方向和 y 方向位移云图,如图 12-8(a)和图 12-8(b)所示。2 个方向的位移进一步扩大,延续了失稳初期的变形破坏趋势。f_{17} 断层切割面下部坡体,仍是以水平方向运动为主,被迫产生了整体性的倾倒变形,这将为上部滑坡体运动提供更大的空间,伴随着上部坡体启动加速后所携带的巨大能量,边坡一旦失稳将会势不可挡。因此,这也为工程设计人员提出了预警,对 f_{17} 断层附近岩层的锚固支护将会至关重要。

(a)边坡失稳过程中 x 方向位移云图　(单位:m)　(b)边坡失稳过程中 y 方向位移云图　(单位:m)

图 12-8　边坡失稳过程位移云图

如图 12-9(a)和图 12-9(b)为滑坡停止后 x 方向和 y 方向的位移云图。如图 12-10 所示为滑坡停止后的块体形态图,从图中红色线看见,原顺层边坡在失稳破坏后发生了偏转,变成了逆向边坡的形式,这一发现不仅证实了 DDA 方法能够模拟大型边坡失稳破坏过程,而且也提示可将 DDA 方法应用到地质构造形成过程的模拟,如褶皱构造。分别利用连续介质商业软件 FLAC 和 ABAQUS 对极限状态下的边坡变形进行了模拟,如图 12-11(a)和(b)所示,同样得出了溃屈破坏的结论,但连续介质方法无法模拟块体大变形,而 DDA 方法则很好地模拟了坡体溃屈破坏后的坡体变形情况。

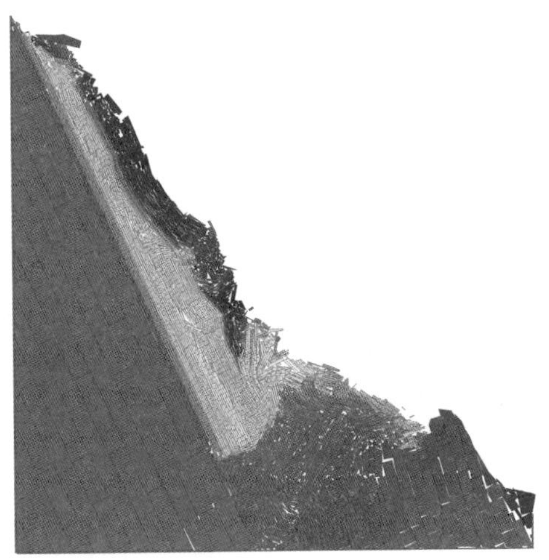

(a)x 方向位移矢量图　(单位:m)　(b)y 方向位移矢量图　(单位:m)

图 12-9　滑坡停止后位移矢量图

图 12-10　滑坡停止后的坡体形态

(a)ABAQUS模拟结果

(b)FLAC模拟结果

图 12-11　边坡下部岩体变形形态图(极限状态)

12.3　基于 3D-CPDDA 的顺层岩质边坡破坏模拟

基于所提出的三维块体切割算法,建立了该高陡顺层岩质料场边坡的三维 DDA 模型(见图 12-12)。如图 12-13 所示,在坡脚处同样地观察到由于上部挤压作用导致的屈曲变形;从图 12-14 的块体合位移的趋势可见,在坡底处出现了水平向外的位移趋势。这与二维结果的屈曲破坏模式得到了相互印证。

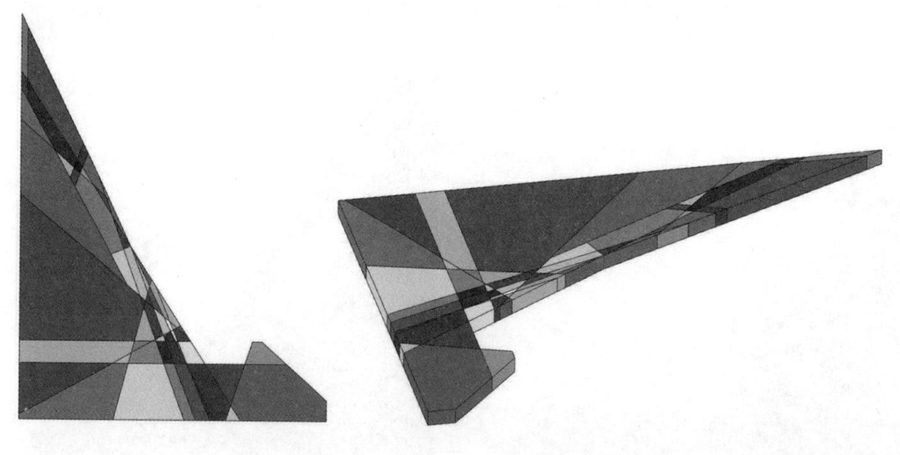

图 12-12　料场边坡的三维 DDA 模型

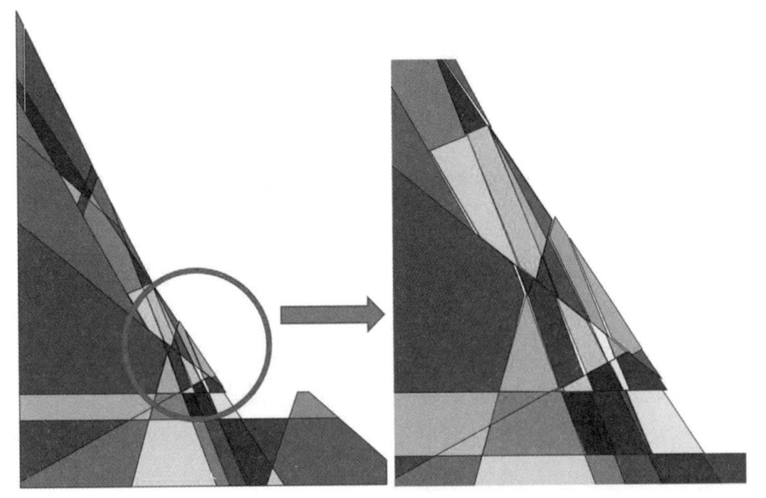

图 12-13　边坡底部出现挤压屈曲变形

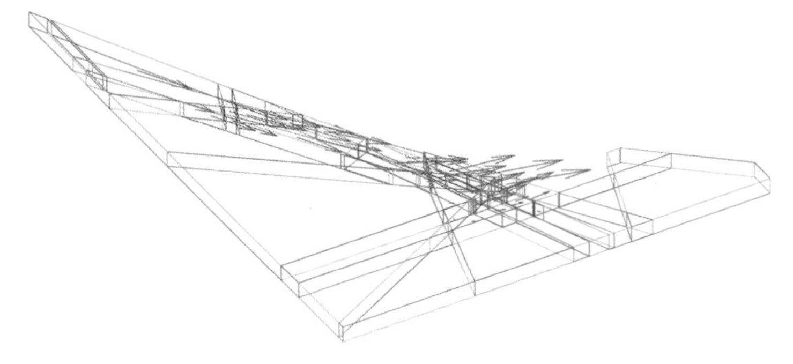

(a)三维视图

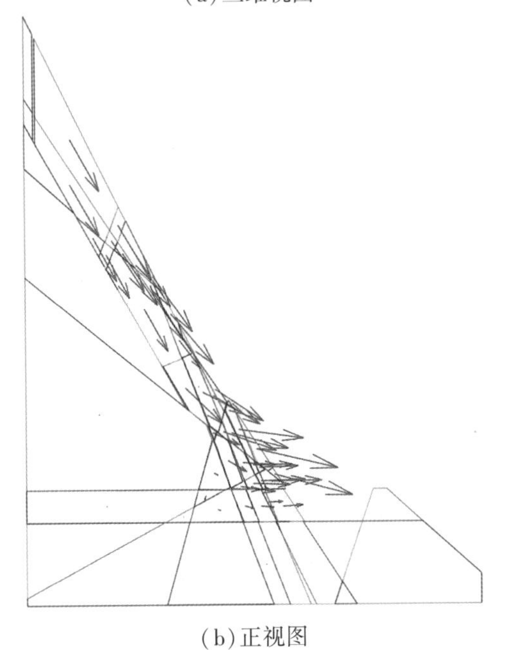

(b)正视图

图 12-14　料场边坡合位移矢量图

12.4　本章小结

在对某水电站料场边坡的地质条件分析的基础上，建立了北西正面坡 4—4′剖面的 DDA 数值模型，对边坡开挖后的自身稳定性以及极端情况下的边坡失稳后的破坏形态进行了模拟，从非连续变形分析的角度揭示了边坡的变形破坏机制。

（1）在正常岩体参数取值范围内，坡体自身可以保持稳定，但在 $T_{2-3z}^{3(1-2)}$、$T_{2-3z}^{3(1-4)}$ 内高程 1 820~1 940 m 处的坡体位移相对较大，应加强支护。

（2）采用 DDA 方法，通过强度折减的方式对边坡失稳破坏全过程进行了数值模拟。结果表明，当强度参数折减系数达到 3.3 时，工程卸荷边坡开始启动。在上部坡体的挤压作用下，原顺层边坡发生了弯曲变形；之后坡体整体呈现出了沿着顺层方向的滑动，并开始呈现朝向坡外的运动趋势。在坡体失稳运动过程中，边坡开挖卸荷影响带内中上部的岩体产生顺层滑移变形，并挤压边坡下部岩体，使得边坡下部岩体逐渐产生朝向临空方向的“鼓胀”变形并逐渐发生“倒转”，下部岩体最终成为局部的逆向坡。边坡的变形破坏属于典型的后缘推移式滑坡；开挖边坡下部岩体的溃屈破坏将会导致整个开挖卸荷边坡的最终失稳。

（3）基于 3D-CPDDA 开展了相关研究，揭示了同样的屈曲破坏模式。

第 13 章　基于显式时间积分的 DDA 算法研究

三维 DDA 方法采用隐式时间积分方法时,由于在运算过程中需集成整体刚度矩阵和求解大型代数方程组,使得计算效率明显降低。在这个框架下模拟岩体破裂,将会使得计算效率明显下降。在这种考虑之下,本章首先在二维层面上发展了一种基于显式时间积分的 DDA 方法,因其无须集成整体刚度矩阵和求解大型代数方程组,计算效率方面明显提高,满足项目目标对计算效率的需求。推广到三维层面,并无实质性的技术难题。

13.1　DDA 运动方程及其离散形式

DDA 的运动方程可以表示为

$$[M]\{\ddot{D}\}+[C](\dot{D})+[K\{D\}]\{D\}=\{F(t,\{D\})\} \tag{13-1}$$

式中,$[M]$、$[C]$和$[K]$为这个几何非线性系统的质量矩阵、阻尼矩阵和刚度矩阵;$F(t,\{D\})$为随时间变化的荷载。

令$\{D_n\}$和$\{D_{n+1}\}$分别表示 t 时刻和 $t+h$ 时刻的位移$\{D(t)\}$和$\{D(t+h)\}$,h 表示时步大小。那么,离散形式的 DDA 运动方程可以表示为

$$[M]\{\ddot{D}_{n+1}\}+[C]\{\dot{D}_{n+1}\}+[K]\{D_{n+1}\}=\{F_{n+1}\} \tag{13-2}$$

初始条件为

$$\begin{cases}\{D(0)\}=\{0\}\\ \{\dot{D}(0)\}=\{\dot{D}_0\}\end{cases} \tag{13-3}$$

Shi 给出了式(13-2)的解为

$$\{\ddot{D}_{n+1}\}\approx\frac{2}{h^2}(\{D_{n+1}\}-h\{\dot{D}_n\}) \tag{13-4}$$

$$\{\dot{D}_{n+1}\}=\frac{2}{h}\{D_{n+1}\}-\{\dot{D}_n\} \tag{13-5}$$

显然,式(13-4)与 Newmark 积分算法中$\beta=\frac{1}{2}$和$\gamma=1$时的表达式是一致的,如下:

$$\{D_{n+1}\}=\{D_n\}+h\{\dot{D}_n\}+\frac{h^2}{2}[(1-2\beta)\{\ddot{D}_n\}+2\beta\{\ddot{D}_{n+1}\}] \tag{13-6}$$

$$\{\dot{D}_{n+1}\}=\{\dot{D}_n\}+h[(1-\gamma)\{\ddot{D}_n\}+\gamma\{\ddot{D}_{n+1}\}] \tag{13-7}$$

联立式(13-4)和式(13-5)得到

$$\{\ddot{D}_{n+1}\}=\frac{2}{h^2}\{D_{n+1}\}-\frac{2}{h}\{\dot{D}_n\}=\{\ddot{D}_n\} \tag{13-8}$$

可见,每个时步里加速度是常量,需要指出的是它通过 Newmark 法中令 $\beta=\frac{1}{2}$和 $\gamma=1$ 理论推导而来,并非人为强制令时步内的加速度为常量。

将式(13-4)和式(13-5)代入式(13-1)中得到:

$$[\hat{K}]\{D_{n+1}\}=\{\hat{F}\} \tag{13-9}$$

其中:

$$[\hat{K}]=\left(\frac{2}{h^2}[M]+\frac{2}{h}[C]+[K]\right) \tag{13-10}$$

$$\{\hat{F}\}=\{F_{n+1}\}+\left(\frac{2}{h}[M]+[C]\right)\{\dot{D}_n\} \tag{13-11}$$

需要指出,隐式 DDA 方法中并不含有阻尼项$[C]$,因为 DDA 积分方案属于常加速度法,引入了数值阻尼,有利于求解稳定。显然,当不考虑阻尼项$[C]$时上述表达式与 DDA 是严格一致的。

DDA 方法属于更新的拉格朗日描述,也就是说 DDA 在每步计算完以后都要更新构型,因此需要特别指出的是每个时步之初应满足:$\{D_n\}=\{0\}$,这是 DDA 方法非常独到之处。很显然,$\{D_{n+1}\}$本质上就是增量位移。

隐式的 DDA 方法需要集成总体刚度矩阵,以及需要连续超松弛法求解耦合系统方程。对于大规模问题,伴随着块体构型的变化,隐式 DDA 中的总体刚度矩阵元素将不再集中于对角线附近,势必会增加求解时间和求解难度。

13.2　DDA 显式求解算法

相对于隐式方法,显式法的前景更为广阔,因为它便于进行并行计算,特别是伴随着 GPU 技术的逐渐成熟。对于复杂工程问题,显式法将会展现出更为强大的功能。对于显式 DDA 算法,选用如下的时间积分方案:

$$\left.\begin{aligned}\{\dot{D}_{n+1/2}\}&=\{\dot{D}_{n-1/2}\}+\{\ddot{D}_n\}h\\\{\dot{D}_{n+1}\}&=\{\dot{D}_{n+1/2}\}+\frac{1}{2}\{\ddot{D}_n\}h\\\{D_{n+1}\}&=\{D_n\}+\{\dot{D}_{n+1/2}\}h\end{aligned}\right\} \tag{13-12}$$

将式(13-12)代入式(13-1)中,得到如下基于牛顿第二定律的运动方程

$$[M]\{\ddot{D}_{n+1}\}=\{\bar{F}\} \tag{13-13}$$

其中:

$$\{\bar{F}\}=\{F_{n+1}\}-\{F_D\}-\{F_I\} \tag{13-14}$$

式中,$\{F_D\}=[C]\{\dot{D}_{n+1}\}$为阻尼项;$\{F_I\}$为内力项。

显式解法是一种条件稳定的时间积分方式,当时间步长充分小(小于能确保稳定的系统临界步长)时,认为所得到的解是可行的。但这个临界步长是难以从理论上获得的,

所以需要进行数值试验,当两个不同的时步所对应的解相差不大时,就认为显式解法收敛。同样地,时间步长的大小也直接决定了显式求解精度。

13.2.1　质量矩阵

根据有限元法的经验,采用协调质量矩阵,求出单元质量矩阵后,进行适当的组合即可得到整体质量矩阵,其组合方法与单元刚度矩阵集成整体刚度矩阵时保持一致。单元质量矩阵可表示为

$$[M_e] = \iint_A [T(x,y)]^{\mathrm{T}} \rho [T(x,y)] \mathrm{d}x\mathrm{d}y \tag{13-15}$$

显式 DDA 的整体质量矩阵是高度稀疏的,而且是对称正定的,仅需要逐块分别求解运动方程,并不需要如同隐式 DDA 的矩阵求解技术。当块体构型变化较大时,质量矩阵的元素分布始终保持不变。

另外一种方法是采用集中质量矩阵,通常采用每行求和的技术,但这样得出的集中质量矩阵存在质量为负的情况,与实际不符。

13.2.2　内力项

内力项$\{F_I\}$可由刚度矩阵$[K]$计算得到。在具体实施过程中,由于不需要集成总体刚度矩阵,所以计算对象主要针对块体单元,它的运动方程可改写为

$$[M^e]\{\ddot{D}^e_{n+1}\} + [C^e]\{\dot{D}^e_{n+1}\} + [K^e]\{D^e_{n+1}\} = \{\overline{F^e}\} \tag{13-16}$$

$$\{\overline{F^e}\} = \{F^e_{n+1}\} - \{F^e_D\} - \{F^e_I\} \tag{13-17}$$

对于非连续变形分析问题来说,$[K^e]$包含负责连续模拟的单元刚度矩阵$[\widetilde{K}^e]$和负责非连续模拟的单元接触刚度矩阵$[\widetilde{K}^c]$两个部分:

$$[K^e] = [\widetilde{K}^e] + [\widetilde{K}^c] \tag{13-18}$$

因此,内力项可以表示为

$$\{F^e_I\} = [K^e]\{D^e_{n+1}\} = ([\widetilde{K}^e] + [\widetilde{K}^c])\{D^e_{n+1}\} \tag{13-19}$$

对一个离散块体系统来说,假定块体 i 和块体 j 之间存在一个接触对,那么块体 i 和块体 j 的单元接触刚度矩阵$[Q]$可以表示为

$$[Q] = \begin{bmatrix} [\widetilde{K}^c_{ii}] & [\widetilde{K}^c_{ij}] \\ [\widetilde{K}^c_{ji}] & [\widetilde{K}^c_{jj}] \end{bmatrix} \tag{13-20}$$

其中,$\widetilde{K}^c_{ij}$ 由两个接触块体 i 和 j 之间的接触弹簧来定义,它是一个 6×6 的矩阵,若两者不接触矩阵为$\{0\}$。$\{D^e_{n+1}\}$是一个 6×1 的矩阵。$[\widetilde{K}^c]$在不同的情况下对应于式(13-20)中$[Q]$的某一子块。

此外,接触弹簧还会产生接触力子矩阵,同时摩擦力也会产生相应的摩擦力子矩阵,仍需要将它们加到荷载矢量$\{\overline{F}\}$中。

上述是对接触弹簧较为统一的表述,实际上 DDA 的接触弹簧分为两种类型:法向接触弹簧和切向接触弹簧。在求解法向弹簧刚度子矩阵和切向弹簧刚度子矩阵以及相应的接触力子矩阵时,将会分别产生不同的$[\widetilde{K}^c]$、$\{F_i^c\}$和$\{F_j^c\}$。

(1)法向弹簧子矩阵。

如图 13-1 所示,两个块体 A 和 B 间存在一接触对。A 块体的 P_1 顶点与 B 块体接触,P_2P_3 是进入线。$(x_k, y_k)(k=0,1,2,3)$为 $P_k(k=0,1,2,3)$4 个点的坐标。

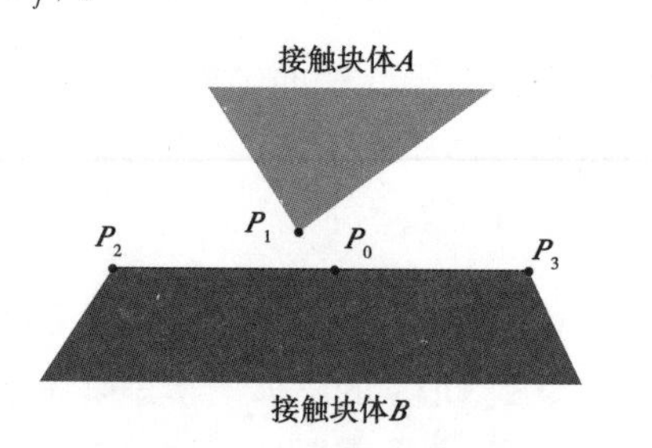

图 13-1 接触模型

由最小势能原理出发,可求得 4 个 6×6 子矩阵$[\widetilde{K}_{ii}^c]$、$[\widetilde{K}_{ij}^c]$、$[\widetilde{K}_{ji}^c]$和$[\widetilde{K}_{jj}^c]$,以及 2 个 6×1 子矩阵$\{F_i^c\}$和$\{F_j^c\}$。具体表达式如下:

$$\left.\begin{aligned}\{H\} &= \{e_1 \quad e_2 \quad e_3 \quad e_4 \quad e_5 \quad e_6\} \\ \{G\} &= \{g_1 \quad g_2 \quad g_3 \quad g_4 \quad g_5 \quad g_6\}\end{aligned}\right\} \tag{13-21}$$

$$\left.\begin{aligned}[\widetilde{K}_{ii}^c] &= p\{H\}^{\mathrm{T}}\{H\} \\ [\widetilde{K}_{ij}^c] &= p\{H\}^{\mathrm{T}}\{G\} \\ [\widetilde{K}_{ji}^c] &= p\{G\}^{\mathrm{T}}\{H\} \\ [\widetilde{K}_{jj}^c] &= p\{G\}^{\mathrm{T}}\{G\}\end{aligned}\right\} \tag{13-22}$$

$$\left.\begin{aligned}\{F_i^c\} &= -\frac{pS_0}{l}\{H\}^{\mathrm{T}} \\ \{F_j^c\} &= -\frac{pS_0}{l}\{G\}^{\mathrm{T}}\end{aligned}\right\} \tag{13-23}$$

其中,

$$\left.\begin{aligned}e_r &= [(y_2 - y_3)t_{1r}(x_1, y_1) + (x_3 - x_2)t_{2r}(x_1, y_1)]/l \\ g_r &= [(y_3 - y_1)t_{1r}(x_2, y_2) + (x_1 - x_3)t_{2r}(x_2, y_2)]/l \\ &\quad + [(y_1 - y_2)t_{1r}(x_3, y_3) + (x_2 - x_1)t_{2r}(x_3, y_3)]/l\end{aligned}\right\} \tag{13-24}$$

$$S_0 = \begin{vmatrix} 1 & x_1 & y_1 \\ 1 & x_2 & y_2 \\ 1 & x_3 & y_3 \end{vmatrix} \tag{13-25}$$

式中,p 为弹簧刚度,通常取 $10E \sim 100E$;$t_{mr}(x_k, y_k)$表示点(x_k, y_k)所在块体的$[T_e]$矩阵的第 m 行 r 列,$m=1,2$,$r=1,2,3,\cdots,6$。

(2)切向弹簧子矩阵。切向弹簧子矩阵仅需将法向弹簧子矩阵的 g_r 改成如下形式,其他各项保持一致:

$$g_r = [(x_2 - x_3)t_{1r}(x_0, y_0) + (y_2 - y_3)t_{2r}(x_0, y_0)]/l \tag{13-26}$$

(3)摩擦力子矩阵。当库伦定律允许在块体边界接触的两侧间发生滑动时,若摩擦

角 φ 不为 0°,那么滑动面上将会产生摩擦力。摩擦力可根据法向接触压力计算,而摩擦力方向是 P_1 相对于 P_0 从 P_2 到 P_3 方向的相对移动。令 p 为法向接触弹簧的刚度,则摩擦力

$$F_0 = p \cdot d_n \cdot \mathrm{sgn}(d_r) \cdot \tan\varphi \tag{13-27}$$

式中,d_n 为法向嵌入量,$\tan\varphi$ 为摩擦系数;d_r 为 P_1 相对于 P_0 从 P_2 到 P_3 方向的相对位移;sgn 为符号函数。

因此,摩擦力子矩阵公式如下:

$$\left.\begin{aligned} \{H\} &= \frac{1}{l}[T_i(x_1,y_1)]^{\mathrm{T}}\begin{Bmatrix} x_3 - x_2 \\ y_3 - y_2 \end{Bmatrix} \\ \{G\} &= \frac{1}{l}[T_j(x_0,y_0)]^{\mathrm{T}}\begin{Bmatrix} x_3 - x_2 \\ y_3 - y_2 \end{Bmatrix} \end{aligned}\right\} \tag{13-28}$$

$$\left.\begin{aligned} \{F_i^c\} &= -F_0\{H\}^{\mathrm{T}} \\ \{F_j^c\} &= -F_0\{G\}^{\mathrm{T}} \end{aligned}\right\} \tag{13-29}$$

13.3　开闭迭代的探讨

DDA 的接触处理本质上是罚函数法。通过在接触块体间施加罚弹簧来产生接触刚度矩阵和接触力矩阵,进而将两者组装到总体耦合方程中,通过求解获得每步的增量位移,更新应力应变状态和块体构型,转入下一步计算。DDA 中存在 3 种不同的接触状态:点-点接触、点-边接触和边-边接触。每个接触对有可能存在法向接触弹簧和切向接触弹簧,因此 DDA 利用开闭迭代技术来保证两种弹簧的准确施加。开闭迭代中限定当迭代次数达到 6 次仍未收敛时,自动将时步降为原时步的 30%,重新开始迭代;若超出单步允许的最大位移,也需折减时步。很明显,对于含有较多接触对的问题,开闭迭代次数势必显著增加,计算量也相应增大。本书建议保留原 DDA 的两个收敛准则。

13.4　数值试验

本节中通过 4 个典型的算例来验证 EDDA 方法的精度,并与 DDA 方法进行比较。所有算例均来自于石根华所发布源程序。其中,材料参数与其保持一致。关于参数的单位,如不特殊说明,均采用统一的国际单位。

13.4.1　滑块试验

通过具有解析解的滑块试验来验证 EDDA 算法的精度。如图 13-2 所示,尺寸为 0.4×0.4 的三角形块体停留在一倾角为 45°的斜面上,底部块体尺寸为 2×2 且完全固定,块体仅在自重条件下沿着斜面向下滑动。弹簧刚度:$g_0 = 400\ 000$,时步大小:$g_1 = 1\times10^{-5}$,单位质量:$\rho = 0.285\ 71$,块体自重:$(f_x, f_y) = (0, -2.8)$,摩擦角 $\varphi = 10°$。材料的弹性模量 $E = 20\ 000$,泊松比 $\nu = 0.2$。在滑块中心处设置了 1 个监测点,便于描述滑动位移趋势。

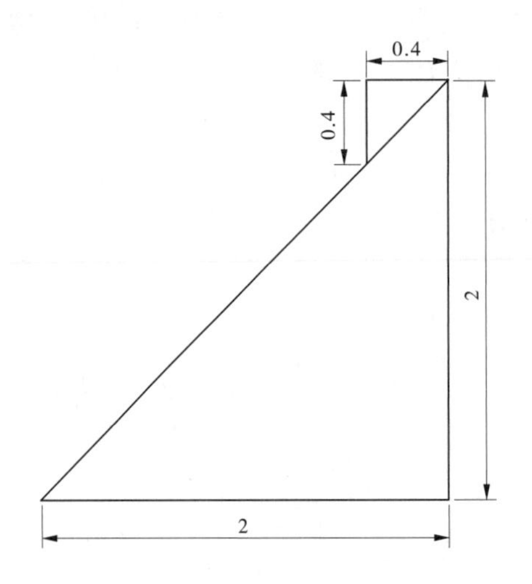

图 13-2 位于斜面上的三角形滑块

图 13-3 为 DDA 和 EDDA 在计算了 5 000 时步后得到的块体位移曲线。很明显二者的精度与解析解非常一致。

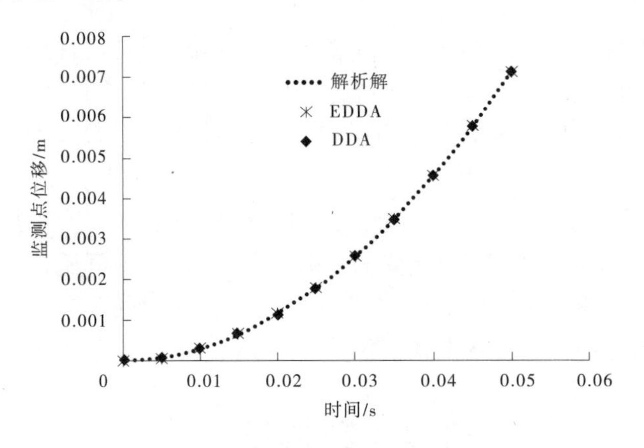

图 13-3 滑块试验监测点位移曲线

13.4.2 多块体滑动

如图 13-4 所示为沿着圆弧面滑动的简单块体系统,且底部块体保持固定。弹簧刚度:g_0=2 000,时步大小:$g_1=5\times10^{-5}$,单位质量:ρ=0.05,块体自重:(f_x, f_y) = (0,-0.5),摩擦角 φ=20°。材料的弹性模量 E= 50,泊松比 ν=0.3。O 点为坐标原点,设置了 6 个监测点,监测点坐标如表 13-1 所示。

图 13-5 为计算了 10 000 个时步后的 6 个监测点的位移对比曲线,EDDA 和 DDA 的最大相对误差仅 1.3%以内。图 13-6 和图 13-7 为计算结束后两者模拟的块体形态图,二者几乎是一致的。

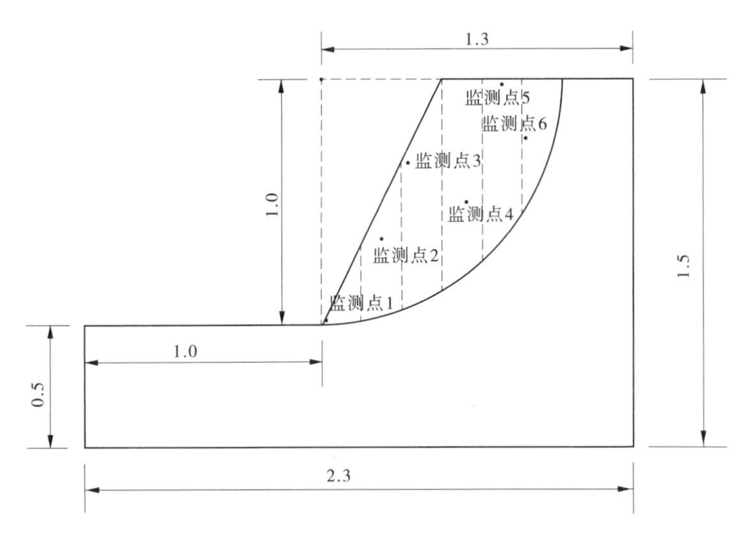

图 13-4　沿着圆弧面滑动的简单块体系统

表 13-1　监测点坐标(一)

编号	x 坐标	y 坐标
1	0.020 000	−0.980 000
2	0.250 000	−0.650 000
3	0.360 000	−0.340 000
4	0.600 000	−0.500 000
5	0.750 000	−0.020 000
6	0.850 000	−0.240 000

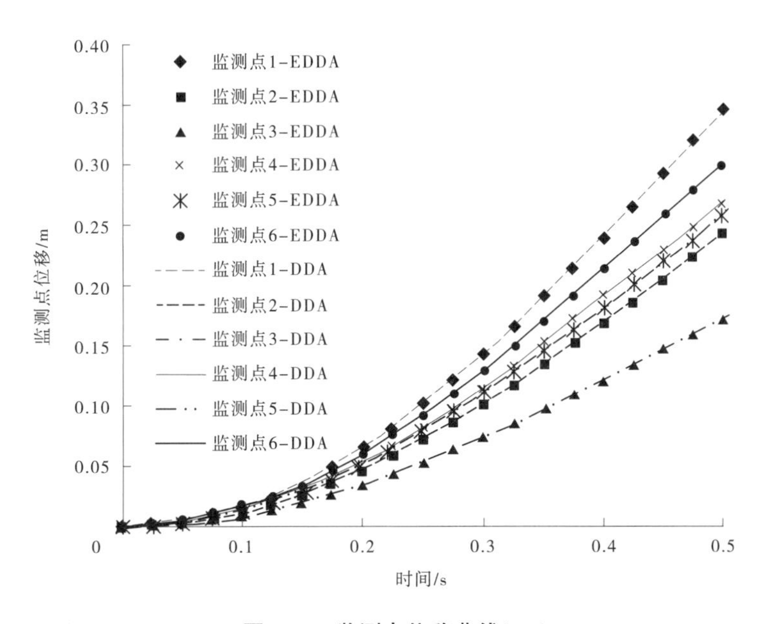

图 13-5　监测点位移曲线(一)

图 13-6　DDA 模拟的块体形态(一)

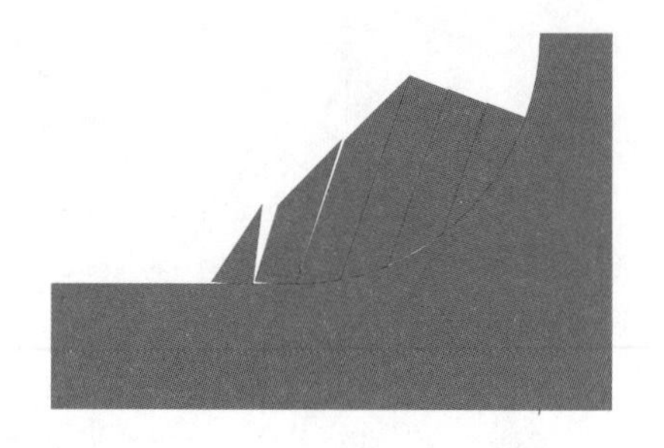

图 13-7　EDDA 模拟的块体形态(一)

13.4.3　坝体失稳模拟

坝体模型如图 13-8 所示。弹簧刚度：$g_0=800$，时步大小：$g_1=1\times10^{-4}$，单位质量：$\rho=0.05$，块体自重：$(f_x,f_y)=(0,-0.5)$，摩擦角 $\varphi=0°$。材料的弹性模量 $E=50$，泊松比 $\nu=0.3$。模型左下角点 O 为坐标原点，设置了 3 个监测点，监测点坐标如表 13-2 所示。加载点坐标为(6.2, 7.4)，受一恒定的水平推力作用，力的大小为(10,0)。

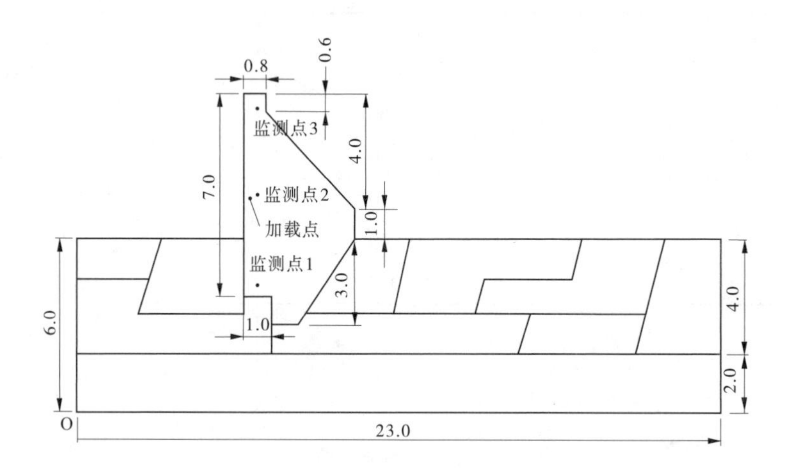

图 13-8　坝体模型

表 13-2　监测点坐标(二)

编号	x 坐标	y 坐标
1	6.5	4.4
2	6.5	7.5
3	6.5	10.5

在计算了 5 000 时步后，监测点的位移如图 13-9 所示。两者模拟结果几乎一致。如图 13-10 和图 13-11 所示的块体形态同样是一致的。

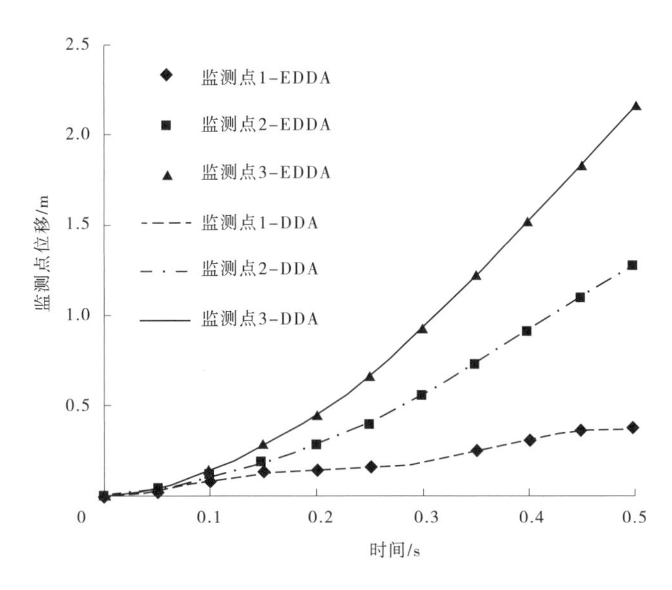

图 13-9　监测点位移曲线(二)

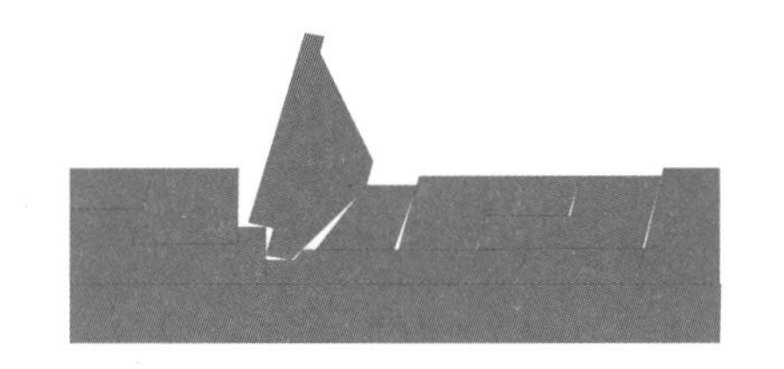

图 13-10　DDA 模拟的块体形态(二)

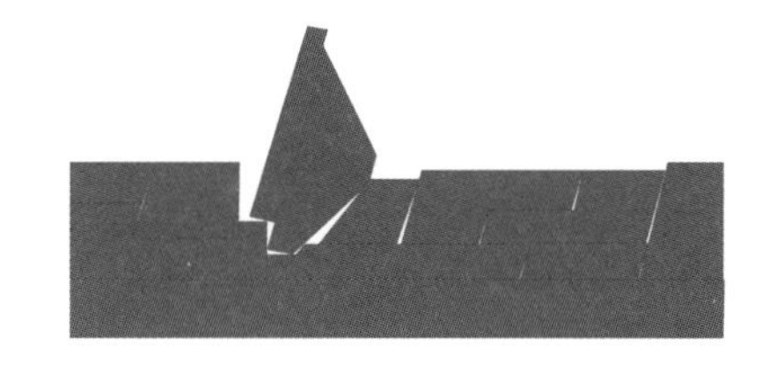

图 13-11　EDDA 模拟的块体形态(二)

13.4.4　地下洞室开挖模拟

如图 13-12 所示为一两组节理切割下的地下洞室。弹簧刚度：$g_0=40$，时步大小：$g_1=1\times10^{-6}$，单位质量：$\rho=0.000\,026$，块体自重：$(f_x, f_y)=(0,-0.000\,26)$，摩擦角 $\varphi=15°$。材料的弹性模量 $E=1$，泊松比 $\nu=0.25$。椭圆形隧洞中心点 O 为坐标原点，设置了 6 个监测点，监测点坐标如表 13-3 所示。初应力大小为$(\sigma_x^0, \sigma_y^0, \tau_{xy}^0)=(0,-0.15,0)$。

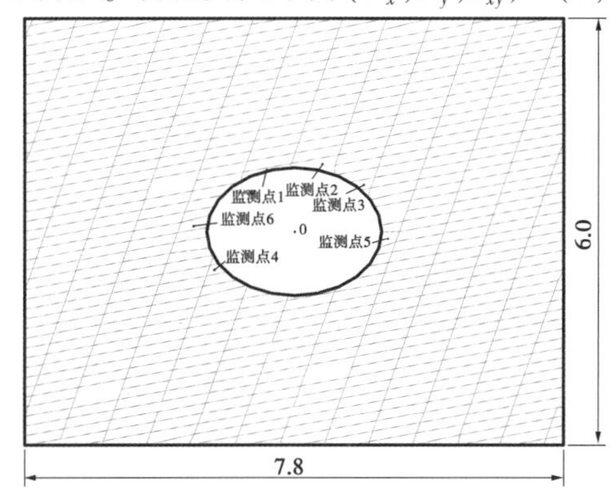

图 13-12　两组节理切割下的地下洞室

表 13-3　监测点坐标(三)

编号	x 坐标	y 坐标
1	−0.4	0.87
2	0.4	0.95
3	1.0	0.66
4	−1.15	−0.54
5	1.35	−0.1
6	−1.45	0.08

图 13-13 所示为监测点位移曲线,EDDA 与 DDA 的最大相对误差在 3.1%以内。两者的破坏形态也基本一致,如图 13-14 和图 13-15 所示。

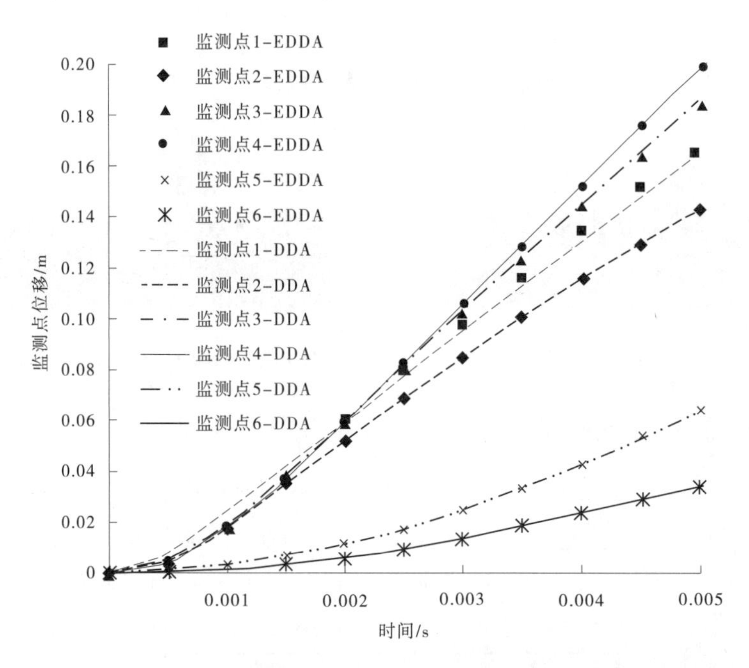

图 13-13　监测点位移曲线(三)

图 13-14　DDA 模拟的块体形态(三)

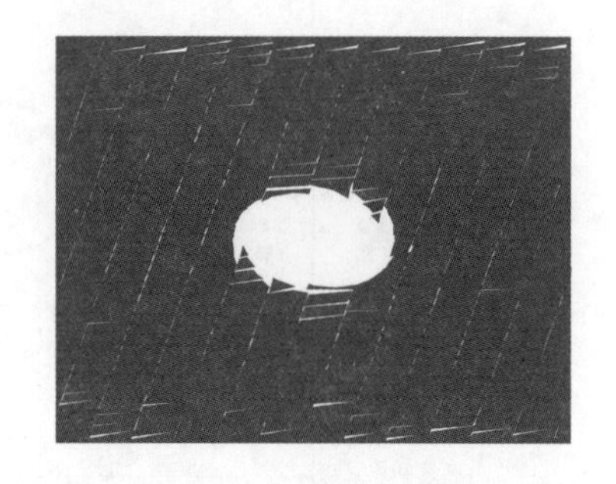

图 13-15　EDDA 模拟的块体形态(三)

13.5　本章小结

(1)隐式 DDA 方法允许相对较大的用户输入时步,但在开闭迭代过程中,仍需对该时步进行调整,使其能够满足开闭迭代收敛准则。在每一开闭迭代步中均需要求解一次代数方程组。毫无疑问,对于大规模复杂问题,接触对数较多,这种所谓的较大时步会显著地增大开闭迭代的次数,同时也就顺带着增加了大型代数方程组的求解次数,计算量显著增加。同时隐式 DDA 的代数方程组仍需要特定的矩阵求解技术。

(2)显式 DDA 方法的首要条件就是要保证足够小的计算时步来达到较高的稳定性和计算精度。但这又避免了隐式 DDA 较大时步带来的一系列问题。另外,显式 DDA 方法组装的质量矩阵是一对称正定矩阵,可通过分块求解,不需要专门的求解器,也不需要集成刚度矩阵。这两个特性使得显式 DDA 方法便于实现并行计算。而对隐式 DDA 方法来说,不仅要对求解器进行并行化,而且还需要对集成刚度矩阵的过程进行并行化。可见,在实现并行化以后显式 DDA 的优势将得以全面凸显。

(3)显式 DDA 方法具有完备的运动学理论;开闭迭代算法也能够准确地描述块体间的接触状态。因此,显式 DDA 方法在理论上较为严密。而离散元方法自诞生以来就带有缺乏理论严密性的先天不足,理论基础的欠缺在块体元模型中尤为明显,运动、受力和变形三大要素都有假设(或简化),以至于计算中力系不能完全平衡。

(4)显式 DDA 方法通过牛顿第二定律求得块体加速度,进而可得到块体的 6 个位移增量,它们仍然表示块体的位移、转角和应变。其中,由转动自由度的存在使得显式 DDA 方法在处理转动问题时具有与生俱来的优势。而离散元方法需要在得到块体所受的合外力和合力矩的情况下,根据牛顿第二定律,求得单元的加速度,通过时间积分再去求单元的速度、位移。从而得到所有单元在任意时刻的速度、加速度、角速度、角加速度、线位移和转角等。对于研究带有旋转特性的问题来说,如岩质边坡倾倒等,显式 DDA 将更为自然。

(5)基于 DEM 的通用商业软件(如前所述的 UDEC 和 3DEC)在实际工程中已经取得了广泛的应用。而显式 DDA 方法只是搭建了最基本和核心的计算框架,不过,幸运的是,我们可以毫无困难地将隐式 DDA 已发展成熟的计算模块快速移植到显式 DDA 中。在解决实际工程问题时,选择成熟的离散元商业软件将更为方便。得益于显式 DDA 理论上的严密性,在针对某一类特定的问题,可选择显式 DDA 方法作为开发平台。发展通用的大型商业软件也应是显式 DDA 方法未来的发展目标。

第 14 章　结论与展望

14.1　结　论

数值流形方法方面所做的主要研究工作总结如下：

(1)对数值流形方法进行了全新的阐述，将其归纳为 3 个部分：①数学覆盖以及物理覆盖；②单位分解；③NMM 空间。系统地讲述了 NMM 中的数学片、物理片、流形单元、数学覆盖和物理覆盖的概念，并针对一般弹性力学问题和线弹性断裂力学问题，将物理片分为非奇异物理片和奇异物理片；论述了 NMM 中单位分解函数的性质；针对非奇异物理片，提出了基于泰勒展开形式的一阶线性多项式作为其局部函数空间，使得定义在物理片上的自由度具有明确的物理意义；对于奇异物理片，又增加了用于模拟裂纹尖端应力奇异性的位移函数来进一步扩充其局部函数空间。

(2)基于单位分解理论的方法可自由地提高局部位移函数(多项式)的阶次，且将局部位移函数与单位分解函数揉和到一起来构造总体位移函数，这提高了计算精度，但会令总体刚度矩阵奇异，也即线性相关。高阶 NMM 也不可避免地存在这样的问题。因此，提出了 3 种处理高阶 NMM 线性相关问题的方法：

①在变分公式中，事先约束物理片上梯度相关的自由度，进而推导其离散求解形式，并应用于 Cook 梁求解中。结果表明，显著地减少了高阶 NMM 刚度矩阵的亏秩数，但并未完全消除。

②基于一阶泰勒展开形式的多项式作为局部位移函数时，其物理片上为应变自由度，记为 PP-u-ε 型物理片；考虑到很多情况下，大多数边界属于应力边界条件，在局部坐标系下，将物理片上的应变自由度由应力自由度来代替，发展了 PP-u-σ 型的物理片。PP-u-σ 型的物理片的引入，方便了合理地施加位移应力边界条件。该研究前处理简单，并未引入附加自由度，且计算量并未增加。数值算例表明，PP-u-ε 型物理片显著地减少了亏秩数；在此基础上，PP-u-σ 型的物理片施加完全地消除了亏秩数，同样保持了很高的计算精度。

③提出了一种新的局部位移函数，重新推导了新的 NMM 的求解体系，并应用于求解一般弹性力学问题和线弹性断裂力学问题。结果表明：(a)该方法有效地消除了总体刚度矩阵的线性相关现象，并未引入其他附加自由度。(b)该方法对于一般弹性力学问题，能够达到很高的精度。同时对于含裂纹问题，也能够精确地计算出裂纹尖端的应力强度因子，可以真实地捕捉到裂纹尖端附近的应力场，总体精度要好于传统基于线性基函数$(1,x,y)$的 NMM，尤其当网格密度较小时。(c)边界内部插值点处的应力是连续的，而传统 NMM 不能满足。(d)定义在非奇异物理片上的第 3~5 个自由度具有明确的物理意义，恰好是所对应插值点处的应变分量；这样就可通过直接乘上弹性矩阵获得此处的应力状态，简化了计算。

(3)Munjiza 所提出的 FEM-DEM 在处理块体间的接触时，以面积坐标定义了接触势的概念,通过嵌入面积的大小来衡量接触力的大小,属于分布式接触力,更接近于实际,避免了原 NMM 接触处理过程的烦琐,且能够保证能量守恒。所提出的 NBS 接触检测算法,将单元映射到规则格子中,以链表结构将其有效地连接在一起,只在单元所在格子以及周围格子内部进行接触判断,接触检测效率大为提高,计算量仅随单元数线性增长,内存需求也很低。因此,以数值流形元法为总体框架,利用 Munjiza 接触处理技术,通过计算基于接触势概念的分布式接触力矩阵及摩擦力矩阵改造了 NMM 的接触处理。数值算例证实了算法的正确性。

(4)针对应用 NMM 求解线弹性断裂力学问题时经常遇到的两个问题,给出了新的解答。针对单元刚度矩阵计算中存在对 $1/r$ 积分的情况,提出一种新的适用于处理 $1/r$ 奇异性的数值积分策略,并给出了严格的数学证明,与现存的 Duffy 变换相比要更加简单有效,并可容易地推广到三维边界元方法中;处理扭结裂纹时,针对积分点有可能落在裂纹尖端所在一段直裂纹的上下垂直区域外的情况,提出了一种新的局部极坐标下的角度参数的确定法则。与现存映射技术相比,它以一种更为简单的方式达到了更高的精度。

(5)书中针对强奇异性问题,如裂纹问题,通过移动和旋转数学网格,构造出裂纹与网格的各种不同相对位置关系以及一些可能对计算结果产生影响的极端情况,对 NMM 的网格依赖性进行研究,由此揭示了 NMM 的另一个优良特性,即网格无关性。而对于扩展有限元,当不连续面两侧的面积或体积比非常大时,切割出来的单元矩阵是病态的,也即对网格表现出了极大的依赖性这种情况,书中给出了定性的分析。

(6)将改进的 NMM 应用到了单裂纹和多裂纹扩展问题及工程应用中。①单裂纹扩展问题中,每步调整荷载使得满足力学平衡和断裂韧度条件,分别对小变形问题和大变形问题进行了模拟。应用于 4 个典型算例,扩展路径均与文献中一致,证实了方法的有效性和正确性。同时讲解了大小变形时裂纹扩展后物理覆盖生成算法。②提出了多裂纹扩展控制算法,并考虑了裂纹聚合问题的处理,同时也通过调整荷载来满足基本的力学机制。将其应用于 8 个典型的多裂纹扩展问题中(最多算到 10 条裂纹,当然算法不局限于裂纹条数,更多裂纹亦可),结果与文献保持一致,再次证实了算法的正确性。③最后,将本书中所提算法应用到了印度的 Koyna 重力坝裂纹扩展分析中。通过设置不同的漫顶高度研究了其裂纹扩展路径的变化。

DDA 方面所做的主要研究工作如下:

(1)发展了一种基于 CAE 辅助技术的三维块体系统切割方法。第一步进行凸体切割,然后根据不同的结构面属性(真实结构面或虚拟结构面)将切割的凸形块体进行分类和黏合,生成真实切割块体和虚拟组合块体。适用于包括凹体或含孔洞的复杂模型。将块体信息进行整合即可得到三维 DDA 的模型信息,并成功地应用于吉林长春引松工程不衬砌项目的关键块体识别及稳定性分析中,极大地提高了基于块体理论的计算分析效率。

(2)发展了一种基于接触势的二维 DDA 方法(CPDDA)。继承了 DDA 单片上位移描述的先进思想,融合了势接触算法的简单快捷,具有较为明显的特点和优势。通过典型算例证实了 CPDDA 的正确性和有效性。较为传统 DDA,更易开发并行版本的 CPDDA 计算程序。

(3)发展了连续-非连续全过程模拟的改进非连续变形分析方法。在子块体间插入了一种能够描述岩石应变软化阶段的应变软化黏结单元,可补充峰后应变软化阶段的强度损失,加强了 DDA 对于岩体连续特性的模拟。当黏结单元超过材料的张开量时,会萌生裂纹,直至形成贯通块体。同时继承了 DDA 在非连续变形模拟方面的优势,可模拟贯通块体的大运动情况。

(4)发展了一种新的基于势接触力的三维非连续变形分析方法(3D-CP-DDA),继承了原三维非连续变形分析的理论框架,并引入三维势接触力算法处理块体间的接触。分布式的势接触力能够更准确地反映三维接触面上的接触状态。抛弃了复杂的开合迭代算法,极大地拓展了工程适用性。更易开发并行版本的3D-CP-DDA 计算程序。最后,通过在块体间引入三维节理单元,实现了基于 3D-CPDDA 的连续-非连续破坏演化过程模拟。

(5)发展了一整套的 DDA 全自动精细化建模技术,并改进了后处理程序,可方便地输出位移、速度等各种云图,指定变量的全过程变化曲线以及块体运动过程的动态显示等;成功地应用到高陡岩质顺层边坡的破坏机制模拟分析中,准确地揭示了料场边坡的屈曲破坏模式。基于所发展的 3D-CPDDA,开展了相关的三维模拟,得到了同样的变形破坏模式,与二维结果进行了相互印证,但显然 3D-CPDDA 的工程适用性将更广。

(6)发展了基于显式时间积分的非连续变形分析方法。不需要集成总体刚度矩阵;求解过程简单高效。它建立起了 DDA 方法与经典离散元方法(DEM)之间的桥梁和纽带。

14.2 展 望

(1)基于 NMM 通用的破坏分析。包括如何判断破坏的起始点、破坏后的扩展路径(扩展方向和尺度);破坏过程中如何考虑能量损失,如何处理破坏面间的相互作用;多裂纹扩展控制(粉碎状破坏模拟,裂纹分叉和聚合问题等),动力对破坏过程的影响(如地震和爆破荷载)。

(2)将 NMM 应用于处理流固耦合、热力耦合等问题中,扩大应用范围。

(3)三维 NMM 的发展。包括严格通用的物理覆盖的生成算法研究,三维接触检测算法研究,如何将开闭迭代推广到三维问题中。

(4)与其他数值方法耦合研究。如果对无限大区域进行模拟,使用 NMM 进行离散,将会产生大量的自由度,NMM 的效率将会很低。可以考虑与其他方法如边界元法等耦合,使用 NMM 进行近场分析,而边界元用于远场分析,以此来提高计算效率。

(5)欧拉形式的 NMM。基于拉格朗日形式的 NMM,当变形较大时,物理网格将会高度扭曲,此时将丧失精度。而基于欧拉法的 NMM,将欧拉网格固定于空间中,数学网格不会扭曲,计算精度必然优于拉格朗日解法。虽然已有这方面的相关研究,但仍有很多技术问题需要解决,如质量和速度,本构参数如何映射到欧拉网格中、计算效率,鲁棒性等。

(6)求解复杂区域问题。NMM 的研究区域完全独立于数学网格,因此对于实际工程中的复杂区域问题,比如区域内部含有大量孔洞、裂纹及充填物,NMM 较 FEM 将会更适用于求解这类问题,可进一步挖掘 NMM 在处理这方面问题的潜力。

(7)高效三维 DDA 程序的开发和应用。三维 DDA 方法由于能够考虑岩体工程的空间效应,其适用面更广,更具有发展前景。真实工程块体的三维接触关系极其复杂,求解这类问题时,三维 DDA 的鲁棒性较难保证,因此还需要加强接触问题的细化和优化研究。由于每个块体上的自由度数较多,求解总体方程组较为耗时,亟须通过 GPU 并行计算技术提高计算效率等。

参考文献

[1] 张楚汉. 论岩石、混凝土离散-接触-断裂分析[J]. 岩石力学与工程学报, 2008, 27(2): 217-235.

[2] Thom A, Apelt C J. Field Computations in Engineering and Physics[M]. D. van Nostrand, London, 1961.

[3] Perrone N, Kao R. A general finite difference method for arbitrary meshes[J]. Computers & Structures, 1975, 5(1): 45-57.

[4] Brighi B, Chipot M, Gut E. Finite differences on triangular grids [J]. Numerical Methods for Partial Differential Equations, 1998, 14(5): 567-579.

[5] Liszka T, Orkisz J. The finite difference method at arbitrary irregular grids and its application in applied mechanics[J]. Computers & Structures, 1980, 11(1): 83-95.

[6] 吴旭光. 不规则网格的差分方法[J]. 数值计算与计算机应用, 1988(1): 47-58.

[7] 尹定. 不规则多边形有限差分网格方法及其在油藏数值模拟中的应用[J]. 石油学报, 1990, 11(3): 82-86.

[8] 孙卫涛, 杨慧珠. 各向异性介质弹性波传播的三维不规则网格有限差分方法[J]. 地球物理学报, 2004, 47(2): 332-337.

[9] Chen Y M. Numerical computation of dynamic stress intensity factors by a Lagrangian finite-difference method (the HEMP code) [J]. Engineering Fracture Mechanics, 1975, 7(4): 653-660.

[10] Virieux J, Madariaga R. Dynamic faulting studied by a finite difference method [J]. Bulletin of the Seismological Society of America, 1982, 72(2): 345-369.

[11] Day S M. Three-dimensional finite difference simulation of fault dynamics: rectangular faults with fixed rupture velocity [J]. Bulletin of the Seismological Society of America, 1982, 72(3): 705-727.

[12] Coates R T, Schoenberg M. Finite-difference modeling of faults and fractures[J]. Geophysics, 1995, 60(5): 1514-1526.

[13] Benjemaa M, Glinsky-Olivier N, Cruz-Atienza V M, et al. Dynamic non-planar crack rupture by a finite volume method[J]. Geophysical Journal International, 2007, 171(1): 271-285.

[14] Courant R. Variational methods for the solution of problems of equilibrium and vibrations[J]. Bull. Amer. Math. Soc, 1943, 49(1): 1-23.

[15] Turner M J, Clough R W, Martin H C, et al. Stiffness and deflection analysis of complex structures[J]. Journal of the Aeronautical Sciences, 1956, 23: 805-823.

[16] Clough R W. The finite element method in plane stress analysis. Proc. 2nd ASCE conference on electronic computation. Pittsburgh, PA., 345-378, Sept. 1960.

[17] 冯康. 基于变分原理的差分格式[J]. 应用数学与计算数学, 1965, 2(4): 237-261.

[18] Zienkiewicz O C, Morice P B. The finite element method in engineering science[M]. London: McGraw-hill, 1971.

[19] Owen D R J, Hinton E. Finite elements in plasticity: theory and practice[M]. Pineridge Press, 1980.

[20] 王勖成, 邵敏. 有限单元法基本原理和数值方法[M]. 北京: 清华大学出版社, 1997.

[21] Gerrard C M. Joint compliances as a basis for rock mass properties and the design of supports[C]//In-

ternational Journal of Rock Mechanics and Mining Sciences & Geomechanics Abstracts. Pergamon, 1982, 19(6): 285-305.

[22] Amadei B. Lecture notes in engineering. Paper presented at the influence of rock anisotropy on measurement of stresses in situ, New York, 1983.

[23] Zienkiewicz O C, Pande G N. Time-dependent multilaminate model of rocks—a numerical study of deformation and failure of rock masses[J]. International Journal for Numerical and Analytical Methods in Geomechanics, 1977, 1(3): 219-247.

[24] Goodman R E,St. John C. Chapter 4: Finite element analysis for discontinuous rocks. Numerical Methods in Geotechnical Engineering (Editors Desai C S and Christian J T) McGraw-Hill Book Company 1977,148-175.

[25] Desai C S, Zaman M M, Lightner J G, et al. Thin-layer element for interfaces and joints[J]. International Journal for Numerical and Analytical Methods in Geomechanics, 1984, 8(1): 19-43.

[26] Katona M G. A simple contact-friction interface element with applications to buried culverts[J]. International Journal for Numerical and Analytical Methods in Geomechanics, 1983, 7(3): 371-384.

[27] Babuska I, Melenk J M. The partition of unity method. International Journal for Numerical Methods in Engineering [J]. 1997,40(4):727-758.

[28] Belytschko T, Black T. Elastic crack growth in finite elements with minimal remeshing[J]. International journal for numerical methods in engineering, 1999, 45(5): 601-620.

[29] Dolbow J, Belytschko T. A finite element method for crack growth without remeshing[J]. Int. J. Numer. Meth. Engng, 1999, 46(1): 131-150.

[30] Sukumar N, Moës N, Moran B, et al. Extended finite element method for three-dimensional crack modelling[J]. International Journal for Numerical Methods in Engineering, 2000, 48(11): 1549-1570.

[31] Areias P, Belytschko T. Analysis of three-dimensional crack initiation and propagation using the extended finite element method[J]. International Journal for Numerical Methods in Engineering, 2005, 63(5): 760-788.

[32] Sukumar N, Chopp D L, Moran B. Extended finite element method and fast marching method for three-dimensional fatigue crack propagation[J]. Engineering Fracture Mechanics, 2003, 70(1): 29-48.

[33] Moës N, Gravouil A, Belytschko T. Non-planar 3D crack growth by the extended finite element and level sets—Part Ⅰ: Mechanical model[J]. International Journal for Numerical Methods in Engineering, 2002, 53(11): 2549-2568.

[34] Gravouil A, Moës N, Belytschko T. Non-planar 3D crack growth by the extended finite element and level sets—Part Ⅱ: Level set update[J]. International Journal for Numerical Methods in Engineering, 2002, 53(11): 2569-2586.

[35] Moës N, Belytschko T. Extended finite element method for cohesive crack growth[J]. Engineering fracture mechanics, 2002, 69(7): 813-833.

[36] Stolarska M, Chopp D L, Moës N, et al. Modelling crack growth by level sets in the extended finite element method[J]. International journal for numerical methods in Engineering, 2001, 51(8): 943-960.

[37] Sukumar N, Belytschko T. Arbitrary branched and intersecting cracks with the extended finite element method[J]. Int. J. Numer. Meth. Engng, 2000, 48: 1741-1760.

[38] Dolbow J, Moës N, Belytschko T. An extended finite element method for modeling crack growth with frictional contact[J]. Computer Methods in Applied Mechanics and Engineering, 2001, 190(51): 6825-6846.

[39] Laborde P, Pommier J, Renard Y, et al. High-order extended finite element method for cracked domains [J]. International Journal for Numerical Methods in Engineering, 2005, 64(3): 354-381.

[40] Réthoré J, Gravouil A, Combescure A. An energy-conserving scheme for dynamic crack growth using the extended finite element method[J]. International Journal for Numerical Methods in Engineering, 2005, 63(5): 631-659.

[41] Strouboulis T, Babuska I, Copps K. The design and analysis of the generalized finite element method [J]. Computer methods in applied mechanics and engineering, 2000, 181(1): 43-69.

[42] Strouboulis T, Copps K, Babuska I. The generalized finite element method: an example of its implementation and illustration of its performance[J]. International Journal for Numerical Methods in Engineering, 2000, 47(8): 1401-1417.

[43] Duarte C A, Hamzeh O N, Liszka T J, et al. A generalized finite element method for the simulation of three-dimensional dynamic crack propagation[J]. Computer Methods in Applied Mechanics and Engineering, 2001, 190(15): 2227-2262.

[44] Duarte C A, Reno L G, Simone A. A high-order generalized FEM for through-the-thickness branched cracks[J]. International Journal for Numerical Methods in Engineering, 2007, 72(3): 325-351.

[45] Belytschko T, Krongauz Y, Organ D, et al. Meshless methods: an overview and recent developments [J]. Computer methods in applied mechanics and engineering, 1996, 139(1): 3-47.

[46] Li S, Liu W K. Meshfree and particle methods and their applications[J]. Applied Mechanics Reviews, 2002, 55(1): 1-34.

[47] 张雄，宋康祖，陆明万. 无网格法研究进展及其应用[J]. 计算力学学报, 2003, 20(6): 730-742.

[48] 张雄，刘岩. 无网格法[M]. 北京:清华大学出版社,2004.

[49] Atluri S N. The meshless method (MLPG) for domain & BIE discretizations[M]. Forsyth: Tech Science Press, 2004.

[50] Belytschko T, Gu L, Lu Y Y. Fracture and crack growth by element free Galerkin methods[J]. Modelling and Simulation in Materials Science and Engineering, 1994, 2(3A): 519.

[51] Belytschko T, Lu Y Y, Gu L. Element-free Galerkin methods[J]. International journal for numerical methods in engineering, 1994, 37(2): 229-256.

[52] Rabczuk T, Belytschko T. Cracking particles: a simplified meshfree method for arbitrary evolving cracks [J]. International Journal for Numerical Methods in Engineering, 2004, 61(13): 2316-2343.

[53] Rabczuk T, Zi G. A meshfree method based on the local partition of unity for cohesive cracks[J]. Computational Mechanics, 2007, 39(6): 743-760.

[54] Belytschko T, Tabbara M. Dynamic fracture using element-free Galerkin methods[J]. International Journal for Numerical Methods in Engineering, 1996, 39(6): 923-938.

[55] Krysl P, Belytschko T. The Element Free Galerkin method for dynamic propagation of arbitrary 3-D cracks[J]. International Journal for Numerical Methods in Engineering, 1999, 44(6): 767-800.

[56] Sukumar N, Moran B, Black T, et al. An element-free Galerkin method for three-dimensional fracture mechanics[J]. Computational Mechanics, 1997, 20(1-2): 170-175.

[57] Rao B N, Rahman S. An efficient meshless method for fracture analysis of cracks[J]. Computational mechanics, 2000, 26(4): 398-408.

[58] Rao B N, Rahman S. A coupled meshless-finite element method for fracture analysis of cracks[J]. International Journal of Pressure Vessels and Piping, 2001, 78(9): 647-657.

[59] Beskos D E. Boundary element methods in dynamic analysis[J]. Applied Mechanics Reviews, 1987, 40

(1): 1-23.

[60] Beskos D E. Boundary element methods in dynamic analysis: Part Ⅱ (1986-1996)[J]. Applied Mechanics Reviews, 1997, 50(3): 149-197.

[61] Ingraffea A R, Blandford G E, Ligget J A. Automatic modelling of mixed-mode fatigue and quasi-static crack propagation using the boundary element method[C]//Proc. of Fracture Mechanics: Fourteenth Symposium, ASTM STP. 1983, 791: 407-1.

[62] Snyder M D, Cruse T A. Boundary-integral equation analysis of cracked anisotropic plates[J]. International Journal of Fracture, 1975, 11(2): 315-328.

[63] Blandford G E, Ingraffea A R, Liggett J A. Two-dimensional stress intensity factor computations using the boundary element method[J]. International Journal for Numerical Methods in Engineering, 1981, 17(3): 387-404.

[64] Sollero P, Aliabadi M H. Fracture mechanics analysis of anisotropic plates by the boundary element method[J]. International Journal of Fracture, 1993, 64(4): 269-284.

[65] Wang Y H, Cheung Y K, Woo C W. Anti-plane shear problem for an edge crack in a finite orthotropic plate[J]. Engineering fracture mechanics, 1992, 42(6): 971-976.

[66] Portela A, Aliabadi M H, Rooke D P. The dual boundary element method: effective implementation for crack problems[J]. International Journal for Numerical Methods in Engineering, 1992, 33(6): 1269-1287.

[67] Portela A, Aliabadi M H, Rooke D P. Dual boundary element analysis of cracked plates: singularity subtraction technique[J]. International Journal of Fracture, 1992, 55(1): 17-28.

[68] Portela A, Aliabadi M H, Rooke D P. Dual boundary element incremental analysis of crack propagation[J]. Computers & Structures, 1993, 46(2): 237-247.

[69] Crouch S L. Solution of plane elasticity problems by the displacement discontinuity method. I. Infinite body solution[J]. International Journal for Numerical Methods in Engineering, 1976, 10(2): 301-343.

[70] Jing L. A review of techniques, advances and outstanding issues in numerical modelling for rock mechanics and rock engineering[J]. International Journal of Rock Mechanics and Mining Sciences, 2003, 40(3): 283-353.

[71] Jing L, Hudson J A. Numerical methods in rock mechanics[J]. International Journal of Rock Mechanics and Mining Sciences, 2002, 39(4): 409-427.

[72] Yamada Y, Ezawa Y, Nishiguchi I, et al. Reconsiderations on singularity or crack tip elements[J]. International Journal for Numerical Methods in Engineering, 1979, 14(10): 1525-1544.

[73] Sato A, Hirakawa Y, Sugawara K. Mixed mode crack propagation of homogenized cracks by the two-dimensional DDM analysis[J]. Construction and Building Materials, 2001, 15(5): 247-261.

[74] Kayupov M A, Kuriyagawa M. DDM Modelling of Narrow Excavations And/Or Cracks In an Anisotropic Rock Mass[C]//ISRM International Symposium-EUROCK 96. International Society for Rock Mechanics, 1996.

[75] Cundall P A. A computer model for simulating progressive large scale movements in blocky rock systems[A]. Proceedings of the International Symposium Rock Fracture, ISRM[C]. [s. l.]: [s. n.], 1971, 1-8.

[76] Cundall P A. The measurement and analysis of acceleration on rock slopes[D]. London: University of London, Imperial College of Science and Technology, 1971.

[77] Cundall P A. UDEC-A Generalised Distinct Element Program for Modelling Jointed Rock[R]. CUN-

DALL (PETER) ASSOCIATES VIRGINIA WATER (ENGLAND), 1980.

[78] Cundall P A. Formulation of a three-dimensional distinct element model—Part Ⅰ. A scheme to detect and represent contacts in a system composed of many polyhedral blocks[C]//International Journal of Rock Mechanics and Mining Sciences & Geomechanics Abstracts. Pergamon, 1988,25(3): 107-116.

[79] Shi G H, Goodman R E. Two dimensional discontinuous deformation analysis[J]. International Journal for Numerical and Analytical Methods in Geomechanics, 1985, 9(6): 541-556.

[80] Shi G, Goodman R E. Generalization of two-dimensional discontinuous deformation analysis for forward modelling[J]. International Journal for Numerical and Analytical Methods in Geomechanics, 1989, 13(4): 359-380.

[81] Yang Z Y, Lee W S. Modelling the Failure Mechanisms of Rock Mass Models By UDEC[C]//9th ISRM Congress. International Society for Rock Mechanics, 1999.

[82] Jiang Y, Li B, Yamashita Y. Simulation of cracking near a large underground cavern in a discontinuous rock mass using the expanded distinct element method[J]. International Journal of Rock Mechanics and Mining Sciences,2009, 46(1): 97-106.

[83] Camones L A M, Vargas Jr E A, de Figueiredo R P, et al. Application of the discrete element method for modeling of rock crack propagation and coalescence in the step-path failure mechanism[J]. Engineering Geology, 2013,153: 80-94.

[84] GhazvinianA, Sarfarazi V, Schubert W, et al. A study of the failure mechanism of planar non-persistent open joints using PFC2D[J]. Rock mechanics and rock engineering, 2012, 45(5): 677-693.

[85] Potyondy D O, Cundall P A. A bonded-particle model for rock[J]. International journal of rock mechanics and mining sciences, 2004, 41(8): 1329-1364.

[86] 焦玉勇, 张秀丽, 刘泉声, 等. 用非连续变形分析方法模拟岩石裂纹扩展[J]. 岩石力学与工程学报, 2007, 26(4): 682-691.

[87] Ning Y, Yang J, Ma G, et al. Modelling rock blasting considering explosion gas penetration using discontinuous deformation analysis[J]. Rock mechanics and rock engineering, 2011, 44(4): 483-490.

[88] Zienkiewicz O C, Kelly D W, Bettess P. The coupling of the finite element method and boundary solution procedures[J]. International Journal for Numerical Methods in Engineering, 1977, 11(2): 355-375.

[89] Nishioka T. Hybrid numerical methods in static and dynamic fracture mechanics[J]. Optics and lasers in engineering, 1999, 32(3): 205-255.

[90] Keat W D, Annigeri B S, Cleary M P. Surface integral and finite element hybrid method for two-and three-dimensional fracture mechanics analysis[J]. International journal of fracture, 1988, 36(1): 35-53.

[91] Aour B, Rahmani O, Nait-Abdelaziz M. A coupled FEM/BEM approach and its accuracy for solving crack problems in fracture mechanics[J]. International journal of solids and structures, 2007, 44(7): 2523-2539.

[92] Kabele P, Yamaguchi E, Horii H. FEM-BEM superposition method for fracture analysis ofquasi-brittle structures[J]. International journal of fracture, 1999, 100(3): 249-274.

[93] Lorig L J, Brady B H G, Cundall P A. Hybrid distinct element-boundary element analysis of jointed rock [C]//International Journal of Rock Mechanics and Mining Sciences & Geomechanics Abstracts. Pergamon, 1986, 23(4): 303-312.

[94] Mirzayee M, Khaji N, Ahmadi M T. A hybrid distinct element-boundary element approach for seismic analysis of cracked concrete gravity dam-reservoir systems[J]. Soil Dynamics and Earthquake Engineer-

ing, 2011, 31(10):1347-1356.

[95] Bazant Z P, Tabbara M R, Kazemi M T, et al. Random particle model for fracture of aggregate or fiber composites[J]. Journal of Engineering Mechanics, 1990, 116(8): 1686-1705.

[96] Ariffin A K, Huzni S, Nor M J M, et al. Hybrid finite-discrete element simulation of crack propagation under mixed mode loading condition[J]. Key Engineering Materials, 2006, 306: 495-500.

[97] Azevedo N M, Lemos J V. Hybrid discrete element/finite element method for fracture analysis[J]. Computer methods in applied mechanics and engineering, 2006, 195(33): 4579-4593.

[98] Fakhimi A. A hybrid discrete-finite element model for numerical simulation of geomaterials[J]. Computers and Geotechnics, 2009, 36(3): 386-395.

[99] Munjiza A. The combined finite-discrete element method[M]. New York: John Wiley & Sons, 2004.

[100] Shi G H. Manifold method of material analysis. Transactions of the 9th Army Conference on Applied Mathematics and Computing[M]. Report No. 92-1. U. S. Army Research Office, Minneapolis, MN, 1991; 57-76.

[101] 曹文贵,唐学军. 岩石块体数值流形分析网格形成方法之研究[J]. 土木工程学报,2003,36(2): 81-85.

[102] 张大林,栾茂田,杨庆,等. 数值流形方法的网格自动剖分技术及其数值方法[J]. 岩石力学与工程学报,2004,23(11):1836-1840.

[103] 张湘伟,蔡永昌,廖林灿. 数值流形方法物理覆盖系统的自动剖分[J]. 重庆大学学报(自然科学版),2000,23(1):28-31,44.

[104] 凌道盛,何淳健,叶茂. 数值流形单元法数学网格自适应[J]. 计算力学学报,2008,25(2):201-205.

[105] 李海枫,张国新,石根华,等.流形切割及有限元网格覆盖下的三维流形单元生成[J]. 岩石力学与工程学报,2010,29(4):731-742.

[106] 姜冬茹,骆少明. 三维数值流形方法及其积分区域的确定算法[J]. 汕头大学学报(自然科学版),2002,17(3):29-36,47.

[107] Shyu K, Salami M R. Manifold with four-node isoparametric finite element method[C]//Working Forum on the Manifold Method of Material Analysis. 1995: 165-182.

[108] 王水林,葛修润. 四个物理覆盖构成一个单元的流形方法及应用[J]. 岩石力学与工程学报,1999(3): 312-316.

[109] 蔡永昌,廖林灿,张湘伟. 高精度四节点四边形流形单元[J]. 应用力学学报,2001,18(2):75-80,148-149.

[110] 魏高峰,冯伟. 四节点四边形数值流形方法及其改进[J]. 力学季刊,2006,27(1):112-117.

[111] 张慧华,严家祥. 基于蜂窝数值流形元的静弹性力学问题求解[J]. 南昌航空大学学报(自然科学版),2011,25(4): 1-8.

[112] 温伟斌,骆少明. 薄板弯曲分析的多边形流形单元[J]. 工程力学,2012,29(10): 249-256.

[113] Chen G, Ohnishi Y, Ito T. Development of high-order manifold method[J]. International Journal for Numerical Methods in Engineering, 1998, 43(4): 685-712.

[114] 苏海东,谢小玲,陈琴. 高阶数值流形方法在结构静力分析中的应用研究[J]. 长江科学院院报,2005,22(5):74-77,91.

[115] 彭自强,葛修润. 数值流形方法在有限元三维二十结点单元上的实现[J]. 岩石力学与工程学报,2004,23(15):2622-2627.

[116] 邓安福,朱爱军,曾祥勇. 高低阶覆盖函数混合的数值流形方法[J]. 土木工程学报,2006,39(1):

75-78.

[117] Kourepinis D. Higher-order discontinuous analysis of fracturing in quasi-brittle materials[D]. Ph. D. Thesis, Univeristy of Glasgow, 2008.

[118] Kourepinis D, Pearce C, Bicanic N. Higher-order discontinuous modeling of fracture in concrete using the numerical manifold method[J]. International Journal of Computational Methods, 2010, 7(1):83-106.

[119] 朱爱军,邓安福,曾祥勇,等. 岩体工程数值流形方法的固定边界约束处理方法[J]. 岩石力学与工程学报,2005,19:184-189.

[120] 朱爱军,唐树名,邓安福,等. 流形元法固定边界约束处理研究[J]. 计算力学学报,2006,23(4):447-452.

[121] 王芝银,李云鹏. 数值流形方法中的几点改进[J]. 岩土工程学报,1998,20(6):36-39.

[122] Terada K, Asai M, Yamagishi M. Finite cover method for linear and nonlinear analyses of heterogeneous solids[J]. International journal for numerical methods in engineering, 2003, 58(9): 1321-1346.

[123] Ma G, An X, He L. The numerical manifold method: a review[J]. International Journal of Computational Methods, 2010, 7(1): 1-32.

[124] 王芝银,王思敬,杨志法. 岩石大变形分析的流形方法[J]. 岩石力学与工程学报,1997,16(5):1-6.

[125] 朱以文,曾又林,陈明祥. 岩石大变形分析的增量流形方法[J]. 岩石力学与工程学报,1999,18(1):2-6.

[126] 位伟,姜清辉,周创兵. 基于有限变形理论的数值流形方法研究[J]. 力学学报,2014(1):78-86.

[127] 苏海东,崔建华,谢小玲. 高阶数值流形方法的初应力公式[J]. 计算力学学报,2010,27(2):270-274.

[128] 苏海东. 固定网格的数值流形方法研究[J]. 力学学报,2011,43(1):169-178.

[129] Terada K, Maruyama A, Kurumatani M. Eulerian finite cover method for quasi-static equilibrium problems of hyperelastic bodies[J]. Communications in Numerical Methods in Engineering, 2007, 23(12): 1081-1094.

[130] Okazawa S, Terasawa H, Kurumatani M, et al. Eulerian finite cover method for solid dynamics[J]. International Journal of Computational Methods, 2010, 7(1): 33-54.

[131] 刘红岩,杨军,陈鹏万. 冲击载荷作用下岩体破坏规律的数值流形方法模拟研究[J]. 爆炸与冲击,2005,25(3):255-259.

[132] 刘红岩,杨军. Hopkinson 动态破裂试验的高阶数值流形方法模拟[J]. 煤炭学报,2005,30(3):340-343.

[133] 刘红岩,秦四清,杨军. 爆炸荷载下岩石破坏的数值流形方法模拟[J]. 爆炸与冲击,2007,27(1):50-56.

[134] 刘红岩,吕淑然,秦四清. 岩石冲击损伤演化规律数值流形方法模拟[J]. 中国工程科学,2007,26(3):92-96,102.

[135] 刘红岩,王贵和. 节理岩体冲击破坏的数值流形方法模拟[J]. 岩土力学,2009,30(11):3523-3527.

[136] 钱莹,杨军. 数值流形方法的粘性边界问题初探[J]. 计算力学学报,2009,26(5):757-760.

[137] 周雷,张洪武. 饱和多孔介质动力分析的数值流形单元[J]. 工程力学,2006,23(9):167-172.

[138] 李树忱,程玉民. 基于单位分解法的无网格数值流形方法[J]. 力学学报,2004,36(4):496-500.

[139] 李树忱,程玉民. 裂纹扩展分析的无网格流形方法[J]. 岩石力学与工程学报,2005,24(7):

1187-1195.

[140] 栾茂田,张大林,杨庆,等. 有限覆盖无单元法在裂纹扩展数值分析问题中的应用[J]. 岩土工程学报,2003,25(5):527-531.

[141] 樊成,栾茂田,杨庆. 基于有限覆盖技术的无网格法在裂纹扩展中的应用[J]. 大连大学学报,2007,28(6): 5-9,47.

[142] 栾茂田,樊成,黎勇,等. 有限覆盖径向点插值法及其在土工问题中的应用[J]. 岩土力学,2006,27(12):2143-2148.

[143] 樊成,栾茂田,黎勇,等. 有限覆盖径向点插值方法理论及其应用[J]. 计算力学学报,2007,24(3):306-311,357.

[144] 樊成,栾茂田. 有限覆盖 Kriging 插值无网格法在裂纹扩展中的应用[J]. 岩石力学与工程学报,2008,27(4):743-748.

[145] 骆少明,温伟斌,成思源,等. 基于三角网格多节点覆盖的数值流形方法[J]. 塑性工程学报,2010,17(6):131-135.

[146] 王水林,葛修润. 流形元方法在模拟裂纹扩展中的应用[J]. 岩石力学与工程学报,1997,16(5):7-12.

[147] 王水林,葛修润,章光. 受压状态下裂纹扩展的数值分析[J]. 岩石力学与工程学报,1999,18(6):671-675.

[148] Tsay R J, Chiou Y J, Chuang W L. Crack growth prediction by manifold method[J]. Journal of engineering mechanics, 1999, 125(8): 884-890.

[149] Chiou Y J, Lee Y M, Tsay R J. Mixed mode fracture propagation by manifold method[J]. International journal of fracture, 2002, 114(4): 327-347.

[150] 李树忱,程玉民. 考虑裂纹尖端场的数值流形方法[J]. 土木工程学报,2005,38(7):96-101,126.

[151] An X M. Extended numerical manifold method for engineering failure analysis [D]. Ph. D. Thesis, Nanyang Technology University Singapore, 2010.

[152] 张慧华,祝晶晶. 复杂裂纹问题的多边形数值流形方法求解[J]. 固体力学学报,2013,34(1):38-46.

[153] 苏海东,祁勇峰,龚亚琦. 裂纹尖端解析解与周边数值解联合求解应力强度因子[J]. 长江科学院院报,2013,30(6): 83-89.

[154] Li S C, Cheng Y M. Enriched meshless manifold method for two-dimensional crack modeling[J]. Theoretical and applied fracture mechanics, 2005, 44(3): 234-248.

[155] Gao H, Cheng Y. A complex variable meshless manifold method for fracture problems[J]. International Journal of Computational Methods, 2010,7(1):55-81.

[156] Zhu H, Zhuang X, Cai Y, et al. High rock slope stability analysis using the enriched meshless Shepard and least squares method[J]. International Journal of Computational Methods, 2011,8(2): 209-228.

[157] 樊成,栾茂田,杨庆. 有限覆盖点插值无网格方法及其应用[J]. 大连理工大学学报,2007,47(4):577-582.

[158] 赵妍,张国新,林易澍,等. 基于数值流形元法的混凝土力学特性数值试验[J]. 中国水利水电科学研究院学报,2011,9(2): 88-95.

[159] Zhang G X, Sujiura Y, Saito K. Application of manifold method to jointed dam foundation[C]//Proc. Third Int. Conf. Analysis of Discontinuous Deformation (ICADD-3). 1999: 211-220.

[160] Zhang G X, Zhu B F, Lu Z C. Cracking simulation of the Wuqiangxi ship lock by manifold method [C]//Proc. Sixth Int. Conf. Analysis of Discontinuous Deformation (ICADD-6). 2003: 133-140.

[161] Zhang G, Zhao Y, Shi G H, et al. Toppling failure simulation of rock slopes by numerical manifold method[J]. Yantu Gongcheng Xuebao(Chinese Journal of Geotechnical Engineering), 2007, 29(6): 800-805.

[162] Wu Z, Wong L N Y. Modeling cracking behavior of rock mass containing inclusions using the enriched numerical manifold method[J]. Engineering Geology, 2013, 162: 1-13.

[163] Wu Z, Wong L N Y, Fan L. Dynamic study on fracture problems in viscoelastic sedimentary rocks using the numerical manifold method[J]. Rock mechanics and rock engineering, 2013, 46(6): 1415-1427.

[164] Wu Z, Wong L N Y. Elastic-plastic cracking analysis for brittle-ductile rocks using manifold method [J]. International Journal of Fracture, 2013, 180(1): 71-91.

[165] Wu Z, Wong L N Y. Frictional crack initiation and propagation analysis using the numerical manifold method[J]. Computers and Geotechnics, 2012, 39: 38-53.

[166] 骆少明,张湘伟,蔡永昌. 非线性数值流形方法的变分原理与应用[J]. 应用数学和力学,2000,21(12):1265-1270.

[167] 王书法,朱维申,李术才,等. 岩体弹塑性分析的数值流形方法[J]. 岩石力学与工程学报,2002,21(6):900-904.

[168] 周小义,邓安福. 岩土体非线性分析的数值流形方法[J]. 岩土工程学报,2009,31(2):298-302.

[169] 周小义,邓安福. 六面体有限覆盖的三维数值流形方法的非线性分析[J]. 岩土力学,2010,31(7):2276-2282.

[170] Jiao J, Qiao C S. Elasto-plastic analysis of jointed rock masses using the numerical manifold method [J]. Boundaries of Rock Mechanics: Recent Advances and Challenges for the 21st Century, 2008: 83-88.

[171] 焦健,乔春生. 弹塑性数值流形方法在边坡稳定分析中的应用[J]. 工程地质学报,2009,17(1):119-125.

[172] 林毅峰,朱合华,蔡永昌. 数值流形方法中线性相关性问题的研究[J]. 计算力学学报,2012,29(5):753-758.

[173] 郭朝旭,郑宏. 高阶数值流形方法中的线性相关问题研究[J]. 工程力学,2012,29(12):228-232.

[174] 邓安福,郑冰,周小义. 覆盖位移函数对数值流形方法刚度矩阵的影响[J]. 重庆大学学报,2009,32(7):829-833.

[175] 彭自强,葛修润. 数值流形方法中覆盖函数选用的建议[J]. 岩土力学,2004,25(4):624-627.

[176] Lu M. High-order manifold method with simplex integration[C]//Proc. of the 5th International Conference on Analysis of Discontinuous deformation, Wuhan. 2002.

[177] 林绍忠,祁勇峰,苏海东. 数值流形方法中覆盖函数的改进形式及其应用[J]. 长江科学院院报,2006,23(6):55-58.

[178] 李树忱,李术才,张京伟. 势问题的数值流形方法[J]. 岩土工程学报,2006,28(12):2092-2097.

[179] 李树忱,李术才,张京伟,等. 数值流形方法的数学推导及其应用[J]. 工程力学,2007,24(6):36-42.

[180] 高洪芬,程玉民. 弹性力学的复变量数值流形方法[J]. 力学学报,2009,41(4):480-488.

[181] 凌道盛,叶茂. Biot 平面固结分析的流形单元法[J]. 计算力学学报,2005,22(3):274-280.

[182] 周小义,邓安福. 基于广义变分原理的梁板单元分析的数值流形方法[J]. 固体力学学报,2008,29(3):313-318.

[183] 章争荣,张湘伟,吕文阁. 薄板弯曲分析的 16 节点流形单元[J]. 塑性工程学报,2009,16(4):29-34.

[184] 魏高峰,冯伟. 热传导问题的非协调数值流形方法[J]. 力学季刊,2005,26(3):451-454.
[185] 魏高峰,冯伟. 弹性力学中的一种非协调数值流形方法[J]. 力学学报,2006,38(1):79-88.
[186] 魏高峰,冯伟. Wilson 非协调数值流形方法[J]. 岩土力学,2006,27(2):189-192,208.
[187] 位伟,姜清辉,周创兵. 数值流形方法的阻尼、收敛准则以及开挖模拟[J]. 岩土工程学报,2012,34(11):2011-2018.
[188] 林兴超,汪小刚,王玉杰,等. 数值流形方法中"质量守恒"的探讨[J]. 岩土力学,2011,32(10):3065-3070,3074.
[189] 祁勇峰,苏海东,崔建华. 部分重叠覆盖的数值流形方法初步研究[J]. 长江科学院院报,2013,30(1):65-70.
[190] 苏海东,祁勇峰. 部分重叠覆盖流形法的覆盖加密方法[J]. 长江科学院院报,2013,30(7):95-100.
[191] 苏海东,祁勇峰,龚亚琦,等. 任意形状覆盖的数值流形方法初步研究[J]. 长江科学院院报,2013,30(12):91-96.
[192] Terada K, Kurumatani M A O. An integrated procedure for three-dimensional structural analysis with the finite cover method[J]. International journal for numerical methods in engineering, 2005, 63(15): 2102-2123.
[193] Luo S M, Zhang X W, Lv W G, et al. Theoretical study of three-dimensional numerical manifold method[J]. Applied Mathematics and Mechanics, 2005, 26(9): 1126-1131.
[194] 骆少明,张湘伟,吕文阁,等. 三维数值流形方法的理论研究[J]. 应用数学和力学,2005,26(9):1027-1032.
[195] Cheng Y M, Zhang Y H. Formulation of a three-dimensional numerical manifold method with tetrahedron and hexahedron elements[J]. Rock Mechanics and Rock Engineering, 2008, 41(4): 601-628.
[196] He L, Ma G. Development of 3D numerical manifold method [J]. International Journal of Computational Methods, 2010,7(1):107-129.
[197] He L, An X M, Zhao X B, et al. Investigation on strength and stability of jointed rock mass using three-dimensional numerical manifold method[J]. International Journal for Numerical and Analytical Methods in Geomechanics, 2013, 37(14): 2348-2366.
[198] 姜清辉,周创兵. 四面体有限单元覆盖的三维数值流形方法[J]. 岩石力学与工程学报,2005,24(24):4455-4460.
[199] 姜清辉,邓书申,周创兵. 三维高阶数值流形方法研究[J]. 岩土力学,2006,27(9):1471-1474.
[200] 姜清辉,周创兵,张煜. 三维数值流形方法的点-面接触模型[J]. 计算力学学报,2006,23(5):569-572.
[201] 姜清辉,王书法. 锚固岩体的三维数值流形方法模拟[J]. 岩石力学与工程学报,2006,25(3):528-532.
[202] 郑榕明,张勇慧. 基于六面体覆盖的三维数值流形方法的理论探讨与应用[J]. 岩石力学与工程学报,2004,23(10):1745-1754.
[203] 魏高峰,冯伟. 三维数值流形方法及其在复合材料中的应用[J]. 应用力学学报,2005,22(3):351-355,502.
[204] 林绍忠,祁勇峰,苏海东. 基于矩阵特殊运算的高阶流形单元分析[J]. 长江科学院院报,2006,23(3):36-39.
[205] 林绍忠. 单纯形积分的递推公式[J]. 长江科学院院报,2005,22(3):32-34.
[206] 章争荣,张湘伟. 二维定常不可压缩粘性流动 N-S 方程的数值流形方法[J]. 计算力学学报,

2010,27(3):415-421.
[207] 章争荣,张湘伟. 对流扩散方程的数值流形格式及其稳定性分析[J]. 西安交通大学学报,2010,44(1):117-124.
[208] 武艳强. 三维数值流形方法研究及其在地学中的初步应用[D]. 北京:中国地震局地质研究所,2012.
[209] 姜清辉,邓书申,周创兵. 有自由面渗流分析的三维数值流形方法[J]. 岩土力学,2011,32(3):879-884.
[210] 刘红岩,王新生,秦四清,等. 岩石边坡裂隙渗流的流形元模拟[J]. 工程地质学报,2008,16(1):53-58.
[211] 焦健,乔春生,徐干成. 开挖模拟在数值流形方法中的实现[J]. 岩土力学,2010,31(9):2951-2957.
[212] 曹文贵,程晔,赵明华. 公路路基岩溶顶板安全厚度确定的数值流形方法研究[J]. 岩土工程学报,2005,27(6):621-625.
[213] 陈佺,刘建. 数值流形元中水压力与开挖作用的模拟方法研究[J]. 水文地质工程地质,2011,38(4): 43-47,53.
[214] 董志宏,邬爱清,丁秀丽. 数值流形方法中的锚固支护模拟及初步应用[J]. 岩石力学与工程学报,2005,24(20):156-162.
[215] 董志宏,邬爱清,丁秀丽. 基于数值流形元方法的地下洞室稳定性分析[J]. 岩石力学与工程学报,2004,S2:4956-4959.
[216] 曹文贵,速宝玉. 岩体锚固支护的数值流形方法模拟及其应用[J]. 岩土工程学报,2001,23(5):581-583.
[217] 王书法,朱维申,李术才,等. 加锚岩体变形分析的数值流形方法[J]. 岩石力学与工程学报,2002, 21(8): 1120-1123.
[218] 朱爱军. 数值流形方法研究及其在岩土工程中的应用[D]. 重庆:重庆大学,2005.
[219] 张国新,赵妍,石根华,等. 模拟岩石边坡倾倒破坏的数值流形方法[J]. 岩土工程学报,2007,29(6):800-805.
[220] 刘红岩,秦四清. 层状岩石边坡倾倒破坏过程的数值流形方法模拟[J]. 水文地质工程地质,2006,5:22-25.
[221] 张国新,赵妍,彭校初. 考虑岩桥断裂的岩质边坡倾倒破坏的流形元模拟[J]. 岩石力学与工程学报,2007,26(9):1773-1780.
[222] 林绍忠,明峥嵘,祁勇峰. 用数值流形方法分析温度场及温度应力[J]. 长江科学院院报,2007,24(5):72-75.
[223] 林绍忠,明峥嵘. 适用于数值流形方法分析的混凝土徐变递推公式[J]. 长江科学院院报,2010,27(7):56-59.
[224] 刘建,陈佺. 岩体黏弹性蠕变计算的高阶数值流形方法研究[J]. 岩土力学,2012,33(7):2174-2180.
[225] Zheng H, Liu Z J, Ge X R. Numerical manifold space of Hermitian form and application to Kirchhoff's thin plate problems. International Journal for Numerical Methods in Engineering , 2013; 95: 721-739.
[226] Williams M L. On the stress distribution at the base of a stationary crack[J]. Journal of Applied Mechanics 1957,24: 109-114.
[227] Rabczuk T, Zi G, Gerstenberger A, et al. A new crack tip element for the phantom-node method with

arbitrary cohesive cracks[J]. International Journal for Numerical Methods in Engineering, 2008, 75(5): 577-599.

[228] Tian R, Yagawa G, Terasaka H. Linear dependence problems of partition of unity-based generalized FEMs[J]. Computer Methods in Applied Mechanics and Engineering, 2006, 195: 4768-4782.

[229] 蔡永昌, 张湘伟. 使用高阶覆盖位移函数的数值流形方法及其应力精度的改善[J]. 机械工程学报, 2000, 36(9):20-24.

[230] Cai Y C, Zhuang X Y, Augarde C. A new partition of unity finite element free from the linear dependence problem and possessing the delta property[J]. Computer Methods in Applied Mechanics and Engineering, 2010, 199: 1036-1043.

[231] Tian R, Yagawa G. Generalized nodes and high-performance elements[J]. International Journal for Numerical Methods in Engineering, 2005, 64: 2039-2071.

[232] Tian R, Mastubara H, Yagawa G. Advanced 4-node tetrahedrons[J]. International Journal for Numerical Methods in Engineering, 2006, 68:1209-1231.

[233] Riker C, Holzer S M. The mixed-cell-complex partition-of-unity method[J]. Computer Methods in Applied Mechanics and Engineering, 2009, 198: 1235-1248.

[234] Rajendran S, Zhang B R. A "FE-meshfree" QUAD4 element based on partition of unity[J]. Computer Methods in Applied Mechanics and Engineering, 2007, 197: 128-147.

[235] An X M, Li L X, Ma G W, et al. Prediction of rank deficiency in partition of unity-based methods with plane triangular or quadrilateral meshes [J]. Computer Methods in Applied Mechanics and Engineering, 2011, 200(5/6/7/8): 665-674.

[236] Zheng H, Li J. A practical solution for KKT systems[J]. Numerical Algorithms, 2007, 46(2): 105-119.

[237] Ventura G. An augmented Lagrangian approach to essential boundary conditions in meshless methods [J]. International journal for numerical methods in engineering, 2002, 53(4): 825-842.

[238] Cook R D, Malkus D S, Plesha M E. Concepts and Applications of Finite Element Analysis[M]. 3rd ed. John Wiley: New York, 1989.

[239] 郭朝旭. 高阶数值流形方法中线性相关问题的研究[D]. 宜昌: 三峡大学, 2012.

[240] Timoshenko S P, Goodier J N. Theory of elasticity[M]. New York: McGraw-Hill, 1970.

[241] Zheng H, Liu D F, Li C G. Slope stability analysis based on elasto-plastic finite element method [J]. International Journal for Numerical Methods in Engineering, 2005, 64(14): 1871-1888.

[242] 杨永涛,郑宏,张建海. 基于三角形网格的虚多边形有限元法[J]. 岩石力学与工程学报, 2013, 32(6):1214-1221.

[243] Ewalds H, Wanhill R. Fracture mechanics[M]. New York: Edward Arnold,1989.

[244] Tada H, Paris P C, Irwin G R. The Stress Analysis of Crack Handbook[M]. ASME Press, New York, 2000.

[245] 中国航空研究院. 应力强度因子手册[M]. 北京:科学出版社,1981.

[246] Karihaloo B L. Fracture mechanics and structural concrete[M]. England: Longman Scientific & Technical,1973.

[247] 刘凯欣, 高凌天. 离散元法研究的评述[J]. 力学进展, 2003, 33(4): 483-490.

[248] Munjiza A, Andrews K R F. Penalty function method for combined finite-discrete element systems comprising large number of separate bodies[J]. International Journal for Numerical Methods in Engineering, 2000, 49: 1377-1396.

[249] Munjiza A, Andrews K R F. NBS contact detection algorithm for bodies of similar size[J]. International Journal for Numerical Methods in Engineering, 1998, 43: 131-149.

[250] Kurumatani M, Terada K. Finite cover method with multi-cover layers for the analysis of evolving discontinuities in heterogeneous media. International Journal for Numerical Methods in Engineering, 2009, 79: 1-24.

[251] An X M, Fu G Y, Ma G W. A comparison between the NMM and the XFEM in discontinuity modeling [J]. International Journal of Computational Methods 2012, 9: 1240030-1.

[252] Heath M T. Scientific Computing: An Introductory Survey, 2nd ed. McGraw-Hill: New York, 2002.

[253] Mousavi S E, Sukumar N. Generalized Gaussian quadrature rules for discontinuities and crack singularities in the extended finite element method[J]. Computer Methods in Applied Mechanics and Engineering, 2010, 199(49):3237-3249.

[254] Duffy M G. Quadrature over a pyramid or cube of integrands with a singularity at a vertex[J]. SIAM journal on Numerical Analysis, 1982, 19(6): 1260-1262.

[255] Lean M H, Wexler A. Accurate numerical integration of singular boundary element kernels over boundaries with curvature[J]. International journal for numerical methods in engineering, 1985, 21(2): 211-228.

[256] Khayat M A, Wilton D R. Numerical evaluation of singular and near-singular potential integrals[J]. Antennas and Propagation, IEEE Transactions on, 2005, 53(10): 3180-3190.

[257] Fleming M, Chu Y A, Moran B, et al. Enriched element-free Galerkin methods for crack tip fields[J]. International Journal for Numerical Methods in Engineering, 1997, 40(8): 1483-1504.

[258] Dolbow J, Moës N, Belytschko T. Discontinuous enrichment in finite elements with a partition of unity method[J]. Finite elements in analysis and design, 2000, 36(3): 235-260.

[259] Gdoutos E. Fracture Mechanics[M]. Kluver Academics Publisher: Boston, 1993.

[260] Kitagawa H, Yuuki R, Ohira T. Crack-morphological aspects in fracture mechanics[J]. Engineering Fracture Mechanics, 1975, 7(3): 515-529.

[261] Terada K, Kurumatani M. Performance assessment of generalized elements in the finite cover method [J]. Finite Elements in Analysis and Design, 2004, 41: 111-132.

[262] Zhang H H, Li L X, An X M, et al. Numerical analysis of 2-D crack propagation problems using the numerical manifold method [J]. Engineering Analysis with Boundary Elements, 2010, 34 (1): 41-50.

[263] Fries T P, Belytschko T. The extended/generalized finite element method: an overview of the method and its applications[J]. International Journal for Numerical Methods in Engineering, 2010, 84(3): 253-304.

[264] Erdogan F, Sih G C. On the crack extension in plate under in plane loading and transverse shear [J]. Journal of Basic Engineering, 1963, 85(4):519-525.

[265] Rao B N, Rahman S. A coupled meshless-finite element method for fracture analysis of cracks [J]. International Journal of Pressure Vessels and Piping, 2001, 78(9): 647-657.

[266] Swenson D V, Kaushik N. Finite element analysis of edge cracking in plates[J]. Engineering fracture mechanics, 1990, 37(3): 641-652.

[267] Thouless M D, Evans A G, Ashby M F, et al. The edge cracking and spalling of brittle plates [J]. Acta Metallurgica Sinica, 1987, 35(6): 1333-1341.

[268] Sumi Y, Yang C, Wang Z N. Morphological aspects of fatigue crack propagation Part Ⅱ—effects of stress biaxiality and welding residual stress [J]. International journal of fracture, 1996, 82(3): 221-

235.

[269] Arrea M, Ingraffea A R. Mixed-mode crack propagation in mortar and concrete [R]. Department of Structural Engineering Report 81-13, Cornell University, Ithaca, NY, 1982.

[270] Bazant Z P, Cedolin L. Stability of Structures[M]. Oxford University Press: New York, Oxford, 1991.

[271] Budyn E, Zi G, Moës N, et al. A method for multiple crack growth in brittle materials without remeshing[J]. International journal for numerical methods in engineering, 2004, 61(10): 1741-1770.

[272] Bouchard P O, Bay F, Chastel Y. Numerical modelling of crack propagation: automatic remeshing and comparison of different criteria[J]. Computer methods in applied mechanics and engineering, 2003, 192(35): 3887-3908.

[273] Azadi H, Khoei A R. Numerical simulation of multiple crack growth in brittle materials with adaptive remeshing[J]. International journal for numerical methods in engineering, 2011, 85(8): 1017-1048.

[274] Carpinteri A, Valente S, Ferrara G, et al. Experimental and numerical fracture modelling of a gravity dam[J]. Fracture mechanics of concrete structures, 1992: 351-60.

[275] Pellegrini R, Imperato L, Torda M, et al. Physical and mathematical models for the study of crack activation in concrete dams[J]. Dam fracture and damage. Balkema, Rotterdam, 1994.

[276] Renzi R, Ferrara G, Mazza G. Cracking in a concrete gravity dam: A centrifugal investigation[C]//International workshop on dam fracture and damage. 1994:103-109.

[277] Barpi F, Valente S. Numerical simulation of prenotched gravity dam models[J]. Journal of engineering mechanics, 2000, 126(6): 611-619.

[278] Shi Z, Suzuki M, Nakano M. Numerical analysis of multiple discrete cracks in concrete dams using extended fictitious crack model[J]. Journal of Structural Engineering, 2003, 129(3): 324-336.

[279] Shi M, Zhong H, Ooi E T, et al. Modelling of crack propagation of gravity dams by scaled boundary polygons and cohesive crack model[J]. International Journal of Fracture, 2013, 183(1): 29-48.

[280] Gioia G, Bažant Z, Pohl B P. Is no-tension dam design always safe? - a numerical study[J]. Dam Engineering, 1992, 3(1): 23-34.

[281] Shi G H, Goodman R E. Two-dimensional discontinuous deformation analysis[J]. International Journal for Numerical and Analytical Methods in Geomechanics, 1985, 9(6): 541-556.

[282] Shi G, Goodman R E. Generalization of two-dimensional discontinuous deformation analysis for forward modelling[J]. International Journal for Numerical and Analytical Methods in Geomechanics, 1989, 13(4): 359-380.

[283] 张勇慧, 郑榕明. DDA 方法的改进及应用[J]. 岩土工程学报, 1998, 20(2): 109-111.

[284] Cheng Y M. Advancements and improvement in discontinuous deformation analysis[J]. Computers and geotechnics, 1998, 22(2): 153-163.

[285] 张旭, 于建华. 柔性弹簧与刚性弹簧在 DDA 方法中的应用[J]. 四川联合大学学报(工程科学版), 1999, 3(3):122-128.

[286] Cai Y, Liang G P, Shi G H, et al. Studying on impact problem by using LDDA method[C]//In Salami M R & Banks D(eds), Proc. of the first international forum on discontinuous deformation analysis (DDA) and simulations of discontinuous media. Albuquerque: TSI Press,1996: 288-294.

[287] 张伯艳, 陈厚群. LDDA 动接触力的迭代算法[J]. 工程力学, 2007, 24(6): 1-6.

[288] Amadei B, Lin C, Dwyer J. Recent extensions to the DDA method[C]//Proc. of the 1st International Forum on Discontinuous Deformation Analysis (DDA) and Simulations of Discontinuous Media. Albu-

querque: TSI Press. 1996: 1-30.

[289] Lin C T, Amadei B, Jung J, et al. Extensions of discontinuous deformation analysis for jointed rock masses[C]//International journal of rock mechanics and mining sciences & geomechanics abstracts. Pergamon, 1996, 33(7): 671-694.

[290] Bao H, Zhao Z, Tian Q. On the Implementation of augmented Lagrangian method in the two - dimensional discontinuous deformation Analysis[J]. International Journal for Numerical and Analytical Methods in Geomechanics, 2014, 38(6): 551-571.

[291] Zheng H, Jiang W. Discontinuous deformation analysis based on complementary theory[J]. Science in China Series E: Technological Sciences, 2009, 52(9): 2547-2554.

[292] Bao H, Zhao Z. An alternative scheme for the corner-corner contact in the two-dimensional discontinuous deformation analysis[J]. Advances in Engineering Software, 2010, 41(2): 206-212.

[293] Bao H, Zhao Z. The vertex-to-vertex contact analysis in the two-dimensional discontinuous deformation analysis[J]. Advances in Engineering Software, 2012, 45(1): 1-10.

[294] Ke T C. Application of DDA to simulate fracture prorogation in solid[C]//In Y. Ohnishi(ed), Proceedings of the Second International Conference on Analysis of Discontinuous Deformation, Kyoto, Japan, 155-185, 1997.

[295] Koo C Y, Chern J C. Modeling of progressive fracture in jointed rock by DDA method[C]//In Y. Ohnishi (ed), Proceedings of the Second International Conference on Analysis of Discontinuous Deformation, Kyoto, Japan, 1997: 186-201.

[296] Tian Q, Zhao Z, Bao H. Block fracturing analysis using nodal - based discontinuous deformation analysis with the double minimization procedure[J]. International Journal for Numerical and Analytical Methods in Geomechanics, 2014, 38(9): 881-902.

[297] 焦玉勇, 张秀丽, 刘泉声, 等. 用非连续变形分析方法模拟岩石裂纹扩展[J]. 岩石力学与工程学报, 2007, 26(4): 682-691.

[298] 张秀丽. 断续节理岩体破坏过程的数值分析方法研究[D]. 北京:中国科学院,2007.

[299] 王士民, 朱合华, 蔡永昌. 非连续子母块体理论模型研究(Ⅰ): 基本理论[J]. 岩土力学, 2010, 31(7): 2088-2094.

[300] 王士民, 朱合华, 蔡永昌. 非连续子母块体理论模型研究(Ⅱ): 实例分析[J]. 岩土力学, 2010, 31(8): 2383-2388.

[301] 马永政. 非连续变形位移分析方法位移模式改进及工程应用[D]. 北京:中国科学院,2007.

[302] Cai Y, Zhu H, Zhuang X. A continuous/discontinuous deformation analysis (CDDA) method based on deformable blocks for fracture modeling[J]. Frontiers of Structural and Civil Engineering, 2013, 7(4): 369-378.

[303] Shi G H. Three-dimensional discontinuous deformation analysis, Proceedings of the 4th International Conference on Discontinuous Deformation Analysis (ICADD-4)[C]. Glasgow, June 6-8, 2001:1-22.

[304] Jiang Q H, Yeung M R. A Model of Point-to-Face Contact for Three-Dimensional Discontinuous Deformation Analysis[J]. Rock Mechanics and Rock Engineering, 2004, 37: 95-116.

[305] Yeung M R, Jiang Q H, Sun N. Validation of block theory and three-dimensional discontinuous deformation analysis as wedge stability analysis methods[J]. International Journal of Rock Mechanics and Mining Sciences, 2003,40(2): 265-275.

[306] Wu J H, Juang C H, Lin H M. Vertex-to-face contact searching algorithm for three-dimensional frictionless contact problems[J]. International Journal for Numerical Methods in Engineering, 2005, 63(6):

876-897.

[307] Wu J H, Ohnishi Y, Nishiyama S. A development of the discontinuous deformation analysis for rock fall analysis[J]. International Journal for Numerical and Analytical Methods in Geomechanics, 2005, 29(10): 971-988.

[308] Grayeli R, Hatami K. Implementation of the finite element method in the three-dimensional discontinuous deformation analysis (3D - DDA)[J]. International Journal for Numerical and Analytical Methods in Geomechanics, 2008, 32(15): 1883-1902.

[309] Liu J, Nan Z, Yi P. Validation and application of three-dimensional discontinuous deformation analysis with tetrahedron finite element meshed block[J]. Acta Mechanica Sinica, 2012, 28(6): 1602-1616.

[310] Beyabanaki S A R, Jafari A, Biabanaki S O, et al. A coupling model of 3-D discontinuous deformation analysis (3-D DDA) and finite element method[J]. AJSE, 2009, 34(1B): 107-119.

[311] 姜清辉, 周创兵, 罗先启, 等. 三维 DDA 与有限元的耦合分析方法及其应用[J]. 岩土工程学报, 2006, 28(8): 998-1001.

[312] 张杨, 邬爱清, 林绍忠. 三维高阶 DDA 方法的静力分析研究[J]. 岩石力学与工程学报, 2010, 29(3): 558-564.

[313] Beyabanaki S, Jafari A, Yeung M R. High - order three - dimensional discontinuous deformation analysis (3 - D DDA)[J]. International Journal for Numerical Methods in Biomedical Engineering, 2010, 26(12): 1522-1547.

[314] Warburton P M. Applications of a new computer model for reconstructing blocky rock geometry-Analysing single block stability and identifying keystones[C]//5th ISRM Congress. International Society for Rock Mechanics. 1983:225-230.

[315] Lin D. Element of rock blocks modeling[D]. Ph. D. Thesis, Minneapolis: University of Minnesota, 1992.

[316] 石根华. 一般自由面上多面节理生成, 节理块切割与关键块搜寻方法[J]. 岩石力学与工程学报, 2006, 25(11): 2161-2170.

[317] 张奇华, 邬爱清. 随机结构面切割下的全空间块体拓扑搜索一般方法[J]. 岩石力学与工程学报, 2007, 26(10): 2043-2048.

[318] 彭校初. 结构面三维网络模拟及块体理论分析[D]. 北京:清华大学, 1992.

[319] Jing L. Block system construction for three-dimensional discrete element models of fractured rocks[J]. International Journal of RockMechanics and Mining Sciences, 2000, 37(4):645-659.

[320] Song J S, Ohnishi Y, Nishiyama S. Rock block identification and block size determination of rock mass[C]// Proceedings of the 8 m International Conference on Analysis of Discontinuous Deformation. Beijing: [s. n.], 2007: 207-211.

[321] 李海枫, 张国新, 石根华, 等. 流形切割及有限元网格覆盖下的三维流形单元生成[J]. 岩石力学与工程学报, 2010, 29(4): 731-742.

[322] Cundall P A. Formulation of a three-dimensional distinct element model-Part Ⅰ. A scheme to detect and represent contacts in a system composed of many polyhedral blocks[C]//International Journal of Rock Mechanics and Mining Sciences & Geomechanics Abstracts. Pergamon, 1988,25(3): 107-116.

[323] Nezami E G, Hashash Y M A, Zhao D, et al. A fast contact detection algorithm for 3-D discrete element method[J]. Computers and Geotechnics, 2004, 31(7): 575-587.

[324] 陈文胜,郑宏,郑榕明, 等. 岩石块体三维接触判断的侵入边法[J]. 岩石力学与工程学报, 2004, 23(4): 565-571.

[325] 王建全,林皋,刘君. 三维块体接触判断方法的分析与改进[J]. 岩石力学与工程学报, 2006, 25(11) : 2247-2257.

[326] 罗海宁, 焦玉勇. 对三维离散单元法中块体接触判断算法的改进[J]. 岩土力学, 1999, 20(2): 37-40.

[327] 刘新根, 朱合华, 刘学增, 等. 三维块体接触检索算法改进研究[J]. 岩石力学与工程学报, 2015, 34(3): 489-497.

[328] Keneti A R, Jafari A, Wu J H. A new algorithm to identify contact patterns between convex blocks for three-dimensional discontinuous deformation analysis[J]. Computers and Geotechnics, 2008, 35(5): 746-759.

[329] 姜清辉, 张煜. 三维离散块体边-边接触模拟[J]. 岩土力学, 2006, 27(8): 1369-1373.

[330] Yeung M R, Jiang Q H, Sun N. A model of edge-to-edge contact for three-dimensional discontinuous deformation analysis[J]. Computers and Geotechnics, 2007, 34(3): 175-186.

[331] Wu J H. New edge-to-edge contact calculating algorithm in three-dimensional discrete numerical analysis[J]. Advances in Engineering Software, 2008, 39(1): 15-24.

[332] Beyabanaki S A R, Mikola R G, Hatami K. Three-dimensional discontinuous deformation analysis (3-D DDA) using a new contact resolution algorithm[J]. Computers and Geotechnics, 2008, 35(3): 346-356.

[333] Wu J H, Juang C H, Lin H M. Vertex-to-face contact searching algorithm for three-dimensional frictionless contact problems[J]. InternationalJournal for Numerical Methods in Engineering, 2005, 63(6): 876-897.

[334] Beyabanaki S A R, Mikola R G, Biabanaki S O R, et al. New point-to-face contact algorithm for 3-D contact problems using the augmented Lagrangian method in 3-D DDA[J]. Geomechanics and Geoengineering: An International Journal, 2009, 4(3): 221-236.

[335] Beyabanaki S A R, Yeung M R. Modification of contact constraints in high-order three-dimensional discontinuous deformation analysis[C]//45th US Rock Mechanics/Geomechanics Symposium. American Rock Mechanics Association, 2011.

[336] Beyabanaki S A R, Bagtzoglou A C. Three-dimensional discontinuous deformation analysis (3-D DDA) method for particulate media applications[J]. Geomechanics and Geoengineering, 2012, 7(4): 239-253.